国家自然科学基金资助项目（51078349）

康乾期中西建筑文化交融

李晓丹　著

中国建筑工业出版社

图书在版编目（CIP）数据

康乾期中西建筑文化交融/李晓丹著．—北京：中国建筑工业出版社，2011.6

ISBN 978-7-112-13286-7

Ⅰ.①康… Ⅱ.①李… Ⅲ.①古建筑-文化交流-研究-中国、西方国家-17世纪～18世纪 Ⅳ.①TU-09

中国版本图书馆CIP数据核字（2011）第105388号

责任编辑：刘 静 刘 丹
责任设计：陈 旭
责任校对：肖 剑 王雪竹

康乾期中西建筑文化交融
李晓丹 著
*
中国建筑工业出版社出版、发行（北京西郊百万庄）
各地新华书店、建筑书店经销
北京嘉泰利德公司制版
北京中科印刷有限公司印刷
*
开本：880×1230毫米 1/16 印张：15¾ 字数：480千字
2011年10月第一版 2011年10月第一次印刷
定价：**39.00**元
ISBN 978-7-112-13286-7
(20728)

前　言

康乾时期，中西方展开了大规模平等的双向文化交流，交流广度涉及哲学、宗教、自然科学和文学艺术等诸多领域，交流深度也比我们以往想象的要深得多。德国启蒙哲学家莱布尼茨(Leibniz)，曾热情地讴歌这次中西文化交流的积极意义，称“这是一次互相的启蒙”，是那个时代最伟大的事情。法国汉学家谢和耐也认为，明末时期的中西文化交流“是两个完全独立发展的伟大文明第一次真正的接触”。

中国人以虚怀若谷的胸襟，积极主动地吸纳了西方异质文明。在国内，直到今天还有许多人认为亚里士多德、毕达哥拉斯、斯多葛、西塞罗等古希腊、古罗马的大哲学家是在“五四”时期被介绍到中国的。事实上，明清时，仅亚里士多德的书就有多部被译成中文。在今天北京旧北堂的图书馆内仍可看到关于欧几里得的书籍、托勒密(Ptolemy)的“最伟大”的《天文学大成》、箕马 · 弗里西乌斯(Gemma Frisius)和克拉维乌斯(Clavius)论天象仪的书籍（手抄本），这些书籍曾经作为藏书的核心，被很好地利用过。笛卡儿、莱布尼茨或孟德斯鸠的观点[①]在那时就传到了中国。在建筑领域，罗马斗兽场[②]、西洋柱式的知识[③]也是那时传入的。中国基督教堂的出现、西方透视学传入、绘画方式改变，以至中国年画中出现西方歌剧院形象，进一步促进了中国建筑及园林多样化的发展，以圆明园西洋楼的创作而达到顶峰。同时，中国的园林艺术、家具、瓷器等造型工艺对西方产生重要影响，形成所谓“中国艺术风格”。传教士关注中国的城市、建筑和园林[④]，并将其介绍到西方，影响到西方新的艺术以及园林形式——“洛可可”艺术、自由布局的英国“自然风景园”(Landscape Garden)以及法国“英中式”(Jardinanglo−chinois)园林的出现。从现象上看，西方人经历了对中国、尤其是中国造园艺术从好奇、喜爱、向往，到追求、模拟、学习，最后在19世纪后抛弃这一过程。但从更深的文化层次和建筑角度来看，这一过程对后世西方产生了深远的影响——就西方园林而言，再也没有回到几何式园林一统天下的局面，逐渐形成了多元化的园林形式。紧随其后，西方景观建筑学(Landscape Architecture)创立。另外，西方人的审美观念、哲学观念和社会生活都发生了改变。反过来，这些交流成果又影响到今天的中国。如景观建筑学近年在中国设立了硕士专业。而上述内容又恰恰是当初交流的成果，这种思考一直影响到今天。

近年来，学术界已从不同领域展开了相关研究，此类课题已成为学术热点。西方汉学界的辛勤耕耘，使人们对中国在西方文化形成中的作用有了更加具体的认识[⑤]，近年来出现了多卷本的《欧洲形成中的亚洲》著作。

本书把握康乾时期的宏观历史发展背景，首次从双向的角度关注中西建筑关系，挖掘和梳理了中西建筑文化交流的主要线索，廓清了相关史实，探索了这一时期建筑文化交流的理论框架。

---

①[法] 安田朴，谢和耐等．明清间入华耶稣会士和中西文化交流．耿昇译．p56．

②南怀仁．坤舆图说．卷下．七奇图说一节．载四库全书 · 史部 · 地理类。

③(清) 年希尧．视学．有关于西方柱式的记录并附有图片。

④传教士李明曾说，西方的城市是不规则的，园林是规则的；而在中国正好相反，城市是规则的，园林是自由布局的。

⑤[法] 米歇尔 · 德韦兹．18世纪中国文明对法国、英国和俄国的影响．p80．认为：在19世纪以前，中国对西方的影响不仅胜过西方对中国的影响，而且“比多年来人们一般想象的要大得多”。

目　录

上篇　背景

下篇 中学西传中的西方建筑

谁要以为中国的历史是僻居于一隅的一个国家的历史，以为那个国家除与左右邻邦有过关系之外，始终禁止与外国人交往，那他就错了。

——德国著名汉学家阿伯尔·雷穆萨

上篇 背景

第一章 绪 论

17～18世纪，中西方展开了大规模平等的双向建筑文化交流，至康乾期达到高潮。17～18世纪正值中国明清之际，17世纪始于明神宗万历二十八年，18世纪终于清仁宗嘉庆五年。康乾期约为17世纪60年代至18世纪末。

国外在这方面的研究起步较早，西方的汉学研究甚至从利玛窦时代已开始。18世纪中叶以来，仅英国就出版了许多关于中国园林与建筑的书籍。国内早在明、清时期就有相关记述，由康熙皇帝敕编的大型类书《古今图书集成》及乾隆皇帝敕编的大型丛书《四库全书》，都收录了西方建筑知识。

20世纪20～60年代，中西方学者都有活跃的学术表现。国外，德国有利奇温①、法国有安田朴②、谢和耐③，英国有李约瑟④、苏立文⑤等，中国有方豪⑥、张兴烺⑦、陈垣、陈受颐、阎宗临、冯承钧、向达⑧、朱谦之⑨、李思纯、李肇义、陈铨、钱钟书等。当时的研究，主要集中在宗教史和对外关系史领域，其中涉及了建筑的内容，甚至还出现少量建筑专题研究。⑩近年来，又涌现出沈福伟⑪、周谷城、楼宇烈、耿昇、林金水、陈卫平、顾卫民、孙尚杨、许明龙、余三乐、李天纲⑫、莫小也⑬、韩琦、徐海松等一大批优秀学者，他们在资料整理、专题研究和翻译方面成果很多，在文史界形成学术热点，为进一步的研究打下了基础。

20世纪80年代以来，国内建筑界开始关

---

①如：[德] 利奇温．十八世纪中国与欧洲文化的接触．朱杰勤译．北京：商务印书馆，1962.

②如：[法] 安田朴，谢和耐等．明清间入华耶稣会士和中西文化交流．耿昇译．成都：巴蜀书社，1993.
[法] 安田朴．中国文化西传欧洲史．耿昇译．北京：商务印书馆，2000.

③如：[法] 谢和耐．中国和基督教．耿昇译．上海：上海古籍出版社，1991. [法] 谢和耐．中国文化和基督教的冲撞．于硕译．沈阳：辽宁人民出版社，1989.

④如：[英] 李约瑟．中国科学技术史．翻译小组译．北京：科学出版社，1975.

⑤如：[英] 苏立文．东西方美术的交流．陈瑞林译．南京：江苏美术出版社，1998.

⑥如：方豪．嘉庆前西洋建筑流传中国史略．大陆杂志．1953，7（6）．
方豪．中国天主教史人物传．北京：中华书局，1970.
方豪．中西交通史．长沙：岳麓书社，1987.

⑦如：张星烺．欧化东渐史．北京：商务印书馆，2001. 张星烺，朱杰勤．中西交通史料汇编．北京：中华书局，1977.

⑧如：向达．明清之际中国所受西洋之影响．新美术，1987（4）：12-23.

⑨如：朱谦之．中国思想对于欧洲文化之影响．上海：上海书店，1940。
朱谦之．中国哲学对于欧洲的影响．石家庄：河北人民出版社，1999.

⑩如：Antoine D.& Regine T., Engraving the Emperor of China's European Palaces, Biblion: The Bulletin of The New York Public Library, New York, 1993.
Clay L., The European Palaces of Yuan Ming Yuan, Gazette es Beaux-Arts, Paris, 1948.
Carrell Brown M., History of the Peking Summer Palace under the Ch'ing Dynasty, the University of Illionis,1934.
Joseph Needham, Science and Civilisation in China, vol.4, Part II, Mechanical Engineering, Cambridge University Press, 1965, p211-225.
Kao Mayching, European influences in Chinese art, sixteenth to eighteenth centuries In: Lee T H C, eds.China and Europe: Image and Influences in Sixteenth to Eighteenth Centuries.Hong Kong: Chinese University Press,1991.
Madeleine Jarry, Chinoiserie Chinese lnfluence on European Decorative Art 17th and l8th Centuries, The Vendome Press Sotheby Publication, New York, 1981, p35-36.
Patrick C., Oriental Architecture in the West, Thames And Hudson, London, 1979.
陈受颐．十八世纪欧洲之中国园林．岭南学报．1931，2（1）．
李思纯．18世纪西欧之华化与中国之欧化．史学季刊．1940，1（1）．

⑪如：沈福伟．中西文化交流．上海：上海人民出版社，1987.

⑫如：李天纲．中国礼仪之争．上海：上海古籍出版社，1998.

⑬如：莫小也．十七—十八世纪传教士与西画东渐．杭州：中国美术学院出版社，2002.

注此方面研究：老一辈的童寯[①]先生、陈志华[②]先生、刘先觉[③]先生、聂崇正[④]先生、张复合[⑤]先生均作过相关研究。1980年，童寯先生发表《北京长春园西洋建筑》一文，多年来始终是关于长春园西洋建筑研究方面的权威著作。2006年，陈志华先生的专著《中国造园艺术在欧洲的影响》，填补了国内建筑史研究领域中中西园林艺术交流方面的空白。北京林业大学[⑥]和天津大学成果颇丰，包括中西建筑文化与中西园林艺术方面的研究。[⑦]另外，青年学者赵辰[⑧]、周武忠[⑨]关于中西园林交流及比较方面的成果也值得关注。

但长期以来，就这一时期的文化交流存在着"是非之争"，尤其在中国建筑文化对西方的影响问题上存在争议。这是因为，在西方还存在 "西方中心主义"倾向，并且随着西方在国际社会中重要性的增长和强势地位的确立，部分西方学者越来越不情愿承认西方历史进程中的外来影响，对这一时期中国乃至东方的影响，只偶尔提及，甚至闭口不谈。因此，研究这段历史，廓清和梳理这个时期的相关史实，具有重要的学术价值和现实意义。

第一，对填补建筑史学学术空白具有重要意义。

据文献记载，至少在明末，中国建筑就开始出现西式建筑因素[⑩]，到清中期逐渐形成一定规模。圆明园西洋楼建筑群，其建造原因仅仅停留在传说层面上，设计过程始终未能搞清；

---

①如：童寯．北京长春园西洋建筑．建筑师，(2)：156-168．童寯．中国园林对东西方的影响．建筑师，(16)：11-14．童寯．造园史纲．北京：中国建筑工业出版社，1999．

②如：窦武（即陈志华）．清初扬州园林中的欧洲影响．建筑师，(28)：121-124．陈志华．中国造园艺术在欧洲的影响．济南：山东书画出版社，2006．窦武（即陈志华）．《中国造园艺术在欧洲的影响》史料补遗．建筑师（39）.1990．窦武（即陈志华）．中国造园艺术在欧洲．建筑史论文集（3）．北京：清华大学出版社（内部发行），1979．

③如：刘先觉．鸦片战争前中国的西式建筑概述．华中建筑，1999（4）：124-127．刘先觉，许政．澳门的宗教建筑．华中建筑，2002，6：101-108．刘先觉，赵淑红．1900年以前的民用与军事建筑．华中建筑，2002（6）：96-100．刘先觉，陈泽成．澳门1900年前重要建筑普查研究报告．华中建筑，2002（6）：80-95．

④如：聂崇正．从存世文物看清代宫廷中的中西美术交流．文物，1997(5)：73-80．聂崇正．线法画小考．故宫博物院院刊，1982（3）：85-88．

⑤如：张复合．圆明园"西洋楼"与中国近代建筑史．新建筑，1986（2）：34-40．张复合．中国基督教堂建筑初探．华中建筑，1988（3）：66-74．张复合．北京基督教教堂建筑．建筑师，1995（65）：66-74。

⑥如：毛子强．西方传统造园艺术对中、俄皇家园林影响之比较．规划师，2001（1）：29-32．毛子强．中西传统园林的相互影响．北京林业大学博士毕业论文．2001．熊媛．中英自然式园林艺术之比较研究．北京林业大学硕士毕业论文．2006．

⑦如：陈春红．中国园林与英国自然风景园园林艺术比较研究．天津大学硕士毕业论文．2006．陈春红，王蔚．中国传统园林与英国自然风景园中建筑的差异与环境意境．中国园林，2006（12）：70-72．戴建新．连延楼阁仿西洋，信是熙朝声教彰——清代皇家园林中的西洋建筑．天津大学硕士毕业论文．1997．李晓丹．17-18世纪中西建筑文化交流．天津大学博士毕业论文．2004．李晓丹．17-18世纪中西文化交流中的"中学西传"．昆明理工大学学报，2003(4)：1-6．李晓丹，张威．16-18世纪中国基督教建筑．建筑师，2003（4）：54-63．李晓丹，王其亨．清康熙年间意大利传教士马国贤及避暑山庄铜版画．故宫博物院院刊，2006（3）：44-51，156．李晓丹，王其亨，吴葱．西方透视学在中国的传播及其对中国绘画的影响研究．装饰，2006（5）：28-30．李晓丹．康乾时期玻璃窗和玻璃制品探究．清史研究，2007（3）：20-25．史箴（即王其亨）等．16-18世纪中西建筑文化交流表．建筑师，2002．王蔚．不同自然观下的建筑场所艺术——中西传统建筑文化比较．天津：天津大学出版社，2004．王蔚等．中国传统园林与英国自然风景园——不同哲学背景下的自然美．中国园林，2006（6）：96-98．王胜霞．中国园林与英国自然风景园园林文化背景研究．天津大学硕士毕业论文．2006．庄岳，王其亨．诗性思维与中西方自由式造园传统刍议．中国园林，2006（3）：92-94．

⑧如：赵辰．"Sharawadgi"——中西方造园景观学说之间的迷雾．建筑史论文集．2000（13）．

⑨如：周武忠．寻求伊甸园——中西古典园林艺术比较．东南大学出版社，2002．周武忠．中西古典园林艺术风格比较．东南大学学报（哲学社会科学版），2003（6）：92-96．

⑩［意］利玛窦，［比］金尼阁．利玛窦中国札记．何高济译．p285.1601年（明万历二十九年），"在第二道宫墙之外的一个很漂亮的花园里"，矗立起一座不大的"欧洲的纪念物"。

除此之外，清中期乾隆及其母亲的万寿盛典中，曾在北京从西直门到西郊园林，满街搭建西洋楼；另外，玻璃等新材料的出现和喷泉、水法等新的建筑语汇的使用，也极大地促进了中国建筑、园林的多元化。诸如此类的有关细节尚待进一步考证。

第二，中国学者进入该领域，不仅可以通过提供新的维度和视角使研究内容更加全面和丰富，而且有助于克服西方学者研究中容易产生的盲点，有助于纠正“西方中心主义”背景下滋长起来的某些极端观点。

在英国，有相当多的学者认为“自然风景园”(Landscape Garden)、“图画式园林”(Picturesque Garden) 等西方园林的变革是英国人自己创造的，不承认中国园林艺术的影响。这是因为，在西方还存在“西方中心主义”倾向，部分西方学者不情愿承认西方历史进程中的外来影响。面对这一局面，中国学者理应作出积极回应。

第三，有助于增强国人对民族文化的自信心。

在国内，从“五四”时期以来，由于中国人的“苦难情结”，使得一部分国人形成了“传统文化虚无主义倾向”。19 世纪后，西方人、甚至多数中国人都忽略了这样一个事实：1500 ~ 1800 年间的中国，在政治、经济等领域中居于世界的中心地位，其国力的强盛与富足是西方无法相比的。[①]

第四，有助于打破认为“中国文化封闭”的传统观念[②]，为今天中西建筑文化进一步的交流起指导和借鉴作用。

一直以来，这样的观念占据主导地位：中国长期闭关自守，到 19 世纪后在坚船利炮之下被迫打开了大门。事实上，在明清之际，以耶稣会传教士为主要媒介，中国人以极其宽容的态度，主动地、大量地吸收了西方文化：明、清的北京城就是一个集大成的作品；大量绘画运到法国制版；在城市规划当中，新的地图、新的测绘手段被采纳、运用；巴洛克（Baroque）艺术风格、洛可可（Rococo）艺术风格影响并被直接运用到当时中国的造园以及天主教堂的建造中。

第五，研究这段历史，对于重新审视中国近代建筑文化变迁和重建当代中国建筑文化，都有重要启示。

本书研究时段为康乾期，包括中国建筑文化对西方的影响和西方建筑文化对中国的影响两个方面。研究内容包括：

上篇——背景

以国内外相关领域的研究成果为基础，对本时段中国史、世界史、中西关系以及中国与西方各自政治、文化、经济的情况进行了对比、探讨，概述了此时期中西建筑文化交流状况。

中篇——西学东渐中的中国建筑

总结了西式建筑在中国的传播及发展过程，分别从教堂建筑、商业建筑、园林与园林建筑及建筑的其他方面等入手，分析并阐明这一时期西方建筑对中国建筑的影响。包括：对明末清初教堂建筑、商业建筑的出现原因、过程及清乾隆时期中国皇家园林、私家园林中出现的西式因素作了全面深入的分析。对建筑其他方面的变化，如建筑技术、建筑材料、建筑师队

① [法] 布罗代尔 .15 至 18 世纪的物质文明、经济和资本主义 .1993.p618. 以 1960 年的美元价格计算，英国 1700 年人均 150 ~ 190 美元，法国 1781 ~ 1790 年人均 170 ~ 200 美元，印度 1800 年人均 160 ~ 200 美元，日本 1750 年人均 160 美元，而中国 1800 年人均 228 美元。

② 德国著名汉学家阿伯尔 · 雷穆萨曾说：“谁要以为中国的历史是僻居于一隅的一个国家的历史，以为那个国家除与左右邻邦有过关系之外，始终禁止与外国人交往，那他就错了。”

伍组成、建筑画、建筑装饰等方面进行了深入的分析研究。

下篇——中学西传中的西方建筑

这一时期“中国热”席卷整个西方，对西方洛可可艺术风格的产生起到了巨大的作用。与此同时，中国园林艺术传入西方，打破了西方古典园林艺术一统天下的局面，使西方产生了新的园林形式。本篇通过阐述这一时期西方人对中国建筑的认识及吸收过程，对西方室内装饰的变化、洛可可艺术风格的产生过程及其与中国建筑艺术的关系等进行了深入分析。就中国园林的西传问题，以学术界已有的研究成果为基础，从已有研究中忽略或遗漏的问题入手，进行分析研究，弥补了此前研究的不足和局限。

第二章　百年潮涌：17 ～ 18 世纪中西关系

一、交流概述

在世界范围来看，从14世纪初开始，世界东西两端封建国家的农本经济开始发生明显的变化：耕织结合的趋势逐渐分解，生产、经营开始转向商品化。教会产生分裂，科学与技术日益结合起来。船舶和帆船索具制造技术的进步、驾驶技术的提高以及航海罗盘的采用，使得航海活动开始越出沿海和内海的局限，飞跃为跨越大洋的、连接世界新旧大陆的远航。如果说，人类科技的进步给大规模中西方交流带来了巨大可能性的话，那么物质的诱惑是中西文化交流的直接驱动力。经济上，西欧需要东方的黄金、香料。马可 · 波罗24年中国之行的传奇经历及其后来成为百万富翁的事实，以及他游记中对中华文明的描述，刺激了西方重新寻找中国、认识中国的欲望。政治上，西欧急欲在东方拓展殖民地。宗教上，西欧天主教在宗教改革发生后，迫切要在东方开辟自己的势力范围。

15、16世纪，正值西方文艺复兴盛期，科学、文化、艺术空前发展，人类社会进入了“寻找和发现一个完整的地球[①]”时期。1497年，葡萄牙人达 · 伽马（Vasco da Gama）远航东方，绕好望角至印度加尔各答，恢复了欧亚交通，开通了由此经印度果阿、马六甲，至中国广东、福建沿海的东线；西班牙航海家麦哲伦（F.de Mage llanes）则开通了由大西洋通过麦哲伦海峡过太平洋，至菲律宾马尼拉而抵中国台湾、福建的西线。自此，西方的商人、传教士纷沓而至，中西文化交流史翻开了新的一页。

（一）交流背景

中西社会开始出现重大变革，同处于封建社会向资本主义的过渡阶段。

从双方实力对比来看，16世纪的西方正发生深刻的社会变革，资本主义开始产生。在意识形态领域，表现为古希腊、古罗马古典文艺复兴运动，这是西方从中世纪封建社会向近代资本主义社会转变时期的反封建、反教会神权的一场伟大思想解放运动，它标志着封建文化的没落和资本主义文化的诞生。其中，人文主义者所倡导的尊重自然和人权，主张个性自由发展等主张为后来接受中国文化奠定了思想基础。到17世纪后期，历史已经从文艺复兴以后的一度笼罩西方的君主专制主义的统治开始向新的时代迈进，对宽松的环境、宽容的态度、自由和人性的追求，已经成为人们普遍的社会心理，法国路易十四时代的拘谨、刻板的气氛开始退化，英国资产阶级革命方兴未艾。

与此同时，中华文明发展到了封建社会的顶峰：在政治、哲学、自然科学、艺术等领域处于世界领先地位，在亚洲享有崇高的国际声誉，占有重要的国际地位。中国文化的精髓，是占统治地位的以孔子为代表的儒家思想和占次要地位的以老子为代表的道家思想相辅相成组成的文化，即儒道互补。明清之际，虽然中国在自然科学领域已开始出现落后现象，但在其他很多领域（如政治思想、经济、伦理道德以及文化艺术等领域）仍处于世界先进地位；而西方在航道畅通之后崛起，在数学、天文学、历法等自然科学领域处于世界领导地位。

从经济上看，1500 ～ 1800年间的中国在全球体系中居于中心地位，当时中国的富强与国力是西方无法相比的。以1960年的美元价格做计算，英国1700年人均150 ～ 190美元，法

①忻剑飞．世界的中国观．p100．

国 1781 ～ 1790 年人均 170 ～ 200 美元，印度 1800 年人均 160 ～ 200 美元，日本 1750 年人均 160 美元，而中国 1800 年人均 228 美元。[①] 17 世纪，英国虽然发生了资产阶级革命，但事实上，资本主义的生产方式和经济体系尚处在形成过程中，工业革命在 18 世纪中叶以后才真正起步。法国的经济此时与中世纪相比，并无多大差别，工业生产依然以大量手工业作坊为主，离资本主义工业化尚有一段相当大的距离。

从军事上看，海上东西航路打通之后，葡萄牙、西班牙、荷兰、英国等早期殖民国家，继在中南美洲、非洲和亚洲南部的殖民扩张屡屡得手之后，又把军事侵略活动推进到中国沿海。但是，除了澳门被葡萄牙以贿赂和欺骗的手段窃据而与中国政府共管外，一度被这些国家占领的中国领土台湾和其他沿海据点，都被中国一一收复。这说明，当时的中国有足够的军事实力保卫领土完整。

从政治上看，当时的中国政府有全部主权，任何外来势力都没有力量干涉中国的对内对外政策；任何一个来华的传教士都不可能凭借他们派遣国的经济、政治和军事力量对中国进行殖民侵略。恰恰相反，他们只有在求得中国政府的准许、默认或宽容后，才有可能在中国内地进行传教活动。中国政府一旦禁教，他们便只能乖乖地回到澳门。

总之，这个时期的交往是在西方国家向世界进行军事征服和精神征服的背景下展开的。来华耶稣会士之所以决定放弃那种“一手拿着十字架，一手拿着宝剑”的流行传教策略，在很大程度上是跟当时中国的经济发展水平和国力强盛的状况分不开的。在西方发生工业革命并取得显著成效之前，中国的经济发展水平较之西方要略胜一筹。这样强盛的国力，使明、清王朝能成功地挫败葡萄牙、西班牙和荷兰殖民者对中国东南沿海的骚扰和侵略。同时，也使来华的耶稣会士一再宣称，他们“来到中国是为缔造和平，而非为交战、作乱而来[②]”。这就为中西文化交流建立在平等的基础上创造了条件。

文化交流实质上是一种综合国力的表现。上述情况表明，在当时中国强盛发达的条件下，西方向中国扩张是心有余而力不足的。与 19 世纪后中国所经历的“苦难情结”不同的是，明清之际，中西文化交流是两大文化体系间以和平的方式、在较为平等的基础上的交流。

（二）本质特性

17 ～ 18 世纪的中西文化交流是一种平等双向式的交流方式，但这种“平等”却不是建立在双方理解的基础上，而是在“不得已”条件下的平等方式。这是因为：第一，尽管资本主义的本性就是残酷的扩张[③]，但在 16 ～ 17 世纪近 1 个世纪的时间里，西方内部连年战争，无暇自顾，一时间还无力抽身，况且中国当时所具有的综合国力也使殖民者认识到，中国难以以武力征服[④]；但是，西方在其崛起之后固执地所持的“西方中心论”的傲慢理论，使他们从内心深处不可能情愿与中国进行平等的交流。第二，14 世纪以后的中国虽然仍处于封建制度的严厉统治之下，但其社会经济发展水平并不低于世界其他任何国家[⑤]，这是西方学者也肯定的事实，博大精深的中国文化在当时处于世界

① [法] 布罗代尔 .15 至 18 世纪的物质文明、经济和资本主义（第三卷）. p618.

② 利玛窦语。

③ 19 世纪，条件成熟，西方列强便毫不留情地用枪炮轰开中国的大门，这时候资本主义的扩张本性暴露无遗。

④ 如：萧致治 . 鸦片战争前中西关系纪事 .p13.1521 ～ 1522 年，葡萄牙人前往屯门驻足，中葡发生武装冲突，葡败。

⑤ 与西方封建社会不同的是，中国商品经济一直存在和发展着。到明朝，随着生产的发展，商品经济越来越发达，海外贸易也有相当发展。尽管政府海禁森严，但中国商人与日本、琉球、南洋各地及至西欧的商人一直往来不断。

领先地位，其文化本身也是非常自信的；长期以来，高度文明的中国在与亚洲国家的交往中，养成“华夷大方”的自大观念，“大国”的自尊很难放下，矜持地不愿屈尊与其他国家平起平坐。虽然其间也不乏有识之士对对方文化和科技表现出欣赏和推崇，但总的来说，前一种观念还是占了上风。因此，鉴于双方的势均力敌，彼此不得不在某种程度上作出让步，这样就在表面上的“平等”状态下埋藏下了种种危机。受宗教价值观念的影响，《利玛窦中国札记》原名取为《基督教远征中国史》，这本身就暴露出耶稣会士来中国的初衷就是想以“宗教来征服中国”的。入华传教士在中国传教的种种行为也反映出其妄图通过文化向中国渗透的野心，部分耶稣会士和方济各会士以及多明我会士因为不尊重中国文化，固执地认为“西方文化优越”，在日后不可避免地发生了“礼仪之争”。[①]第三，地处地球东西两端的这两种异质文明的巨大差异以及遥远的神秘感既使彼此相互吸引，也造成彼此理解上的困难，传播媒介的不发达和资料的缺乏也造成某种理解上的误区。当时西方对中国的认识，一方面通过从中国输入的商品，如绘画、瓷器等艺术品及工艺品；另一方面，通过商人和传教士的描述。通过中间媒介，商品不会发生变化；而文化，由于其本身所具有的特殊性，通过媒介传播就会发生或大或小的变形。所以，西方人对中国的认识就受到扮演文化使者的商人以及传教士的眼界、观点的局限，甚至连对中国文化理解较为深刻的钱伯斯[②]也只到过中国南方沿海地区。因此，早期的中西文化交流受到局限，双方的相互交流是在对彼此一知半解的状态下进行的。

（三）交流途径

17～18世纪，中西之间各方面的交流，主要是通过商业贸易、天主教传教士、甚至战争来进行的。这种交流包括物质文明层面和精神文明层面上的交流。一方面，由于海道的畅通，中西方贸易的不断扩大，中国的色丝、瓷器、漆器、屏风和扇子大量进入西方。这些商品所携带的精神信息，如商品的造型、图案、花纹等所蕴藏的中国的装饰设计原理和远东独特的艺术想象力也为西方人所熟悉。德国学者利奇温认为：“开始由于中国的陶瓷、丝织品、漆器及其他许多贵重物的输入，引起了西方广大群众的注意、好奇心与赞赏，又经文字的鼓吹，进一步刺激了这种感情。商业和文学就这样地结合起来，(不管它们的结合看起来多么离奇）终于造成一种心理状态，到18世纪前半叶，使中国在西方风尚中占有极其显著的地位。”[③]另一方面，16世纪末期，西方天主教中的耶稣会士，来中国进行传教活动。抱有“西方至上主义”理想的传教士们使用各种方法想渗透中国，多年后仍碰壁而归。多次挫折后终于认识到，要想使中国皈依天主教，必须采用“科学传教”政策：一方面，利用当时西方较为先进的科学技术向如饥似渴的中国人进行宣传，以博得其好感；另一方面，通过研究中国儒家经典和传统文化来了解和适应中国。这些传教士实质上充当了文化使者的角色，促进了西方对中国的研究，西方汉学[④]诞生了。由于西方对中国的进一步了解，加剧了“中国热”的升温，刺激了西方人对远东商品的需求，促进了中西贸易的进一步发展。

---

①详见本章后文。

②钱伯斯，日后为中国园林在西方传播作出巨大贡献。详见本书第十章。

③［德］利奇温，十八世纪中国与欧洲文化的接触．

④［法］安田朴．中国文化西传．p37．认为耶稣会士是东印度的发现者。计翔翔．十七世纪中期汉学著作研究——以曾德昭《大中国志》和安文思《中国新志》为中心．p19．认为利玛窦是西方汉学的奠基人。

（四）本质结果

在这次文化交流当中，正如张西平先生所说，“在向对方的学习中，西方走出了中世纪，借东方之火煮熟了自己的肉，而中国向西方学习的运动终未酿成社会大潮。[①]”正如在文艺复兴运动中新兴资产阶级需要利用古希腊、古罗马文化作为反封建反教会的斗争武器，17、18世纪启蒙时代，一部分哲人受中国文化启发并借助中国哲学（以耶稣会士为中介）为武器，进一步阐述自己的主张。中国这一处于东方的，与西方气质完全不同的独特文化，给启蒙运动注入了精神力量，中国文化风靡一时，对西方当时社会及后来的发展产生了深远影响。英国学者赫德逊也承认：“亚洲文化参与了欧洲传统本身的形成……在19世纪以前，亚洲对欧洲的影响要比欧洲对亚洲的影响深刻得多……，在18世纪，令人神魂颠倒的则是中国。[②]”

在双方文化的接触当中，彼此从认识、知道对方的存在到熟悉的过程中，不仅在潜移默化中改变了双方看待世界的方法，而且也改变了各自的审美。[③]建筑上，在中国沿海和内地先后出现西式建筑[④]，甚至在中国的皇家园林中也引进了西式元素[⑤]，而且在建筑技术、建筑表现技法等方面均有变化，成为19世纪后中国近代“中西交融”建筑思潮的滥觞。而西方出现了深受东方和中国影响的洛可可建筑[⑥]，中国园林的西传也从根本上影响了西方造园艺术的改变[⑦]。日后“中国热”消失，西方造园艺术并没有回到纯净的古典主义去，至今仍维持着自然风景园的基调，所以，中国造园艺术对西方的影响一直维持到现在。[⑧]

二、争夺“东方黄金”

西方各国为了争夺海上霸权，争夺“东方黄金”，展开激烈争夺。

（一）捷足先登——葡萄牙、西班牙商人与沿海地区西式建筑的诞生

16～17世纪，中国和西方的贸易被葡萄牙和西班牙所垄断。

16世纪，是葡萄牙在远东海洋上称王称霸的时代，它是第一个闯入中国的西方国家，也是第一个和中国直接进行贸易的西方国家。[⑨]葡萄牙人第一次与中国人的相会是在马六甲。[⑩]1514年（明正德九年），两位葡萄牙商人、航海家科尔沙利（Corsali）、埃姆波利（Empoli）到达广东沿海进行贸易，成为16世纪最早到中国的西方人。[⑪]

①张西平先生语。徐海松．清初士人与西学．总序p7.

②[英] 赫德逊．欧洲与中国．p17.

③详见本书第四、第八章。

④详见本书第四章。

⑤详见本书第六章。

⑥详见本书第九章。

⑦详见本书第十章。

⑧陈志华．西方造园艺术．p253.

⑨[美]马士，宓亨利．远东国际关系史．P20.

⑩葡萄牙史学家巴鲁什（Joao de Barros，1496－1570）详细地描述了中国帆船主人接受葡萄牙东方舰队司令塞克拉访问的情景，称他们“相谈甚惬”。据 C.R．博克塞．明末清初华人出洋考（1500－1750）// 朱杰勤．中外关系史译丛．第1辑，p93.

⑪朱培初．明清陶瓷和世界文化的交流．p35．毫无疑问，最先登陆中国的是葡萄牙人，但到底是谁，中外史书记载不一。一说，是以阿尔瓦雷什（J. alvares）为首的葡萄牙“官方旅行团”，由马六甲乘中国商船（沙船）到达中国海岸。曹中屏．（1500－1923）东亚与太平洋国际关系——东西方文化的撞击．p12．一说1513年。

1516年，葡萄牙人伯勒斯德罗（Raphael Peresterello）乘马来亚船到中国。这是西方人悬挂国旗的船舶首航中国。1517年，葡萄牙使节皮来斯（Thomas Pirez）在菲瑙·安德拉德（Fernao Peres d' Andrade）舰队的护送下，携葡王国书到达广州（图2–1），受到当地政府的礼遇，并获准进京。①

澳门是中国对东南亚各国番舶贸易的港口之一，在葡人到来之前，早已有爪哇、浡泥、暹罗、真腊、三佛齐诸国的船舶寄泊，开始时一般都是在船上进行交易，完毕后即行离去。由于外商货物有时不能很快售罄，这样就到陆上来搭棚设架，临时栖止，于是就出现茅棚搭盖的房屋。葡萄牙人来到澳门之后，逐渐开始用砖石盖起永久性建筑。1557年（明嘉靖三十六年），葡萄牙人侵占其为殖民地。澳门成为在中国领土上出现最早的外国租借地，西式建筑也随之传入。16世纪下半叶，澳门出现了新的房屋、街道和洋行。

葡萄牙人在东方出现了半个多世纪之后，西班牙人和中国人之间的交往才开始。②西班牙没能像葡萄牙一样享有占领澳门的地理之便，而是以吕宋（菲律宾）为出发点，间接地了解中国。西班牙，自航海家麦哲伦在1521年（明正德十六年）3月到达了菲律宾以后，就把菲律宾作为和中国进行贸易的据点。著名的马尼拉（Manila）港在1571年（明隆庆五年）开放。每年约有30～40艘中国大帆船到那里，出售瓷器。西班牙的商船再把购买来的中国瓷器转走，横渡太平洋，到达美洲的墨西哥的阿卡普尔科（Acapulco）。在阿卡普尔科，再由西班牙商船运回欧洲。16世纪末，作家安东尼奥·德莫伽（Antonio de morga）来到了菲律宾，他

图2–1　葡萄牙人首次在中国广州登陆，安德拉德向官吏们献念珠

在1609年（明万历三十七年）出版的著作中叙述了西班牙和中国贸易的情况。他说："中国的大帆船运来了生丝、用金线绣成美丽图案的天鹅绒、丝绸、织锦、麝香、国画、安息香、台布、轻便马车和车厢里的小地毯、珍珠、宝石、水晶、金和铜制成的脸盆、水壶、长袍以及质量优秀的各种规格的陶器、瓷器。"西班牙供给中国的商品则有面粉、各种水果、腌肉、良种小鸡、家牛、鹅、马、骡、栗子、胡桃、编结针、各种家具，甚至还有供杂技演员表演用的会说话和唱歌的小鸟。一直到17世纪后期，荷兰旅行家林索登（Linschoten）还强调指出，中国福建的大帆船经常来到马尼拉，船上所运载的货物主要是生丝、瓷器和其他有趣的、古怪奇特的手工艺品。

（二）荷兰

1. 荷兰东印度公司与台湾

16世纪下半叶的尼德兰革命，使荷兰成为世界上第一个资产阶级共和国。荷兰人试图直

① 曹中屏．（1500–1923）东亚与太平洋国际关系——东西方文化的撞击．p10．后因葡萄牙人的强盗行径，皮来斯被投入大牢。

②［美］马士等．远东国际关系史．p23．

接从事远东贸易，以打破伊比利亚半岛对香料贸易的独占。早在1600年（明万历二十八年），荷兰人曾以澎湖为贸易基地，伐木筑舍，盘踞不去。这是澎湖最早有西人建筑的记录。①

荷兰东印度公司成立于1602年（明万历三十年）（一说1609年），它是17世纪西方殖民主义者最庞大的商业机构②，由经营马来群岛贸易的几家公司合并组成。在击败葡萄牙、英国的竞争和征服当地统治力量后，它在马来群岛至好望角一带享有广泛的特权，如独占贸易、铸造货币、拥有武装和宣战、缔约等。为了争夺海上霸权，荷兰人与西班牙人的冲突也时有发生(图2–2)。1636～1645年(明崇祯九年～清顺治二年)，其殖民贸易活动达全盛时期。③从17世纪30年代起，中国的丝绸、瓷器与东南亚作物等东方商品主要由荷兰输往西方。④

图2–2 荷兰西印度公司劫夺满载白银的西班牙船只

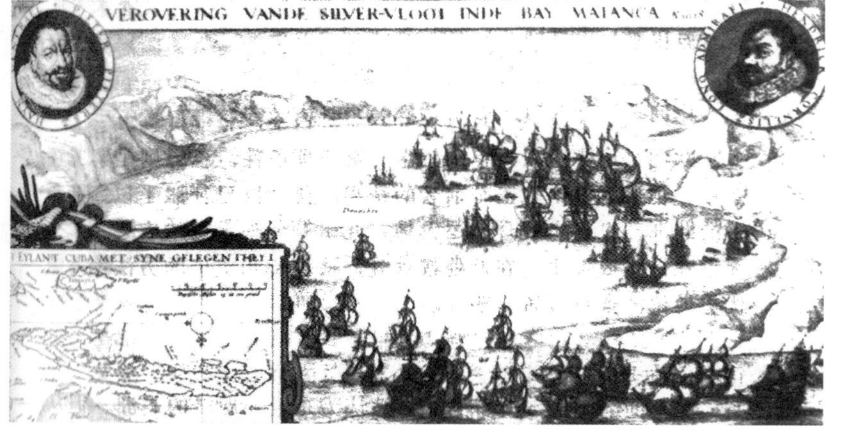

1622年（明天启二年）6月，雷约兹率荷兰舰队进攻澳门，被葡萄牙人击退。随后，雷约兹攻占了澎湖。荷兰人以澎湖为据点，采取海盗手段破坏中国与菲律宾的贸易。⑤荷兰人不仅在海上和沿岸劫掠中国商船，还进入海湾，纵火焚烧、掳掠中国居民，把他们送到澎湖服劳役或转运到巴达维亚（今雅加达）作为奴隶出卖。1624年（明天启四年），明军把侵略者赶出澎湖列岛。但是，荷兰人又大举入侵中国台湾岛，占领了该岛南部地区，台湾开始大规模出现西式建筑。⑥不久，荷兰人又同觊觎台湾的西班牙殖民者展开争夺台湾的斗争。1641年（明崇祯十四年），荷兰与西班牙争夺台湾的战争，以西班牙的败北而告终，台湾整个落入荷兰东印度公司之手。1662年（清康熙元年），郑成功收复台湾。⑦

2. 尼霍夫使团

荷兰东印度公司在台湾盘踞期间，利用清政府与郑氏的矛盾，于1655年（清顺治十二年）获准派使节访问北京。清政府准许荷兰每八年一次遣使偕同商船4艘来华“进贡”。⑧1656年（清顺治十三年），荷兰专门派遣使节尼霍夫(Nieuhof)出使中国，觐见清世祖，企图签订自由贸易条约，未果。但使团成员深入中国内部，了解了很多中国包括风土人情等方面的情况，还特地到南京参观了有名的“瓷塔⑨”（图

---

①马公妈祖庙后殿公善楼的台湾最古石碑。引自李乾朗．台湾建筑史．p68.
②后因当地人民的反抗和英法势力的渗入，地位动摇，于1798年（清嘉庆三年）解散。
③［英］简．迪维斯．欧洲陶器史．p19．译者注．
④曹中屏．(1500～1923)东亚与太平洋国际关系——东西方文化的撞击．p30.
⑤使中菲贸易额由1613年的110万比索下降到1623年的3万比索。
⑥详见本书第四章。
⑦1661年（清顺治十八年），“杀父报国”的明将郑成功率大小船只数百艘，将士2500人，从金门出发，经澎湖向盘踞台湾近40年的荷兰人发动进攻。经过对台湾长达九个月的围困，1662年（清康熙元年）2月，郑成功迫使荷兰东印度公司台湾总督揆一投降，从而收复了台湾。
⑧曹中屏．(1500–1923)东亚与太平洋国际关系——东西方文化的撞击．p20.
⑨1414～1432年（明永乐十二年～宣德七年），明成祖等在南京修建一座“瓷塔”，以纪念他们的祖先。这一“瓷塔”并不完全都是瓷器构成的，而是在塔的外表饰以琉璃瓦。它高约80米，有9层。该塔在清代清兵包围南京，镇压太平天国农民军时被毁坏。

2–3）。尼霍夫在其《英使谒见乾隆见实》中作了如下描述："寺院的长老们对宾客们打开了所有庙宇的大门。在庙宇的广场中间，是一幢巍峨的钟楼。[①]……这幢钟楼，高九层，从下面登梯而上顶层，要走一百八十个阶梯。每层都有走廊围绕，走廊的墙壁上有无数（都是瓷器制成的浮雕）小塔和佛像。每层塔都用红、绿、黄釉等瓷板覆盖。这幢美丽的建筑是由许多行业的匠师（如瓷器匠、木匠、砖瓦匠、建筑匠等）分工合作，最后由建筑的主人（总工程师）合并、组合在一起，但看来天衣无缝，似乎是一个统一的、独立的整体。在许多屋檐的角椽上，装饰和悬挂着很多小钟铃，它们都随风摇晃，发出悦耳的音调。塔的顶端，形状有些像凤梨（可能是葫芦状），那是用贵重而美丽的金子制成的。[②]"

这位荷兰人回到西方后，到处向人们宣传他们在中国所见到的最奇特、美丽的建筑——"瓷塔"，从而使"南京瓷塔"的消息很快地传遍了西方。使团报告——《荷兰东印度公司遣使中国皇帝记》在莱顿出版，附有大量插图，描述中国建筑及植物[③]，具有很大影响。

（三）英国

明清之际，在来华的西方人当中，英国人是后来者。在哥伦布由西班牙启碇西行探寻通中国和印度海道的同一年，英王亨利七世也遣热那亚商人约翰 · 卡博特（John Cabot）沿相同路线寻找通往中国的航路。自此以后，英国从未放弃这个目标。[④]1576年（明万历四年），英国与葡萄牙订约，英船获准在葡属港口贸易[⑤]，从而使英国首次有机会与包括中国澳门在内的地区进行贸易。与此同时，英国女王伊丽莎白（Elizabeth（1558–1603））支持英国著名海盗德雷克（Francis Drake）在南美大西洋海面抢劫从事大帆船贸易的西班牙人的中国货物。1580年（明万历八年），德雷克完成环球航行，从而打破了西班牙对太平洋的垄断。在伊丽莎白统治时期，英国海盗夺取来自中国与东印度的商船货物总值达1200万英镑，使得大量的财富流入本国，促进了英国原始资本的积累。

1．英国东印度公司

为反对西班牙、葡萄牙的海上霸权，1587年（明万历十五年），英国与荷兰结成联盟。次

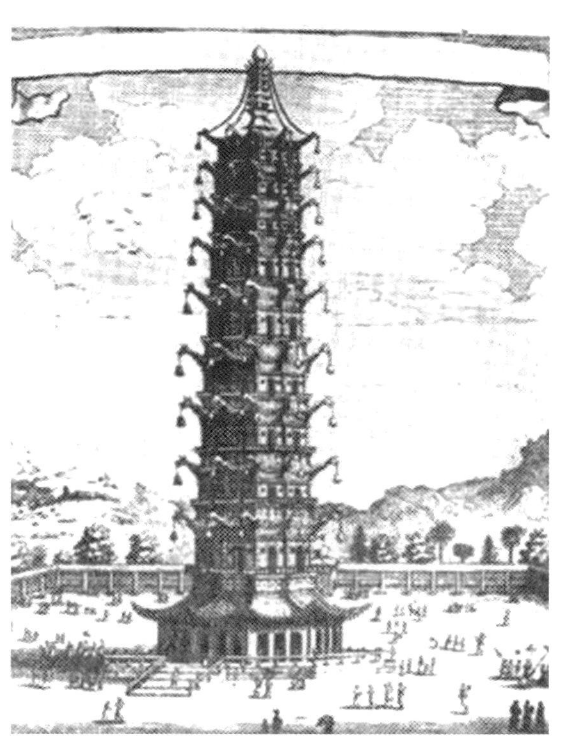

图 2–3　西方画家笔下的南京瓷塔

①西方人把塔误认为钟楼。

②朱培初．明清陶瓷和世界文化的交流．p54.

③详见本书第九章。

④范存忠．中国文化在启蒙时期的英国．p4. 在利玛窦和罗明坚登上中国大陆的第二年，也就是1583年（明万历十一年）2月，伊丽莎白女王差遣约翰 · 纽伯雷（John Newberry）携带她给中国皇帝的公函，乘舟东行，函中要求同中国建立联系，必须互通有无，后无消息。1596年（万历二十四年），罗伯特 · 达德利爵士（Sir Robert Duddely）携带同样公函，带领三艘船舰东行，后来也无消息。也许是运气不佳，以后几次往来试探，也都未能发生关系。

⑤Florence Bowman and Esther Roper, Traders in East and West. 1924.p11.

年，英国全歼西班牙“无敌舰队”，为英商把持远东贸易扫清了道路。英国与荷兰还多次在海上攻击葡萄牙人（图 2–4）。1599 年（明万历二十七年），伦敦 101 名商人组建了“与东方贸易协会”；次年，该协会与另一批商人组成了当时英国最大的贸易股份公司——伦敦商人对东印度贸易公司，即后来的英国东印度公司。英国东印度公司是 17 ～ 19 世纪中叶英国政府特许设立的对东方（主要是印度和中国）经营垄断贸易、进行殖民事业的组织，最初在马来群岛一带进行香料贸易，后转向印度建立根据地，拥有军队和舰队。1600 年（明万历二十八年），英国东印度公司的成立[①]，使中国和英国有了间接的联系。1601 年、1604 年，英国东印度公司两次派出“远征商队”东来，利润率高达 95%。[②]1613 年（明万历四十一年），英国东印度公司已在中国外围建立了 10 余处商馆。它们或与中国海商进行直接贸易，或派船只在海面拦截中国商船，抢劫中国货物，与荷兰、葡、西进行激烈竞争。1619 年（明万历四十七年），英、荷两国东印度公司的代表在伦敦签署《合作协定书》，决定建立“防御委员会”，寻找共同攻击目标，排除西、葡的干涉，排斥在胡椒贸易上执牛耳的中国商人，并占领中国沿海某一岛屿，迫使中国商船与其贸易。[③]在英国帮助下占领澎湖后，荷兰立即实行贸易垄断。1635 年（明崇祯八年），英国商人威廉 · 科亭（William Courteens）等另组建科亭公司，英王查理一世入股参加，并允许该公司在东印度公司所未曾到过的东方进行贸易。该公司聘用东印度公司船长约翰 · 威德尔（John Weddell）率船队来中国贸易。威德尔持有一份英王颁布的委任状，于 1636 年（明崇祯九年）4 月率船只 6 艘离开唐斯港。1637 年（明崇祯十年）6 月，威德尔持葡果阿总督的信抵澳门，遭到当地葡萄牙当局的拒绝。威德尔旋即率船 4 艘于是年 8 月由虎门强行驶入广州，开西方人武装通商之始。[④]清初中国实行海禁时期，英国东印度公司主要通过澳门和台湾郑氏与中国贸易。

图 2–4 在马六甲洋面，一艘葡萄牙大船遭到英国和荷兰的六只小帆船的袭击

1650 年（清顺治七年），英国东印度公司与科亭公司合并，并第四次联合筹股 30246 英镑推动东方贸易。1651 年（清顺治八年），英国议会公布第一个《航海法案》，次年英荷发生战争，荷兰战败，被迫承认航海法案。1654 年（清顺治十一年），英、葡达成协议，规定向英国开放葡萄牙在东方的所有港口。

①［英］简 . 迪维斯 . 欧洲陶器史 .p18. 译者注 .1858 年英国东印度公司撤销。

②John Macgregor.Commercial Statistics.p300–301.

③Y. M. Braga.The Westen Pioneers And Their Discorery of Macao.p38.

④H. B. Morse.The Chronicles of the East lndia Company Trading to China.1635–1834.vol. I, p14–17, p21–27.

1670～1672年（清康熙九年～康熙十一年）间，英国东印度公司先后与郑成功经协议、签约，并在安宁、厦门设立商馆。此时，茶叶已成为英商在中国采购的主要商品。[①]在西方国家中，英国来华的商船是最多的。[②]

18世纪中叶起，英国东印度公司通过战争，排挤法、荷势力，建立在印度的统治地位。对中国，除垄断中英贸易外，又供应港脚商人大量鸦片，使其向中国走私输入。

2．马戛尔尼使团访华

18世纪英国的产业革命，使该国资本主义得到进一步发展，随之而来的即是向外侵略，不断向外寻找更多的殖民地。他们打着“与中国皇帝发生友谊并增进两国邦交，扩充两国人民之商业”的幌子，于1793年（清乾隆五十八年），派遣以马戛尔尼为首的使团来到中国[③]，其使命是强行与中国签订奴役中国的苛刻条约[④]，“为了把已在广州取得的特权扩大到宁波、舟山和天津，并在北京城内建一家货栈”。英国使团受到乾隆皇帝隆重的接待[⑤]（图2–5），但没有达到目的。不过，英国人通过这次访华，得以深入中国内部进一步了解中国。英国人发现，这是一个正在衰落的帝国。该使团还有一个任务，即科学考察。使团中的第二号人物斯当东（Georges Staunton）是医生和植物学家，他由一名植物学家兼地理学家巴罗（John Barrow）和两名丘园[⑥]的园艺师陪同。这些自然学家们虽然来去匆匆，但也获得了某些发现，其中就包括斯当东于1793年在浙江发现的优雅的“苦柏”树。[⑦]回国后，其成员写了很多有关中国的回忆录及考察报告[⑧]，进一步促进

图2–5　马戛尔尼使团觐见乾隆图

①东方杂志，10（3）.p33．中国茶叶出现于西方市场起于1610年，1615年英国已有关于饮茶的记载。1664年，东印度公司赠英王红茶二磅，每磅获奖50先令。此后，英国社会以饮茶为幸。1668年，东印度公司遂在英政府注册，特准其运茶入英境。此后，茶务日益发达，销售日广。

②Jerome Ch’en：China and the West：Society and Culture 1815—1937.Hutchinson of London.1979.p25．到1787年，广东口岸共泊有73艘西方商船，其中英国就占了52艘。

③［法］布罗斯．发现中国．p94．事实上，该使团除代表英王陛下之外，还代表着东印度公司的利益，因为该公司部分地资助了这次出使。

④［法］安田朴．中国文化西传欧洲史．p828.

⑤当时使团是以祝贺清帝八十寿辰为名，并携带一批代表西方先进科学的仪器，作为给中国皇帝的礼物。如依据哥白尼的“日心说”而制的天文地理表，当时清晰度最高的望远镜，预测天气的仪器，排除空气及制造真空的机器等。这些礼物虽说不都是当时西方最先进的，但大体上代表了当时西方的科学新成就。乾隆阅读英国商人禀文及郭世勋奏折后，认为英“情词极为恭顺恳挚”，随即下了一道上谕，给予英使特殊优待，准许英使由天津进北京，并谕令福建、浙江、江苏、山东等处督抚“如遇该国贡船到口，即将该贡使及贡物等项，派委妥员迅速护送到京”。沿海各督抚在接到这道谕旨后，都作了迎接英使的准备工作。

⑥位于伦敦郊外。

⑦［法］布罗斯．发现中国．p95.

⑧［英］爱尼斯·安德逊．英国人眼中的大清王朝．［英］乔治．斯当东．英使谒见乾隆纪实．［英］马戛尔尼．乾隆英使觐见记．等。其中，安德逊为使团访华时所乘“狮子”号船上的第一大副。斯当东是伦敦皇家学会会员，使节兼秘书兼代理缺席时的全权特使。

了西方人对中国的了解。

（四）法国与法国东印度公司

法国参加远东贸易始于1489年（明弘治二年）。和英国、荷兰等国相比，法国对华贸易处于落后状态。1685年（清康熙二十四年），在大臣的一再建议下，路易十四欲与东方大国中国交往①，以德肖蒙为正使、德乔西（De Choisy）为副使的使团率军舰2艘驶往东亚，随行的还有路易十四派往中国的6名耶稣会士②和4名派往暹罗的外国传教士。路易十四给德肖蒙的训令指示使节确保暹罗每年派往中国和日本的王家船队的回程货卖给法国。据德肖蒙的《赴暹罗宫廷使节记》载，此次由暹罗王和华尔康赠送路易十四与法国王室的物品达3000件，150箱。路易十四派遣的经暹罗赴华的"学问僧"在中国获得成功。1687年（清康熙二十六年），白晋由北京回到法国。白晋此次回国，带回康熙帝赠给路易十四的许多礼品，其中的书籍构成今日法国国家图书馆汉文藏书的一部分。白晋归国的目的是要求法国向中国派更多的学问僧，据说康熙还要他邀法国商船来华贸易。尽管路易十四对白晋所言并非全信，东印度公司也缺乏来华通商的资金，但法国海军大臣兼东印度公司总裁庞查特兰（de Pantchartrain）庇护的法国王室玻璃厂包销商乔丹（Jean Jourdan）却解囊相助。1698年（清康熙三十七年）3月，法国东印度公司的商船女海神"安菲特里忒"（Ambbitrite）号在拉罗舍尔港起碇驶向中国，同行者还有后来在中法关系史上享有名望的雷孝思（Regis）、马若瑟（de prémare）、巴多明（Darrenin）等7名传教士。年底到达中国广东海面。这是法国商船第一次出现在广东海面。自那时起到1833年（清道光十三年）英国东印度公司对华贸易的垄断权被废止的130余年间，法国派遣到中国的商船总共有140艘，吨位不大，一般是在550～600吨。③

1700年（清康熙三十九年）8月，满载康熙赠路易十四的礼物与中国商品返回路易斯港。1701年（清康熙四十年），"安菲特里忒"号再次来华，在中国停留期间，其成员还访问了瓷都景德镇和南京。1703年（清康熙四十二年），该船满载中国丝绸、漆器和瓷器返航。所以，法语把中国漆器称为"安菲特里忒"。1725年（清雍正三年），法国东印度公司在广州建立商馆。1743～1756年（清乾隆八年～乾隆二十一年）间，法国东印度公司从中国购买商品回法国销售，其利润率为116.6%。④18世纪60年代末，法国自由贸易风兴起，东印度公司遂于1769年（清乾隆三十四年）解散，法国对华贸易进入繁荣期。⑤法国大革命前夕，法国私人企业破产者甚多，唯独从事对华贸易的公司例外。⑥法国东印度公司还通过暹罗将暹罗的中国美术品输入法国。

16～18世纪中西关系，见表2-1所列。

---

①萧致治等．(1517～1848) 鸦片战争前中西关系纪事．p159.

②他们是理查德(Le P.Guy Tachard)、刘应(Claude de Visdelou)、白晋(Joachim Bouvet)、洪若瀚(Fontaney)、张诚(Jean Franscis Gerbillon)、李明（Louis Le Comte)。

③戴逸．吴建雍．18世纪的中国与世界//对外关系卷．p158-159.

④Milburn，Oriental Commerce，Vol，I．p390.

⑤1771～1777年（乾隆三十六年～乾隆四十二年）的7年间，法国整个东方贸易额为76549778里弗尔，其中由中国输入的贸易额竟达51798660里弗尔。

⑥曹中屏．(1500-1923) 东亚与太平洋国际关系——东西方文化的撞击．p39-40.

16 ～ 18 世纪中西关系一览表①　　表 2–1

中国	中西关系	西方
1368 ～ 1644 年，明王朝先立都南京，后迁都北京。 1592 ～ 1597 年，日本远征朝鲜	1498 年，达 · 伽玛到达古里。 1517 年，葡萄牙使节到达广州。 1557 年，葡萄牙人定居澳门。 1582 年，利玛窦到达澳门。 1557 年，葡萄牙占据澳门。 荷兰商船首次抵达中国是 1601 年 1603 年、1622 年，荷兰两次占领澎湖。 1624 年，荷兰占领台湾南部地区。 1626 年，西班牙侵入台湾。 1635 年，英国冒险家第一次到达中国海面	1492 年，哥伦布首次旅行。 1516 年，查理斯 · 坎特登基。 1521 年，路德被教会开除。 1535 年，依纳爵组建耶稣会。 1589 ～ 1610 年，亨利四世执政
1644 ～ 1912 年，清王朝立都北京。 1662 ～ 1722 年，康熙执政。 1736 ～ 1796 年，乾隆执政	1684 年，清政府决定废止海禁，“令开海贸易”，允许外国商船来华贸易。 1685 年，路易十四派遣法国耶稣会士入华。之间，礼仪之争 1840 年，第一次鸦片战争	1640 ～ 1688 年间，英国爆发了资产阶级革命。 1661 年，路易十四亲政。 1685 年，废除南特教令。 1715 年，路易十四晏驾，菲利浦二世摄政。 1764 年，法国耶稣会解散。 1773 年，教皇取缔耶稣会。 1789 年，法国全国三级会议。 1793 年，路易十六被处决

三、传播“上帝福音”

传教士在 17 ～ 18 世纪中西文化交流方面起到了非常巨大的作用，甚至可以说，这个阶段的中西关系是靠十字架来维系的。精神文明的接触，主要是通过在华的耶稣会士为媒介的，这些传教士在文化交流中起到的作用是商人们无法比拟的。他们的活动范围更为广大，不仅限于沿海地带，而是深入中国内地，遍布全国，以至偏远地区和宫廷。抱着虔诚的宗教目的的传教士为了传播“上帝福音”，长期在中国居留，甚至颐养天年。他们熟悉中国的文学和思想，更熟悉、了解中国的社会状况、文化生活等。他们不仅促进了中国人对西方宗教和学术的注意，并且更由于他们的著述和对中文的翻译，使西方人熟悉了他们所力图使之皈化的那个帝国的各方面情况。这些传教士大都具有较高的文化素质和较丰富的科学知识，可谓人才济济，这使他们有能力担负起文化交流的重担：一方面将西方的科学知识、文化带到中国，与中国学者合作编译学术著作，帮助中国人观天文、治历法、绘地图、制器械、传授西方音乐绘画知识……另一方面，把在中国的所见所闻写成详尽的报道。是传教士最早将一些中国经典译成西文并在西方出版，增进了西方人对中国的了解，开辟了西方的汉学研究，并使许多西方学者从此得益，刺激了启蒙运动的开展。传教士入华后，独立发展起来的两种社会——欧亚大陆，在历史上首次开始了真正的交流。②中西建筑文化正是在这种文化交流的背景下，相互了解并相互吸收的。

1540 年（明嘉靖十九年），正当西方宗教改革方兴未艾之际，教皇保罗三世下达谕旨，

①参考：[法] 布罗斯．发现中国．曹中屏．(1500–1923) 东亚与太平洋国际关系—东西方文化的撞击．刘大年．论康熙．明清人物论集（下）．清实录．圣祖实录．

②[法] 谢和耐．中国和基督教．p9（中译本序）．

批准天主教内顽固地反对宗教改革的组织——耶稣会（The Society of Jesus）成立。耶稣会是一个中央集权的全球性组织。总会长依纳爵[①]（图2-6）不仅为修会等级森严的管理体制打下了基础，而且还开创了一个新型的修会模式，它因灵活性和方法的多样性而具有很强的功能性。该会的宗旨是要重振罗马教会，重树教皇的绝对权威。自英、德脱离罗马教廷后，旧教势力在西方大减，教皇欲借助耶稣会的忠诚谋求向海外发展。同时，航海事业的发展亦为教会势力向东方发展提供了便利的条件。[②]耶稣会士在传教之时，把西方的天文历算知识传入中国，又把中国的哲学、文学以及科学知识介绍到西方。他们之所以能担当此任，与他们在西方所受的教育有关。与其他基督教组织相比，耶稣会崇尚教育，从初入修院起，在十多年的学习、修行生活中，科学是他们的必修科目之一。耶稣会学校曾培养出不少著名的学者、思想家和科学家，斯蒂文（Stevin，1548-1620）、笛卡儿（R. Descartes，1596-1650）、惠更斯（C. Huygens，1643-1695）、牛顿（I. New-ton，1643-1727）、伏尔泰（Voltaire，1694-1778）等人都曾受到耶稣会教育的影响。在某些天主教国家，如意大利、葡萄牙、法国，耶稣会办的学校，在16～18世纪对科学的发展产生过积极的作用。[③]

图2-6　耶稣会创始人：依纳爵 · 罗耀拉

初期来东亚的西方传教士主要依附于葡萄牙和西班牙。曾在印度、日本传教而以开辟中国的基督教事业为夙愿的耶稣会创始人沙勿略（Xavier · Francois），在16世纪中叶到达中国广东上川岛。他准备从那里进入中国内地，但不幸在1552年（明嘉靖三十一年）病死于该岛。16世纪末，部分表面上与葡萄牙脱离依附关系的耶稣会士成功地由澳门进入中国内陆。最早有范礼安（A · VaLignari）、罗明坚（M. Ruggieri）和利玛窦（Matteo Ricci）等。他们学华语、穿儒服，取得了中国地方官乃至皇帝的好感与礼遇。利玛窦是第一个留在京师的耶稣会士。1601年（明万历二十九年），他进入中国宫廷，成为万历的帝门客。[④]从1583年（明万历十一年）利玛窦获准在广东首府肇庆传教至1775年（清乾隆四十年），西方在中国的

① [德] 彼得 · 克劳斯 · 哈特曼．耶稣会简史．p5.1541年4月，全体会士一致推举依纳爵 · 罗耀拉（1491-1556）当选耶稣会第一任总会长。戎伍出身的依纳爵称耶稣会的最高主持为总会长，其原意为司令或统帅。他终生担任此职，直到1556年7月23日去世。

② 曹中屏．（1500～1923）东亚与太平洋国际关系——东西方文化的撞击．p41.

③ F.de Dainville, L'Enseignement des Mathément dans les Collèges Jésuites de France du XVIe au XVIIe Siècle, Reaue d'Histoire des Science, 1954, V.7, No.1, 2. 转引自韩琦．中国科学技术的西传及其影响．p3-4.

④ [法] 裴化行．利玛窦评传．p325.

传教活动实际为耶稣会所独占。到 1644 年（清顺治元年），耶稣会在中国 11 省传教，至少有教堂 160 多座。[①]

（一）利玛窦“科学传教”政策

16 世纪末，以利玛窦为代表的耶稣会士梯航数万里，来华传教，掀开了中西文化长达 200 年的珍贵对话的序幕。1582 年（明万历十年）8 月 7 日，意大利传教士利玛窦抵达中国的澳门。利玛窦的传教活动是通过较长时间地深入中国内地、小心翼翼地跟中国上层社会对话的特殊形式进行的。如果说在中国开教的初步成功以及将中国文化研究推向新的水平与利玛窦个人品质有关的话，那么，中国与西方规模空前的文化交流，则很大程度上得益于他的传教政策。清初的耶稣会士顺应新朝的政治文化形势，成功地接续了明末利玛窦开创的学术传教事业，从而使西学东渐在明末的基础上继续拓展，并走向高潮。这就是“合儒”、“补儒”、“超儒”的所谓利玛窦“科学传教”政策。哈理斯（G. L. Harris）归纳“适应”策略为 8 个步骤，实际上总结了利玛窦的整个传教方式：

（1）采纳中国的生活方式（包括学习汉语口语和书面语）；

（2）结交精英人士并建立关系网；

（3）担任确定的社会角色；

（4）以基督教的名义提议把学习中国文化的精华作为一种必需；

（5）在基督教教义中区分出可改变的和不可改变的；

（6）运用西方文化，如科学、艺术、哲学等；

（7）采用中国社会的交流渠道和方法；

（8）建立本土化教会的基础。

实施“科学传教”政策的前提是学习汉语汉字。入华耶稣会士自称“西儒”，着儒冠儒服，主要交往对象为中国士人，在和他们讨论科学、伦理学和哲学等话题的过程中，寻求儒家经典相关内容与基督教在思想上、学术上的共同点，这就必然要求掌握以儒家思想为主的中国传统文化。耶稣会士的这一传教策略，帮助他们成功地进入了中国宫廷。

（二）清政府的利用政策

应该看到，基督教能够在中国顺利传播，不仅与利玛窦的“科学传教”政策有关，而且更重要的是由于中国皇帝对西学的喜好，并且希望西学能够为中国所用。

当时，清朝统治者对入华耶稣会士主要实行利用政策。这在康熙帝身上表现得尤为突出。他的基本态度是，凡有一技之长能为我所用者，皆“留宫效力”，余者才让去内地各省传教。早在 1687 年（清康熙二十六年），康熙帝得知洪若翰等法国传教士抵达浙江宁波，即传旨：“洪若翰等五人，内有通历法者亦未可定，着起送来京候用。其不用者，听其随便居住。[②]”入华传教士还参与了众多的世俗活动。张诚、安多（Antoine Thomas，1644—1709）等受命用满语给康熙帝讲授欧几里得几何学。德理格（Teodoricus Pedrini，1670—1746）给皇三子、皇十五子、皇十六子每日讲授音乐，“不是为他们光学弹琴，为的是要学律吕根原。[③]”白晋、张诚在宫廷中建立化学实验室，研制药品。在军事方面，传教士南怀仁曾奉命制造大炮，培训炮手。在外交方面，传教士徐日升、张诚等参与清政府跟俄国的谈判[④]；康熙帝还派艾逊爵（字若瑟，Autonio Francesco Giuseppe

①张力，刘鉴堂．中国教案史．p59．

②黄伯禄．正教奉褒．

③阎宗临史学文集．p150—155．

④详见本书第三章。

Provana，1662-1720）去罗马教廷协商解决“礼仪之争”。[①]到了乾隆时代，王致诚[②]（Jean Denis Attiret，1702-1768）、郎世宁[③]（Giuseppe Castiglione，1688-1766）、蒋友仁[④]（Michael Benoisc，1715-1774）等传教士还参与了圆明园西洋楼的设计。[⑤]更为有趣的是，从17世纪中开始到19世纪初，朝廷钦天监监正一职一直是由耶稣会士所垄断。通过参与这些世俗活动，使有关传教士有效地了解了中国数学、音乐、医学医药、军事和外交的现状乃至历史。

利玛窦的“科学传教”政策和清政府的利用政策反映了双方为各取所需所采取的行动规则。事实上，双方都把寻求共同性和互补性作为必须遵循的原则。这个原则，既是在华耶稣会士制定适应中国传统文化和风俗的传教路线的指导思想；又是中国士人和皇帝眼中维系他们同传教士友好交往的重要条件。从受到中国思想启迪的欧洲启蒙思想家来看，这个原则便是他们呼吁加强交流从而达到互补互利的基本出发点。

（三）后果

耶稣会士在华的传教活动导致几个后果：

第一，这些西方传教士中不乏饱学之士，他们的科学知识和技能往往成为他们接近官方和士人的敲门砖，一部分传教士甚至充当了钦天监监正、译员和教师，把西方天文学、数学、医学、文字学、地理学、制图学、火器制造、艺术、音乐等科学文化知识传入中国。

第二，为了在中国传教，必须研究和了解中国固有的文化，于是耶稣会传教士改穿儒服、学习汉语满文、读经史、写诗文，成为第一批西方汉学家，并且奠定了西方研究汉学的基础。

第三，为了引起罗马教廷和西方人士对中国的兴趣，这些传教士把在华见闻和中国古籍介绍给西方，并编辑、出版他们自己的报道和译著，向西方传播中国的传统文化、现行制度、礼仪习俗等。[⑥]

第四，传教士们的工作，引发了席卷西方的“中国热”，更富戏剧性的是，当年“传播上帝福音”的耶稣会士传到西方的中国的政治哲学艺术成为后来西方反封建、反宗教神学的思想武器。譬如，朱子理学等儒学的理论著作受到西方启蒙时代思想家的欢迎，尤其是对德国莱布尼茨的哲学产生了影响。再有，法国启蒙思想的中坚人物伏尔泰尤其赞美中国文化，并深受中国思想的影响。[⑦]这是传教士们所始料未及的。

四、西方对中国的研究

（一）“中国热”

中国文化西传，出现了席卷西方的“中国热”。“中国热”在当时有着广泛的内涵，它既指西方人对中国物品的喜爱、迷恋和收集的热情，也指由这种热情所引起的对中国事物的模仿，并把中国的风格、情趣和主题作为自己创

①阎宗临史学文集 .p138-143.

②法国耶稣会士，1738年来华，清宫廷画家。

③意大利人，1715年来华，清宫廷画家。经历了康熙、雍正、乾隆三个皇帝，颇得帝王的宠爱。

④字德翊，法国耶稣会士，1744年来华。在华期间，他在天文、地理学、物理学等方面都作过许多工作，并卓有贡献，是一个多才多能的人。

⑤详见本书第六章。

⑥周一良 . 中外文化交流史 .p43.

⑦[日] 山本新，秀村欣二 . 未来属于中国——汤因比论中国传统文化 .p145.

作的灵感和素材；它也意味着对中国文化的关注和研究，以及各种观点的碰撞与争论；最后，它还表现在人们把各自心目中的中国形象作为改造社会与文化的借鉴和参照，不管其利用方式是正面的还是反面的。[①]在西方的历史上，曾有过多次由异国情趣唤起的时髦，但从不曾像这一次那样持久和强烈。它历时一个多世纪，波及社会生活的众多方面。从国王到平民都不同程度地卷入对中国的兴趣中，表现在各个方面、各个层次上。

首先，是在物质层面上的追求。人们，尤其是王公贵族开始用中国的瓷器、漆器，饮中国茶，穿戴中国丝绸，用中国扇子，人们通过瓷器上的自然山水、人物、图案来感受中国。爱德华·博克斯在《欧洲风化史》中曾描述："扇子如今在中欧是舞会服饰的一部分，而在旧政权时代（在南欧各国是任何时代）则是女人从不离身的物品。[②]"

其次，哲学家、政治家们也在讨论中国。1687年，柏应理的《中国贤哲孔子》在法国以拉丁文出版，"法国最具创造性的思想家们几乎全都沉浸在他们的'中国梦想'之中"。[③]中国古代哲学中的唯物论、自然神论、无神论对西方近代资产阶级启蒙思想产生了巨大影响。中国古代哲学中孔子的以"天"为自然法则的学说，以"仁"为核心的伦理道德和提倡教育的思想，成为法国哲学家笛卡儿倡导理性主义思想的重要来源之一。中国历史上传统的仁君统治和大一统思想，特别是清康熙年间安定繁荣的社会景象，成为西方主张开明君主专制的启蒙思想家反对王权扩张所追求的社会楷模。中国文化还给莱布尼茨的古典哲学、伏尔泰的自然神教和魁奈的重农学派以丰富的养料。

莱布尼茨是第一个确认中国文化对西方文化发展十分有用的哲学家。他吸取中国文化的营养而开创的德国古典哲学，通过他的弟子沃尔夫传给了康德，对整个西方哲学思想产生过重大影响。

对中国文化最虔诚的哲学家当属伏尔泰。伏尔泰曾说："作为一个哲学家，要想知道世界上发生的事，就必须首先注视东方，东方是一切学术的摇篮，西方的一切都是由此而来的。"他指出："当中国已是广大繁荣富庶，而且明智地治理国家的时候，我们还只是一小撮在阿尔登森林中流浪的野人哩！"他赞扬中国的历史记载："一开始就写得合乎理性。"他惊叹道："全世界各民族中，唯有他们（中国人），持续不断地记下了日食和星球交会。我们的天文学家验证他们的计算后惊奇地发现，几乎所有的记录都真实可信。"伏尔泰赞赏中国人的道德与人心、人生相结合的主张，于是，便大力宣传儒家文化传统中的种种人的理论和行为规范。他崇尚孔子的自然神论，认为孔子所说的"己所不欲，勿施于人"应成为道德规范的准则。伏尔泰和其他百科全书派的启蒙学者，通过对中国思想和政治的赞美，表达了他们反对神权统治下的西方君主政治的思想。他们甚至说："西方政治必须以中国为模范。"伏尔泰早在《百科全书·历史》中就已经写道："使中国人超过了大地上的所有民族的因素，无论是他们的纪律、风俗习惯还是文人在他们之中所讲的语言，在4000年来从未有过变化。"他指出："这个民族几乎发明了所有的艺术……[④]"

至于法国百科全书派，也都或多或少地借

①严建强．十八世纪中国文化在西欧的传播及其反应．p189．
②[德] 爱德华·博克斯．欧洲风化史．p203．
③Danielle Elisseeff-Poisle：Chinese lnfluence in France，Sixteenth to Eighteenth Centuries，p.153．
④[法] 布罗斯．发现中国．p103．

中国哲学、宗教思想批判西方宗教的虚伪性，甚至借用中国哲学思想、语言、口号为启蒙运动的发展作出了贡献。以狄德罗为首的百科全书派继承了伏尔泰对中国的看法。狄德罗说："赋有一致情感的中国人，就其历史的悠久、文化、艺术、智慧、政治以及对哲学的兴趣而论，均非其他亚洲人可及。根据某些作者的判断，他们在这些问题方面，可以和西方最开明的人争先。"另一位该学派的学者波维尔甚至说："如果变中国的法律为各国的法律，中国就可以为世界提供一个作为归向的美妙境界。"当时许多法国人认为法国是否能够得救，全赖于是否能够充分吸收中国高尚的精神。

当时西方启蒙运动的重农学派坚信世间第一财源就是土地。他们认为在中国发现了一个自己梦想的农业国。他们借用中国这个封建农业大国的哲学理论（如孔子的重农思想）和生产实践为自己服务。在重农学派的倡导下，中国在园艺植物方面的成就大大地影响了西方的园林。可见，中国封建文化中的一些思想成分，尤其是以孔子为代表的儒家理性思想，客观上为西方资产阶级上升时期的启蒙思想提供了充满理性的材料。

随着交流的深入，文人也卷入了"中国热"。耶稣会士还把元曲《赵氏孤儿》及小说《好逑传》翻译介绍到西方，使西方人眼界大开，对西方的思想道德、文学艺术产生了深远影响。18世纪的大文豪歌德对中国文化推崇备至，并在一定程度上影响了他的文学创作。法国学者安田朴说："'中国热'不仅扩大到了文学中，而且在整整一个世纪中也传播到了技术、艺术中，最后传到了风俗习惯中。"

艺术家们也在寻求中国情调的题材，法国画家布歇就是其中之一。他的代表作之一——《垂钓的中国人》，是他在1745年为装饰蓬巴杜夫人的贝尔维龙宫所作的。画中，艺术家想象中的中国老翁在小溪旁垂钓，身旁右侧倚坐一位温柔甜美的少女，左侧有一位小童为老翁打伞（图2–7）。高鼻梁的"中国少女"，令中国人看来不中不洋，甚至有些好笑，但这毕竟是200多年前，在传播媒介远没有今天发达的情况下，西方人想象中的中国人形象。科格连（Koohlin）《在18世纪的中国风》一文中评论这幅画时写道："一切都很优美，一个人很容易理解为什么会使观众赏心悦目。[①]"苏立文说："虽然中国美术对18世纪西方美术影响不大，但我们仍有理由认为，中国山水画反映出来的美，却以一种非常间接的、极其微妙的方式在西方艺术里呈现，尤其是在西方的园林艺术这一领域，中国艺术的影响是直接的和革命性的。[②]"

科学家们也热衷于彼此方面的交流，如后文提到的英国皇家学会和法国皇家科学院的成员们。

当然，西方各国"中国热"程度不一。法国的"中国热"有着最典型、最充分的表现，对西方其他国家产生了重大的影响，成为西方这一时期"中国热"的中心。17世纪以来，处于西方文化领导地位的法国，其宫廷和王公贵族竞相购藏中国的瓷器、漆器和丝绸、绣品，以采用中国的轿子、镜、扇和服装为荣。法国国王路易十四本人及其周围的亲信都对中国文化饶有兴趣，对中国物品有很大热情。法国政府还亲自向中国派遣传教士，同时法国皇家科学院长期与这些传教士保持联系，进行科学文化方面的交流。在路易十四时代，宫廷中已带

① [德] 利奇温 .18世纪欧洲与中国的接触 .p45.
② [英] 苏立文 . 东西方美术的交流 .

有中国情调，凡尔赛宫中的家具、日用器具及工艺装饰品等有不少来自梦想中的中国。不仅中国精美的瓷器、漆器和色彩漂亮的丝绸、刺绣成了风靡欧洲的珍品，而且清淡、素雅的中国山水墨画技法给不少的西方艺术作品增添了神韵。葡萄牙和西班牙尽管是最早与中国交往的国家，却不曾出现真正意义上的“中国热”。荷兰与意大利是“中国热”较早兴起的国家，但知识界围绕中国文化展开的讨论是很有限的。瑞典等其他一些国家的“中国热”主要表现在中国物品的流行和王室及上流社会对中国文化的热爱方面。

图 2–7　布歇：垂钓的中国人

稍后，英国、德国也出现了中国热。[①]

（二）西方人研究中国的起点

早在公元 2 世纪，儒家学说似乎已零星传入西方。[②] 17 世纪时，耶稣会中国传教团之所以热忱地向西方传播中国的传统文化，是希望得到西方学者和各国君主的广泛支持，以推进他们在中国的传教事业。同时，在中国传播西方文化，无疑也是为了博得中国皇帝及士人的好感。巴多明（Parrenin）曾说：“为了赢得他们的注意，则必须在他们的思想中获得信任，通过他们大都不懂并以非常好奇的心情钻研的自然事物的知识而博得他们的尊重，再没有比这种办法更容易使他们倾向理解我们的基督教神圣真谛了。”[③]当然，耶稣会的这些介绍，能够在西方产生重要的影响，与当时西方社会本身对中国所怀有的强烈兴趣有关。这样，耶稣会在华的传教士与西方对中国的早期研究就此结下了不解之缘——“无论怎样，耶稣会士们至少提供了真正了解中国文明的手段，为研究中国语言奠定了基础。”[④]耶稣会士以西方科技知识迎合中国的文化背景、习俗风尚，甚至试图通过综合儒教－基督教义，来吸引中国士人皈依基督教；对西方来讲，当时的西方发生了对中国传统思想文化的吸收和同化过程。[⑤]利玛窦的“科学传教”政策促使以传教士为首的西方人开始研究中国。同时，传教士与商人对中国的介绍也促进了西方人对中国文化的向往和热衷。以利玛窦为首的早期入华耶稣会士把刻苦研习中国文化作为重要任务，为中西文化交流作出了巨大贡献，到今天利玛窦仍被奉为“西方汉学之父”。[⑥]

1615 年（明万历四十三年），利玛窦《基督教远征中国史》（即《利玛窦中国札记》）在德国奥格斯堡出版，是早期汉学诞生的标志。[⑦]书的内容主要是报道耶稣会在中国的传教活动，其中介绍了中国包括版图、物产、人

①详见本书第九章。
②[英] 李约瑟．中国科学技术史．第一卷第二分册．p338．
③[法] 谢和耐．中国和基督教．p87．
④[法] 布罗斯．发现中国．p80．
⑤万明．一部研究西方中国学缘起和早期发展的专著—神奇的土地．中国史研究动态，1989（8）．p24．
⑥[法] 布罗斯．发现中国．p54．
⑦计翔翔．十七世纪中期汉学著作研究．p19．

文与自然科学、政府机构、宗教习俗、风土人情等各方面的情况。1614 年（明万历四十二年），比利时籍的来华耶稣会士金尼阁（Nicolas Trigault）将利玛窦的手稿翻译成拉丁文，并补充了一些利玛窦本人的事迹及他死后安葬的情况。该书一出版迅即引起轰动，10 年内出了 6 种语言的版本。①

当时耶稣会士所传播的中国文化，主要包括两方面的内容：一是耶稣会士在华的科学观测和考察对西方科学的贡献。二是耶稣会士所介绍的中国科学对西方的影响。

传教士钻研中国传统儒家思想的代表作《四书》、《五经》。1593 年（明万历二十一年）、1626 年（明天启六年），利玛窦、金尼阁先后将《四书》、《五经》译成拉丁文；1687 年（清康熙二十六年），比利时传教士伯应理翻译《中国哲学家孔子》；后来，雷孝思、白晋、傅圣泽还都或注或译过《易经》。②总之，中国古代的主要经典和儒家学说，通过传教士的介绍、研究，先后有了拉丁文和法文译本，在西方的知识界和上层社会得到了流传和宣扬，使西方人从中了解了中国的政治学、伦理学，了解了中国的圣人——孔子。甚至中国伦理也得到西方人的认同，曾德昭曾评价说："确实在中国没有比孝敬父母更值得基督徒模仿的了。③"

在华的耶稣会士还重点研究了中国水稻、桑、茶的栽培，以及使用农具、储藏粮食的方法。在重农学派的支持和倡导下，中国的犁、谷筛等农具，植物嫁接技术，一些作物和花草的种子，陆续传到了西方，使 18 世纪西方园圃的面貌大为改观。

当时传教士对中国的研究起点高、发展快，不仅与传教士的素质有关，也与中国士人的特殊作用有关。④早期来华的耶稣会士不少来自文艺复兴的故乡，有的虽然不是意大利籍，但也在意大利受过教育或者深受文艺复兴的影响。他们不仅大量吸收文艺复兴的思想，而且自己也成为文艺复兴精神的推动者和传播者。如第一批来华的沙勿略（S. Franci Xaverius，1506—1552）、范礼安（Valignani，A.1538—1606）⑤、利玛窦、艾儒略、曾德昭、卫匡国、安文思等传教士，在本质上都是基督教人文主义者，他们能够将从中世纪继承下来的宗教神灵启示的精华和非凡的科学知识以及能力综合于一身，即使按现代的标准来看，他们也有着非同寻常的开放思想和非凡的科学知识以及能力（Alexandre Valignani，1538—1606）⑥。

（三）法国皇家科学院与英国皇家学会对中国的研究

后来来华的传教士，大部分来自法国。法国传教士东来造成了西方中国观和中国学的重大变化，是教士中国观走向职业中国学的开始。⑦17 ~ 18 世纪，西方在科学方面有了长足的进展。17 世纪中叶时，一些科学社团起源于巴黎一群哲学家和数学家的非正式聚会。英国

---

① Curious Land.p48. 其中法语译本 1616 年、1617 年和 1618 年连续在里昂出版，而英语只在 1625 年出了一个摘译本，收入"普察斯朝圣者丛书"（Purchas，his Pilgrims）。
② 忻剑飞．世界的中国观 .p124.
③ [葡] 曾德昭．大中国志 .p101.
④ 详见本书的第三章。
⑤ 宇立山，最早来华的意大利三传教士之一。1578 年（万历五年）来华，1588 年因教务问题返欧。
⑥ 柯毅霖．本土化：晚明来华耶稣会士的传教方法．
⑦ 忻剑飞．世界的中国观 .p127.

皇家学会[①]（图2–8）、法国皇家科学院[②]（图2–9）等社团的成立使科学合作更为广泛。许多科学活动，如大地测量、地图绘制、动植物考察乃至天文观测都需要科学家的通力合作。通过来华的耶稣会士，中国也被卷入世界性的科学活动之中，中国与西方，特别是与法国、英国建立了极为密切的关系。

从17世纪末起，以洪若翰为首的法国耶稣会士作为"国王数学家"被派到中国，目的是为"太阳王"路易十四增添荣耀，并在中国传播天主教义。他们不断从法国皇家科学院和巴黎天文台的科学家那里得到指导，耶稣会士也和伦敦、圣彼得堡、柏林的科学家保持密切的来往。很多耶稣会士被任命为法国皇家科学院院士的通讯员，1684年12月20日，洪若翰、白晋、刘应（Claude de Visdelou，1665–1737）、张诚四位法国耶稣会士被法国皇家科学院任命为通讯院士。1699年3月4日，洪若翰、张诚、白晋、刘应、郭中传（Jean-Alexis de Gollet，1664–1747）被任命为耶稣会士兼科学院院士。1750年8月22日，宋君荣（Antoine Gatbil，1689–1759）被任命为院士J. N. Dehde（1688–1768）的通讯员，汤执中（Pierre Noel Le Cheron d'Incarville，1706–1757）被任命为院士C.J.Geoffroy（1685–1752）的通讯员。[③]其中，法国耶稣会士汤执中[④]，作为植物学家在北京进行了大量的植物考察，并把种子寄给俄国圣彼得堡科学院、英国皇家学会和法国皇家科学院。刘松龄则是一位勤奋的耶稣会士天文学家，他的大量天文观测报告在18世纪60年代发表。皇家科学院选择这三位耶稣

图2–8　（右）格雷歇姆学院——英国皇家学会成员经常活动的地点

图2–9　（左）路易十四视察法国皇家科学院

①［英］亚·沃尔夫．十六世纪、十七世纪科学、技术和哲学史．p70–72．英国皇家学会是从弗兰西斯·培根的实验哲学的追随者们的非正式团体发展而成的。研究惯例是在学会的会议上把具体的探索任务或研究项目分配给会员个人或小组，并要求他们及时向学会汇报研究成果。

②同上，p76．

③Index biographique de L'academie des sciences 1666—1978．转引自韩琦．康熙朝法国耶稣会士在华的科学活动．故宫博物院院刊，1998（2）：p69，p75．

④汤执中是著名巴黎皇家植物学家C．J．Geoffroy和B.de Jussieu的学生。

会士科学家作为通讯院士，是非常合适和明智的考虑。[①]法国皇家科学院还指定了一些院士与在华耶稣会士通信，耶稣会士把一些科学观测报告发回法国，同时回答科学院交给他们的有关中国的各种问题；科学院则经常给在华的耶稣会士寄送科学院的杂志与其他科学书籍，对他们进行指导，还不时地把新的科学仪器运到中国，以供观测之用。这种密切交往使在华法国耶稣会士能及时地获悉法国科学的新进展。[②]1701年（清康熙四十年）10月4日，白晋自京致函大哲学家莱布尼茨（Leibniz），讨论中国哲学及中国礼俗。[③]1751年（清乾隆十六年）11月15日，汤执中在北京给皇家学会秘书Mortimer写信，告诉他在中国发现的植物,后发表于1753年（清乾隆十八年）的《哲学汇刊》，并就Sloane有关中国问题之一（关于化石的自然史）作了答复，作为附录。

在英国，中国科学本身并没有引起英国科学家的过多兴趣。不过，他们对中国的工艺技术却非常注意。和当时英国的中国趣味相适应，英国皇家学会有时会对中国事务的反应非常迅速。早在1660年（清顺治十七年），曾在皇家学会讨论过中国漆器工艺。1700年（清康熙三十九年），另一篇关于中国漆的文章在《哲学汇刊》发表。[④]1757年（清乾隆二十二年），又有人基于法国耶稣会士植物学家汤执中的文章讨论中国漆。

书籍的互赠是皇家学会和耶稣会士交流的又一项重要内容。如1749年（清乾隆十四年），刘松龄收到《哲学汇刊》，耶稣会士曾送中国出版的中文对数表、根据牛顿原理编纂的日躔月历表等。[⑤]

法国皇家科学院和英国皇家学会作为17～18世纪西方重要的科学机构，对促进西方科学的发展发挥了极大的作用。法国、英国和中国科学的交流，是当时中西方科学关系的重要组成部分，它们的存在及其影响是巨大的。所以，在更广泛的背景下，法国、英国和中国科学、文化的关系及其相互影响问题有待进一步研究。

五、中国人的西访

在这次文化交流当中，无疑耶稣会士起了关键的作用，但中国人的作用也不容忽视。[⑥]据不完全统计，17、18世纪到过法国的中国人将近40人。[⑦]其中著名的有沈福宗、黄嘉略、樊守义等，在这次中西文化交流中，他们都不同程度地作出了贡献。

1681年（清康熙二十年），沈福宗[⑧]跟随比利时传教士柏应理赴西（图2-10），1684年（清康熙二十三年）在巴黎逗留期间，晋见了法国国王路易十四，对于促成这位国王下决心派遣

①韩琦.17、18世纪欧洲和中国的科学关系.自然辩证法通讯，1997（3）：52.

②韩琦.康熙朝法国耶稣会士在华的科学活动.故宫博物院院刊，1998（2）：72.

③清宫廷画家郎世宁年谱－兼在华耶稣会士史事稽年.p34.原函存巴黎国家图书馆，法文17240号。

④转引自：韩琦.17、18世纪欧洲和中国的科学关系.自然辩证法通讯，1997（3）：53.原见Philosophical Transations. NO.262，p525－526（1700）.

⑤韩琦.17、18世纪欧洲和中国的科学关系.自然辩证法通讯，1997（3）：50.

⑥中国皇帝与士大夫所起作用详见本书第三章，这里讲的则是另一类为中西文化交流作出过贡献的中国人。

⑦许明龙.中西文化交流的先驱.p351.

⑧向达.中西交通史.p114.也提到江宁人Chin Fong－Tsong，是同一人。

耶稣会士科学家来华一事起到了作用。[①]在凡尔赛宫，他向法国国王路易十四展示如何用筷子吃饭，又给一群西方学者表演如何用毛笔写中国的方块字。[②]有一位西方学者曾经记述在圣路易斯教堂，沈福宗和神父们向他展示了多幅柏应理神父带回的中国绣像，其中一幅以中国的著名文人为题材的绢画，很可能就是孔子像。[③]在 1684 年 9 月号 Mercure Galant 杂志的通讯中，介绍了中国青年沈福宗，说他拉丁文说得相当好，又称赞中国有八万字，需费时 30 年方能熟悉，可见中国人记忆力之强和想象力之丰富，并称中国有很多学校和救济院，不见有乞丐，还提到双亲故世后隆重的口头礼节。[④]后来沈福宗与柏应理神父访问了英国，并且与克拉伦登伯爵共同进餐。[⑤]沈福宗在英时曾到牛津大学，会晤东方学家海德（Hyde），海德遗书中有沈福宗的拉丁文通信及棋谱、升官图、度量衡制及汉文与拉丁文对照的应酬语。[⑥]应海德之邀，沈福宗去牛津合作编辑牛津大学博德利图书馆的中文藏书目。[⑦]后来他和纪理安神父同船回国，于 1694 年（清康熙三十三年）返抵中国。[⑧]

中国最早的留学生黄嘉略[⑨]向西方人传授汉学，在贫病交加中埋头笔耕了整整 10 个春秋，成为法国汉学奠基人，是 17、18 世纪中西文化交流史上的一位重要人物。1702 年（清康熙四十一年），黄嘉略先后到达伦敦、法国，并在法国定居。当时“中国热”在法国方兴未艾，处在“中国热”高潮中的法国人，已不满足于通过辗转输入法国的少量中国商品和一些传闻来认识中国，他们热切地希望扩大和深化对中国的了解。中国人黄嘉略来到巴黎，被认为是一件重大事件而受到各方面的关注[⑩]，包括达官贵人在内的许多法国人都愿意结识他，向他询问有关中国的种种问题。因此，与他交往的法国名人很多，其中最重要的当数著名启蒙思想

图 2–10　身着中国服装的耶稣会士柏应理正在向路易十四介绍来到法国的第一个中国人

①J. Witek, P. Couplet: a Belgian Connection to the Beginning of the seventeenth–Century French Jesuit Mission in China, in J. Heyndrickx ed. Philippe Couplet S. (1623–1693), The man who brought China to Europe.1990.p.148.

②方豪．中国天主教史人物传（中）.p201.

③方豪．中国天主教史人物传（中）.p201. 沈福宗曾向人展示孔子像。

④方豪．中国天主教史人物传（中）.p201.

⑤［英］苏立文．东西方美术的交流．p102.

⑥T.Hyde, Syntagma dissertationum. Oxonii, 1767, V.2.

⑦T. N. Foss, The European Sojourn of Philippe Couplet and Michael Shen Fuzong,1683—1692, in J. Heyndrickx, Philippe Couplet S.J. (1623–1693) .the Man Who Brought China to Europe (Nettetal Steyler Verlag.1990)

⑧[法] 费赖之．在华耶稣会士列传及书目．冯承钧译．

⑨黄嘉略（1679–1716），西名 Arcadio Hoang，福建莆田县凤山人。

⑩许明龙．中西文化交流的先驱 .p275–276.

家孟德斯鸠了。[①]黄嘉略还向当地人传播了有关中国的历史、政治、哲学、文学等方面的知识，大大增进了他们对中国的了解和认识。法王路易十四则专门将中国人黄嘉略[②]留在身边，喝中国茶，建中国亭，用中国漆器，看中国的皮影戏，一时间“中国热”遍及西方。[③]黄嘉略被任命为路易十四国王的中文翻译，并协助整理王家图书馆收藏的中文书籍，编就《汉语语法》。[④]

1707 年（清康熙四十六年）冬，樊守义[⑤]随爱逊爵（Provana）同往西方。1720 年（清康熙五十九年）返回广州[⑥]，康熙“赐见赐问良久[⑦]”。樊守义还撰写了中国人第一部西方游记——《身见录》。此书叙述西方宫室、天主教堂等建筑以及王公园林，尤其对罗马教堂的描述颇为翔实，甚至提到了当时尚未完工的佛罗伦萨主教堂。[⑧]

六、“礼仪之争”

“礼仪之争”是由在华的耶稣会为一方，多明我会、方济各会为另一方掀起的关于中国教徒尊孔祭祖习俗的争论，最终以教皇出面干涉、下令禁止这些礼仪，康熙下旨驱逐不尊重中国习俗的传教士而告终。“礼仪之争”是中外关系史上的一个大事件，近年来，对此事件的研究越来越深入。“礼仪之争”表面看来是宗教冲突问题，其实质表明西方基督教文化与中国传统文化在价值观、伦理观、宗教观、政治观等方面存在着根本的分歧，同时也是相互竞争的教会之间的对立和西方国家之间的矛盾在中国事务上的体现。[⑨]“……是中西方关系的转折点。就西方来说，此事已暴露出基督教文化的排他性，缺少宽容性的一面。”[⑩]

（一）起因

随着基督教在中国的发展，传教士的来源也越来越“多样化”[⑪]，他们代表着各自国家和教会的利益，所以必然要在中国展开利益纷争。[⑫]各教会在华力量发展的不平衡，更加加剧了教派间的争斗。耶稣会势力占明显优势：第一，从人数上讲，耶稣会士最多。到 1700 年（清康熙三十九年），在中国共有 59 名耶稣会士、29 名方济各会士、18 名多明我会士和 15 名外方传教会的神父[⑬]；第二，耶稣会士因其杰出的科技才能受到康熙皇帝的青睐，在中国找到一个

---

①许明龙．中西文化交流的先驱．p290．

②中国教徒，在礼仪之争前后曾去罗马。时年 37 岁。详见第三章。

③张西平语。徐海松．清初士人与西学．总序 p7．

④许明龙．中西文化交流的先驱．p277．

⑤樊守义（1682-1753），字利和，山西平阳人。1707 ~ 1720 年（清康熙四十六年～康熙五十九年）随艾逊爵（Jos.Ant. Provana）同往欧洲。

⑥方豪．中国天主教史人物传（下）．p33．

⑦方豪．中西交通史．p855．

⑧方豪．中西交通史．p855-862．

⑨［法］布罗斯．发现中国．p65．认为，它表面上是指控耶稣会士们向儒教献殷勤并谴责他们成为中国官吏，但事实上是攻击他们作为皇帝的谋士而取得的成功。

⑩张西平语。徐海松．清初士人与西学．总序 p7．

⑪ 多来自不同国家和教会，当时在华传教士是属于欧洲不同国家和教会的，其中以耶稣会、多明我会、圣方济会的会士为多数。耶稣会代表意大利人，多明我会代表西班牙人。而且耶稣会内部意见也不统一。如利玛窦继任龙华民，其传教政策与利玛窦截然不同。

⑫［法］樊国梁．燕京开教略．1644 年西班牙教士留居澳门者，多为葡人所杀；耶稣会士对于西班牙各教派的宣教士，亦不无嫉妒之心，有此国界作背景，使这次论争更加严重。

⑬［法］布罗斯．发现中国．p65．

最大的“靠山”——中国皇帝。1700 年（清康熙三十九年），法国耶稣会得到罗马教廷的正式承认，张诚被任命为法国耶稣会在华最高神父。对此，其他国家和教会的传教士不可能无动于衷。耶稣会士们所取得的令人极其震惊的成就，很快就引起了其他修会的传教士们的嫉妒①，特别是葡萄牙人，他们是最早打开中国大门的西方传教士，而势力渐强的法国人夺取了他们的地盘和在华利益。同时，由于天主教在西方历史进程中代表了反对宗教改革的力量，利玛窦等所代表的远不是已蔚为主流的西方近代文化，他们处处以不违背天主教教义为前提，他们所传播的西方文化不过是经基督教教义陶冶过的西洋学术。因而，自龙华民之后，对中国教徒祀孔祭祖的传统不能容忍。国别之间的矛盾加上现实的利害冲突，终于以所谓“礼仪之争”的形式爆发出来，到 18 世纪初达到白热化的程度。

（二）过程

天主教在中国传播之始，由于耶稣会在传教中占据主导地位，这种对立和矛盾并未表现出来。随着其他教会步耶稣会后尘进入中国，关于中国礼仪问题的争论突出出来。

明末以来，在华耶稣会士一直是以利玛窦“科学传教”政策来传教的。“在所有的传教士中，入华耶稣会士可能是最有学问者，所以唯有他们才能够真正理解绝不能正面与崇拜孔子的古老礼仪相对抗。②”正是由于耶稣会采取了灵活的适应中国国情的传教方式，才使得清初皇帝对其传教采取了默许的态度，并对天主教产生了一定的兴趣。1692 年（清康熙三十一年），康熙下达了被西方誉为“宽容赦令”的旨意，允许天主教在中国自由传播，同时开放口岸。连西方学者都认为，“传教士们在 17 世纪最终获得有限的容忍，这件事本身就证明中国比当时西方天主教在宗教问题上更为自由。”③而多明我会士却认为：中国天主教徒祭天、祭祖、祭孔是违犯了天主教的教义，应予禁止。④于是，向在华耶稣会士发起了进攻，双方对宗教礼仪不同见解的争论持续了多年。1700 年（清康熙三十九年），耶稣会士闵明我、徐日升、张诚等人特地上书请示康熙，请中国皇帝为他们撑腰：“臣等管见，以为拜孔子，敬其为人师范， 并非祈福祐……祭祀祖先出于爱亲之义……惟尽孝思之念而已……至于敬天之礼，非祭苍苍有形之天，乃祭天地万物根源主宰……⑤”康熙非常赞同，给予支持并批示道：“这书写甚好，有合大道。敬天及事君亲、敬师长系天下通义，这就是无可改处。”⑥但在华多明我会士并不甘心这样的结局，多次给罗马教皇克莱门十一世去信，要求教皇出面干预此事。1704 年（清康熙四十三年）11 月 20 日，教皇克莱门十一世（Clément XI）批准“异教徒裁判所”关于礼仪的文件，文件中严禁中国教徒使用“天”、“上帝”称天主；禁止礼拜堂里悬挂有青天字样的匾额；禁止基督徒祀孔、祭祖；禁止牌位上有灵魂等字样。⑦还专门派使臣多罗前来北京，要求康熙依照禁约来制止中国信徒祭天、祭祖、祭孔的活动。

1705 年（清康熙四十四年）12 月 4 日，多罗（de Tournon）来到北京，康熙以礼相待⑧，

---

①［法］布罗斯．发现中国．p59.

②考狄．中国史第 3 卷．p31．转引自［法］维吉尔 · 比诺．中国对法国哲学哲学思想的影响．p74.

③［英］赫德逊．欧洲与中国．p272．当时的西班牙、意大利或西方任何其他地区都不会允许非基督教的传教会的。

④吕坚．康熙与罗马教皇的一场斗争．文物天地，1983（5），p16.

⑤（清）黄伯禄．正教奉褒．

⑥（清）黄伯禄．正教奉褒．p123.

⑦林仁川等．明末清初中西文化冲突．p183.

⑧康熙曾派内大臣向其问好，多罗觐见时，康熙赐坐，亲执金樽赐酒，并赐宴，计金盆珍馔三十六色。清宫廷画家郎世宁年谱－兼在华耶稣会士史事稽年．p34.

而多罗却坚持罗马教廷的意见，不与康熙磋商。多罗的做法激怒了康熙皇帝，下令将其驱逐到澳门，并明确表示："众西洋人，自今以后，若不遵利玛窦的规矩，断不准在中国住，必逐回去。若教化王(指罗马教皇)因此不准尔等传教，尔等既是出家人，就在中国住着修道……"（图2–11）[①]且颁布上谕，凡愿照清政府规定安分传教者方可向内务府领取传教印票（图2–12），仍可在华传教。传教士们意见有分歧，"可与教皇商酌，慎无扰乱中朝。[②]"

中国在天主教传播上的宽容并没有使教皇和其他教会认识到问题的实质所在。

教皇克莱门十一世并没有将康熙的谕旨放在眼里。说什么"我料理谙事虽多，至于众西洋人在中国互相争论，此系我第一件要紧事"。再次派使臣嘉乐携带"禁约"前来中国[③]，"严示在中国之众西洋人悉知，即便遵行。如不然，我依天主教之罚处之。"禁约中规定："在中国之西洋人并入天主教之人，用天主二字日久。从今以后，总不许用天字。"其中还规定："凡入天主教之官员或进士、举人、生员等，于每月初一日、十五日不许入孔子庙行礼，平时不许入祠堂行一切之礼。凡入教之人，不许依中国规矩留牌位在家"。[④]教皇不问中国国情，断然把中国习俗视为异端，出面禁止，无疑是干涉中国内政，这对一个强大的主权国家来说，是绝不能容忍的。所以，当嘉乐于1720年（清康熙五十九年）11月25日经康熙侍臣向康熙代奏，申明教皇之禁约后，康熙针锋相对地断然指出："尔教王条约与中国道理大相悖戾，尔天主教在中国行不得，务必禁止。教既不行，在中国传教之西洋人亦属无用。除会技艺之人留用，再年老有病不能回去之人仍准存留，其余在中国传教之人，尔俱带回西洋去。且尔教王条约只可禁止尔西洋人，中国人非尔教王所可禁止。"[⑤]这表明康熙不排斥传播西方的科学技术，但要他们尊重中华民族的文化，绝不准罗马教皇干涉中国人的内政及信仰自主权。

罗马教皇妄自尊大，两次出面禁止中国人祭天、祭祖、祭孔，这种宗教的繁文缛节背后

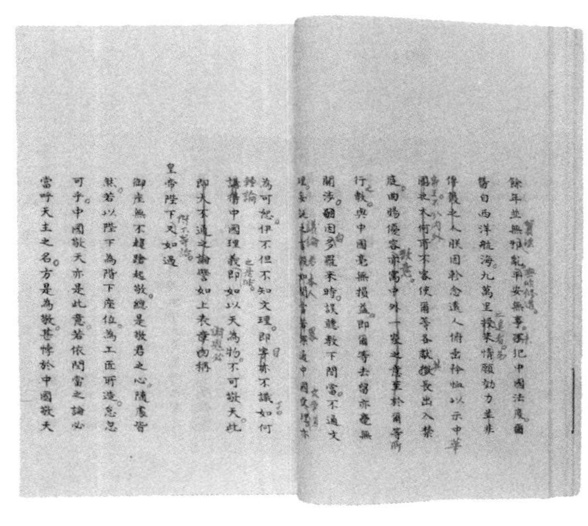

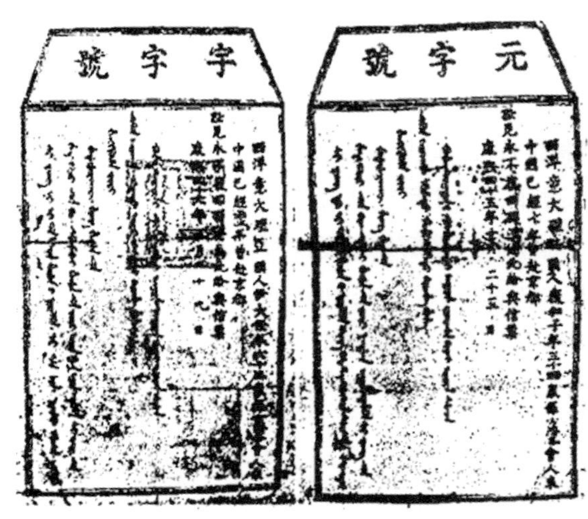

图2–11 （左）清康熙朝康熙致罗马的关系文书

图2–12 （右）康熙年间清政府发给来华西洋传教士的《票》

①康熙与罗马使节关系文书（二）.

②[法] 樊国梁 . 燕京开教略中篇 .p50。

③范存忠 . 中国文化在启蒙时期的英国 .p124. 使臣于康熙五十九年（1720年）十一月到京，清帝遣大臣迎接，待遇极优，连召见十一次，赐宴两次，帝亲执金樽劝酒，又赐御服貂袍，嘱其直言无隐。

④吕坚 . 康熙与罗马教皇的一场斗争 . 文物天地，1983（5），p17.

⑤康熙与罗马使节关系文书（二）.

隐藏着对中国内部生活的干涉。康熙一开始就坚持耶稣会传教士必须遵守中国政令习俗，否则不许在中国留住。罗马教皇三番五次派人宣布禁令，康熙均以礼相待，还派艾若瑟等耶稣会士去罗马向教皇解释中国礼仪问题。直到此时，康熙终于发现，是在与一些根本不了解中国反而自以为是的人讨论问题，“此等人今譬如立于大门之前，论人屋内之事。”[①]申明：“朕因轸念远人，俯垂矜恤，以示中华帝国不分内外，使尔等各献其长，出入禁廷，曲赐优容致意。尔等所行之教，与中国毫无损益，即尔等去留，亦无关涉。”[②]1717年（清康熙五十六年），康熙皇帝下令禁止天主教在华传播。他在罗马教皇把中国传统信仰习俗诬为“异端”的文书背面用朱笔批道：“览此告示，只可说得西洋人等小人，如何言得中国之大理？况西洋人等，无一人同（通）汉书者，说言议论，令人可笑者多……以后不必西洋人在中国行教，禁止可也。免得多事。”[③]

康熙在“礼仪之争”中的立场是坚持国家主权和维护民族尊严，同时维护自己的统治地位，是无可厚非的。康熙在这里绝不是像教会的某些辩护士说的，是专制帝王找到了“绝对权威的机会，发泄个人意气。”[④]他断然拒绝罗马教皇的“禁约”，制止了干涉中国内政的传教士的不法行径，有力地维护了国家的主权和尊严，其贡献和影响是深远的。西方殖民主义者妄图以“基督教来征服中国”的阴谋终未能得逞。

（三）后果与影响

法国于1764年通过了解散耶稣会的议案。[⑤]耶稣会士当时已被从葡萄牙驱逐了出去，三年之后又被驱逐出西班牙。[⑥]至1773年（清乾隆三十八年）教皇克莱门十四世[⑦]迫于法国、西班牙、葡萄牙诸国政府的压力宣布解散耶稣会[⑧]，天主教在中国的传播进入了衰落时期。

“礼仪之争”持续了300年之久，这场争论震撼了基督教世界，对中西方文化交流产生了不可忽视的巨大影响，它破坏了以利玛窦为首的耶稣会士开创的、尤其是得到了中国康熙皇帝和法王路易十四大力支持和亲自倡导的文化交流的大好局面，是中西文化交流史上的深刻教训。从宗教角度看，自是以耶稣会的失败而告终，汤因比[⑨]也论述说：“在17世纪的这场‘礼仪之争’中，耶稣会遭到了惨败，但是连续250年的经历日益决定性地证明，耶稣会士具有深邃的洞察力。[⑩]”但就西方来说，“礼仪之争”

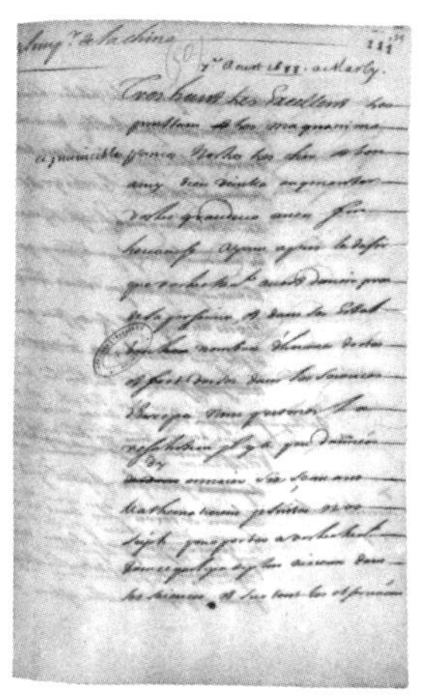

图2–13　康熙朝路易十四致康熙帝信件

①康熙与罗马使节关系文书（二）.

②康熙与罗马使节关系文书（二）. 康熙五十九年谕西洋人. 故宫博物院影印本.

③康熙与罗马使节关系文书（二）.

④[法] 裴化行. 利玛窦司铎和当代中国社会第二册. p61. 转引自刘大年. 论康熙. 明清人物论集下. p56.

⑤[法] 安田朴. 明清间入华耶稣会士和中西文化交流. p11.

⑥[法] 布罗斯. 发现中国. p66.

⑦Clement XIV，Lorenzo Ganganelli，1769−1774在位。

⑧严建强. 十八世纪中国文化在西欧的传播及其反应. p95.

⑨汤因比是20世纪最有成就的历史学家之一，其庞大的理论体系及新颖独特的文明史观，曾给当代史学以强烈的冲击和影响，引起各国学术界长达半个世纪的争论，尽管学者们对其理论或褒或贬，但这也正说明其本身存在的魅力。

⑩[英] 汤因比. 一个历史学家的宗教观. p394.

并没有浇灭天主教内的远东传教热情，反而激发了对中国文化的兴趣，各教会都没有停止向中国派遣传教士。康熙驱逐传教士以后，耶稣会直到1773年被解散的最后一刻，还是不断地派耶稣会士来中国传教。据后来统计的来华耶稣会士名录：1707年（清康熙四十六年），第277名中国省区耶稣会士法国人德玛诺(Romain Hinderer，1744年去世）到达中国。1773年耶稣会被解散后的6年之内仍然不断有人来华。1779年（清乾隆四十四年），最后一位来华的耶稣会士是第442名，葡萄牙人约翰 · 罗类洛（Jean Loureiro，1794年去世）。自沙勿略1552年（明嘉靖三十一年）来华到1707年（清康熙四十六年）这155年间，耶稣会共派出教士442位，平均每年2.85位。从康熙禁令开始，到耶稣会解散六年后的72年（1707−1779）里，耶稣会共派来了166位，平均每年2.3位。[①]康熙皇帝在发出禁教令之后，对友好使臣或诚心为中国服务的传教士，特别是具有技艺者，依然给予优待；而乾隆则利用在北京的耶稣会士们的特长，启用王致诚、郎世宁[②]等西方传教士参与设计圆明园。直到1805年，在北京还留有最后一位担任钦天监监正的耶稣会士麦安东(Almeida）神父。[③]从上述情况看，雍正、乾隆年间虽几度严禁天主教传播，但并没有完全堵塞传教士来华的渠道，中国并没有关闭与西方交流的大门。耶稣会传教士停止来华的原因，主要不是中国方面的严禁，而是西方自己的解散。

在17世纪，西方已有了一些对中国的民情风俗的介绍，尤其是17世纪的后半叶，差不多每年出版几种关于中国的书籍。如，殷铎泽、柏应理等的《大学》、《中庸》、《论语》的拉丁文译本（1687年）及其法文、英文节本；还有莱布尼茨的《中国近闻》(Novissima Sinica，1697)。“礼仪之争”之后，西方学者加强了对中国历史、思想，语言、社会习俗等各方面的研究；儒家和道家学说传到西方，大大冲击了唯我独尊的基督教神学。从不同思想直接交锋的激烈程度和各种有关著作的大量出版来看，“礼仪之争”的主战场在法国。其间，对中国宗教、哲学、历史、现状等问题的探讨，甚至成为启蒙运动的有机组成部分。法国的耶稣会，从1703年（清康熙四十二年）起，70多年连续编印耶稣会士通讯录，书名《有益而有趣的书信》(Lettres édifiantes et curieuses)。当时英国还没有这类期刊，但其《学术概要》(The Works of the Learned）上，连篇累牍地登载与礼仪事件有关的争论。[④]

李明[⑤]（Le Comte，Louis Daniel，1655−1728）著《中国现状新志》(Nouveaux Mémoires sur L'é tat Présent de la Chine，1696）在巴黎出版后3年，在1699 ~ 1700年之间有3种英文译本，在1698 ~ 1700年之间有2种荷兰文译本。其《论中国礼仪书》(Lettre sur les Ceremonies de la Chine，1700)[⑥]，在1700年、1701年等都有重版[⑦]。毫无疑问，这些报道及著作对中国思想在西方的传播发生了作用。

总之，“礼仪之争”“使传教士时代的汉学蜜月也寿终正寝了，但由此传播的关于中国的知识却不会在西方消逝。[⑧]”

---

①据1867年土山湾印书馆《耶稣会士目录》(Table Chrono Logique)。转引自李天纲，中国礼仪之争，p90。

②而郎世宁于1715年到达北京，1766年死于那里，历经康、雍、乾三代皇帝，成了深受皇帝圣宠的画家。

③[法] 布罗斯 . 发现中国 .p66−67.

④范存忠 . 中国文化在启蒙时期的英国 .p24.

⑤法国耶稣会士。

⑥此书现北大图书馆藏有一册。

⑦范存忠 . 中国文化在启蒙时期的英国 .p25.

⑧Raymond Dawson, The Chinese Chameleon, an Analysis of European Conception of Chinese Civilization, p35−64.

第三章 西儒东来与开放的中国

明清之际，沟通中西文化的主要媒介是入华传教的耶稣会士。据法国学者费赖之（Louis Pfiste,1833–1891）所撰列传统计（至 1773 年），在华的耶稣会士为 481 位（含附传），除了中国籍耶稣会士 78 位及其他亚洲国籍和不明国籍者约 10 名以外[①]，其余来华的耶稣会士约为 400 人左右。而另一位法国学者荣振华（Joseph Dehergne，1903–1990）增补为 975 位[②]（至 1800 年），其中澳门籍 64 人，中国籍 75 人[③]，其他非西方国籍者为 10 余人，这是迄今最为权威的统计数字。除了由于死于途中等各种原因并未实际入华者，大约有 700 多位西方耶稣会士到过中国活动，他们来自西方十几个国家。如康熙时期（1662 ~ 1722 年），真正入华的西方耶稣会士有 280 余人，其国籍分布依次为葡萄牙、法国、意大利、德国、比利时、荷兰、奥地利、西班牙、瑞士、波兰等。[④]引发中西双方首度大规模接触的这 200 年间，无论在文化交流的层面上，还是深度上，耶稣会士所起的作用是最为巨大的。这在很大程度上得益于利玛窦的"科学传教"策略，因为利玛窦很了解中国的国情，"儒家文化已深入中国人的骨髓，基督教文化根本不能代替。……但中国人容许互补的巨大能力，将允许基督教经过小心的限定后进入中国人的心灵。[⑤]"同时，他很早就已明白，要在中国顺利传教，还必须得到皇帝的首肯。因而，他想方设法进入中国宫廷。1601 年（明万历二十九年），利玛窦成功进入中国宫廷，这标志着西方文化开始进入中国宫廷，也标志着，自此以后，中西双方开始了科技、艺术以及思想意识等方面的文化交流，其规模之大，确实可称为"蔚为巨观"（方豪语）。

当时，在中国宫廷内，有才华的传教士能被皇帝欣赏和重用，西洋天文历法等西方先进的科学技术也能被推崇和应用。在中国民间，士人与西方传教士交游，所学西学也在社会自由传播，说明那时的中国是开放的。

至于耶稣会士在华的活动，大致分两个时期[⑥]：第一期从 16 世纪末（罗明坚、利玛窦进入内地），到 17 世纪末（南怀仁去世）。第二期从 17 世纪末（白晋等 5 名法国耶稣会士抵达北京），到 18 世纪末（钱德明去世）。[⑦]

一、中国皇帝与传教士

明末清初的中西文化交流，一方面是西方国家的上层社会（包括国王）对中国文化艺术极为感兴趣所引起的，另一方面，是和中国皇帝的首肯与热心关心分不开的，而这更为重要。明末清初的传教士与中国皇帝的密切交往，加速了中西文化的交流，万历皇帝就曾给予利玛窦特惠政策，利玛窦当时在北京，明廷不仅未让他纳税，而且还常常得到中国皇帝资助，维持耶稣会士的生计[⑧]。甚至利玛窦死后，万历帝

---

①[法] 费赖之．在华耶稣会士列传及书目。

②[法] 荣振华．在华耶稣会士列传及书目补编．(Repertoire des Jesuites de Chine 1552–1800，巴黎，罗马，1973 年版) 又译为《在华耶稣会士名录》，译者的话．p4.

③转引自徐海松．清初士人与西学．p3.

④[法] 荣振华．在华耶稣会士列传及书目补编．入华耶稣会士国籍统计表．

⑤[美] 孟德卫．莱布尼茨和儒学．p20.

⑥许明龙．试评 18 世纪末以前来华的欧洲耶稣会士．世界历史．1993(4)：p19–20.

⑦也有分为三个时期的。许明龙先生研究，1834 年耶稣会士再度来华，为第三时期。朱谦之．中国哲学对欧洲的影响．p85. 也把在华耶稣会传教分三个时期，但第一个时期以沙勿略、范礼安、罗明坚为代表。第二个时期以利玛窦、汤若望、南怀仁及法国传教士张诚、白晋等为代表。第三个时期以郎世宁、蒋友仁为代表。

[比] 金尼阁等．利玛窦中国札记，p297.

⑧江文汉．明清间在华的天主教耶稣会士．p19.

认为利玛窦“慕义远来，劝学明理，著述有称，宜加优恤。”在城西阜成门外二里沟滕公栅栏特赐一块墓地，用被没收的杨太监所建的佛寺房屋三十八间，地基二十亩，加以改建成利玛窦之墓。1611 年举行葬礼时，皇帝还派遣大员致祭，在墓地正门上挂“钦赐”的匾额，并由京兆尹王应麟撰碑记。清朝顺治帝与传教士汤若望的关系也甚为密切（图 3–1），密切交往达 7 年之久。1651 年（清顺治八年），汤若望治愈了皇太后的亲侄女、顺治帝皇后博尔济吉特氏的病，从此受到顺治帝的格外优宠，关系倍加密切。孝庄皇太后拜汤若望为义父，汤若望经常出入宫廷，对朝政得失多有建言，先后上奏疏 300 余封。在劝阻顺治帝因郑成功围攻南京欲御驾亲征、顺治帝临终议立嗣皇等诸多大事中，起到了举足轻重的作用。由于汤若望的治学特点和突出贡献，顺治帝称汤若望为“玛法”[①]，赐“通玄教师”封号[②]，免除“玛法”觐见时的跪拜礼，先后授予通议大夫（正三品）、太仆寺卿、太常寺卿、通政使、光禄大夫（正一品）等官职。几百年前的中国皇帝不分种族、国籍，对有才能的传教士予以尊敬与重视，这是非常难能可贵的。至康熙、雍正和乾隆年间，西方文化在中国、尤其是在中国宫廷已有了相当的地位，清朝统治者都主张吸收西方文化的艺术和科学，所以有才华的传教士更加得到赏识和重用。

（一）相识与赏识

曾有人把康熙时期（1662 ~ 1722 年）比作西方的文艺复兴时代。康熙是一位有强烈实践意识和良好学风的皇帝，他对西方文化的接受，在各个方面都有表现，如军火、测绘、数学、医学、天文学、地理学、语言、音乐等，同时，还将当时先进的科学仪器引入宫廷，如天体仪、望远镜、地球仪、各种测绘计算仪等。时从澳门到北京的葡萄牙传教士范尔格尔尼雷（Valguarnera），在 1673 年（清康熙十二年）从北京发到西方的信函中说，清圣祖康熙皇帝在宫殿中经常和西方的传教士们讨论天文、机械、法律等方面的问题。在宫廷里，可以看到很多出自西方的手工艺制品，如英国国王乔治三世的油画肖像、意大利威尼斯的玻璃器皿、葡萄牙的鼻烟壶、法国的珐琅器皿、大型壁毯、座钟、玩偶等。西方文化的传入已使宫廷生活发生了很大变化。

康熙皇帝（图 3–2、图 3–3）与传教士的

图 3–1 （左）顺治帝（右）与汤若望（左）

图 3–2 （右）晚年康熙皇帝的画像

①李兰琴．汤若望传．p95．“玛法”是满语，意为尊重的长者、父辈或爷爷。

②［德］恩斯特．斯特莫．通玄教师汤若望．p115．汤若望是一位德国传教士，更是一位杰出的天文学家，在数学、物理学、建筑和铸造等学科中也有精深的造诣。

相识是从汤若望（图 3–4）与杨光先之争开始的[①]。也就是从那时起，康熙皇帝对西学更加感兴趣。康熙曾说："朕幼时，钦天监汉官与西人不合，互相参劾，几致大辟。汤若望于午门外九卿前，当面睹测日影，奈九卿中无一知法者。朕思己不知，焉能断人之是非？因自愤而学焉。"[②]汤若望、南怀仁等一大批有才干的传教士逐渐得到了康熙的赏识。南怀仁是康熙帝学习自然科学的启蒙老师，彼此关系一直很好，南怀仁为清廷服务了 27 年，深得康熙帝的赏识，死前的官阶为二品工部右侍郎。

雍正皇帝在位 13 年中，对西学及传教士确实不如乃父热心，但也认为"西洋教法原无深恶痛绝之处[③]"，继续留用传教士任钦天监监正之职。雍正皇帝对西洋之物接受很快，曾命人仿制温度计、望远镜，还常备玻璃眼镜[④]，甚至戴西洋假发。要不然怎么会有外国画家笔下的"雍正皇帝像"，他那卷曲的假发和庄严的容貌使人不禁想起西方的君主来（图 3–5）。1729 年（清雍正七年），雍正还亲自派人为郎世宁修缮画室、铺地炕、换新窗、补糊纸等[⑤]，可见君臣之谊。

乾隆时期（1736 ~ 1795 年）是清王朝的鼎盛时期：社会经济蒸蒸日上，社会秩序安定祥和。乾隆皇帝对西学、尤其是西方艺术情有独钟，宫内多青睐西洋绘画。清初，中国的画家焦秉贞向西方画家学习，应用西方技术与绘画做法，创造了一种中西合璧的绘画技法，形成了所谓"新体画[⑥]"。乾隆为了给自己歌功颂德，利用西洋画形象逼真的特点，下令绘制了大批以征战为题材的纪实画。他不但命画家为自己绘制个人刺虎、射兔、逐鹿的画面，还命画家创作了众人围猎及赐宴外藩的大型纪实性绘画。其中，《马术图》、《哨鹿图》、《万树园赐宴图》最为著名。这批以狩猎为题材的纪实画，仅故宫博物院就藏 23 幅。乾隆年间印本《皇舆全图》，是在康熙图的基础上对今新疆及其以西地区进行了实地测量，补充完善校正而成[⑦]，这

图 3–3 （左）西方人想象中的康熙皇帝画像

图 3–4 （中）汤若望画像

图 3–5 （右）西方画家笔下的雍正皇帝

① 郝贵远．中国传统文化与西方文化的较量——杨光先与汤若望之争．世界历史，1998（5）p66. 汤若望是明末清初来华的天主教耶稣会著名传教士，对中国历法的改进作出过突出贡献，因此受到明清两代朝廷重用，并得到当时思想比较开明的官僚和知识分子的赞扬和尊敬。然而，其晚年受杨光先控告，几乎丢掉性命，成为轰动朝野的大案。

② 满洲实录．卷 1.p8.

③ 清世宗实录．卷 27. 朱批谕旨 · 孔毓徇奏折．

④ 杨乃济．雍正帝喜好之物．

⑤ 杨伯达．郎世宁在清内廷的创作活动及其艺术成就．故宫博物院院刊，1988（2）：3–26.

⑥ 详见第七章。

⑦ 冯宝琳．《皇舆全图》的乾隆年印本及其装帧．故宫博物院院刊，1990（2）：93.

本当时的中国地图具有很高的文物价值和学术价值。传教士还以他们所携带的新奇器物博得了皇帝和一些官臣的青睐，其中以钟表最为流行。

（二）重用与限制

清代，外国传教士在宫廷任职的很多。这些传教士们，有的是画家、建筑艺术家，有的是机械学家、哲学家、数学家等，他们中很多都有渊博的知识，是一些学识颇高的专家。他们在宫廷内得到了帝王们的重视。受康熙帝聘用的传教士，有南怀仁、徐日升（葡萄牙人）、白晋、张诚、安多（比利时人）、闵明我（意大利人）等，他们为康熙本人讲授西方的科学知识。康熙帝向传教士们学习数学、天文学、地理学、药理学、解剖学、拉丁文、欧洲哲学、音乐理论、绘画等领域的知识。那时传教士们带来的西方文化，康熙帝几乎都涉猎过，成绩以数学和天文学为最好。白晋《康熙帝》一书中提到："康熙每天都宣我们进宫去给他讲课。他听课很认真，重复我们所讲的内容，自己动手画几何图，并向我们提出任何一点他感到困惑的问题。每当他提问时，我们就放下讲义重讲。在进行计算时，有时他也使用西方的计算工具，为了记住几何定理的推理步骤，他经常温习最重要的几何定理，在五六个月的时间里，康熙掌握了几何学，能够即刻说出他所画的几何图形的定理及其证明过程。他对我们说，《几何原本》他至少读了20遍。我们把这部书译成了满文，其中包括欧几里得与阿基米德著作中所有重要的定理及其证明。"西方的数学知识是康熙最初接触到的一门西洋学问，他对数学很感兴趣，因而非常注重让传教士多介绍一些数学知识。传教士们将明末清初时已传入中国的西方数学，如笔算、筹算、几何、三角、三角函数表、对数等，翻译编辑成《几何原本》（图3–6）、《比例规解》、《测量高远仪器用法》、《八线表根》、《勾股相求之法》、《借根方算法节要》、《西镜录》等满文、汉文十几部数学书。同时，他们把代数学也介绍到中国。在学习了天文学知识后，康熙还到京城的观象台亲自观测天象，进行数学推算，并能准确地计算出某日某时日晷表上所显示的日影位置，指出钦天监在天文推算中的错误。从康熙开始向南怀仁学习欧几里得初等几何，到张诚为他讲述巴蒂的《实用和理论几何学》，他共学完了几何、代数、三角、对数等多种数学科目。由于有了良好的数学基础，对他日后倡导科学治理黄河极有裨益。黄河泛滥历来是中国的一大灾害，康熙帝六次南巡，主要目的之一就是视察河务。在视察时，他亲自测量水位、堤坝的深浅高低，计算水流量的大小，并提出较为切合实际有助于黄河治理的规划。

图3–6　白晋、张诚用满文编译的《几何原本》

1713年（清康熙五十二年），康熙组织全国优秀的天文数学家，编纂了一套在我国科技史上具有很高地位的天文、数学、乐理丛书——《律历渊源》。其中《数理精蕴》的编纂，是在康熙直接支持下，由梅毂成等人集合在华传教士张诚、白晋等人的数学译作编成的数学百科全书。这部书不仅剖析研究了我国古代数学，还吸收了当时已经传到中国的数学知识，因而成为一部代表我国当时数学发展水平的权威性著作，这对后世的数学研究产生了积极的影响。

康熙皇帝一生南征北战、东巡西狩，足迹遍及大半个中国。他一向重视地理知识，曾把明末利玛窦为中国绘制的世界地图，艾儒略写的《坤舆图记》、《职方外纪》等书，作为世界地理的教材。康熙皇帝做的一项很有意义的工作是让传教士测量绘制一份科学性较强的全国地图。康熙《皇舆全览图》是由官方组织的，由传教士高慎思、宋君荣、蒋友仁①等人与中国人共同参与，经过准备、人才培养到测绘，历时 20 多年完成，开创了在全国范围内实地测绘编制中国大地图的先例，甚至可以说填补了中国测绘学的空白。英国科学家李约瑟认为，"它不但是亚洲当时所有的地图中最好的一幅，而且比当时的所有西方地图都更好、更精确。"在这份地图的测绘过程中，传教士们发现了地球经度的长度因纬度上下而有所不同，从而第一次从实践中证实了牛顿关于地球为椭圆形的理论。《皇舆全览图》的绘制，由此也成为世界地理学史上的一件大事。传教士们传授的西方地理学，使康熙皇帝眼界大为开阔。

事实上，康雍乾三帝都比较注重地理学，清代在全国范围内进行大面积实地测绘编制的康熙《皇舆全览图》、雍正《十排皇舆全图》和乾隆《十排皇舆全图》(即乾隆《十三排地图》)②，是历史上前所未有的。

西方医学也是康熙很感兴趣的一个科目。他任命精通外科医学的传教士罗怀忠行走内廷，还任命罗得先、安泰为扈从医生，并且命巴多明用满文翻译法国皮理所著的《人体解剖学》。

在学习和运用西方科学文化的过程中，康熙从传教士那里受益匪浅，从而更加重视使用传教士中的科学技术人才，对于工作成效显著的传教士，还都给予封官晋级的嘉奖。1672 年（清康熙十一年），康熙从南怀仁处得知，徐日升③不仅熟知天文数学，还擅长音乐，于是下令把徐日升从广东香山县召到北京。徐日升在京除主要教授康熙帝西方音乐和乐理外，还参加钦天监的工作。南怀仁因感到在华传教士人数太少，还曾向罗马教廷写信求援。1687 年（清康熙二十六年），张诚、白晋等五人受罗马教廷派遣到达中国，次年受到康熙帝的召见。白晋、张诚因擅长数学而被留在内廷工作。意大利人德理格于 1707 年（清康熙四十六年）受罗马教廷委派来中国处理宗教事务。当时，中国和罗马教廷因为"礼仪之争"而处于严重对峙状态，但康熙皇帝欢迎西方科技人才到中国来的态度仍旧不变，日后马国贤等人受到康熙皇帝的重用就是明证。康熙如此重视从传教士中选用科学技术人才，所以西方传教士们在科学、军事工程以及外交等方面，都为清政府贡献了自己的技能。17 世纪以后，沙皇俄国向东方扩张，到康熙朝时，它已侵吞了我国黑龙江地区的大片土地，威胁着边境的和平与安宁。1685 年（清康熙二十四年），中俄两军在雅克萨地区展开激战，侵略军遭到惨败，清政府收复了被沙俄侵占多年的雅克萨。沙皇政府眼看军事侵略不能得逞，不得不接受与清廷和平谈判的建议。1688 年（清康熙二十七年）4 月，康熙派出了以领侍卫内大臣索额图和都统公佟国纲为首的谈判代表团。关于派遣翻译的问题，康熙认为："所用西洋人真实而诚恳可信，罗刹着徐日升去，会拉丁文。"经过选拔，徐日升和张诚作为拉丁文翻译，参加了这个代表团。康熙皇帝就是以这样的胸怀来启用有才干的西洋传教士。17 世纪 80 年代以后，康熙皇帝曾数次派传教士作为使节出使西方。当时交通不便，出使的传教

① 秦国经 .18 世纪西洋人在测绘清朝舆图中的活动与贡献 . 清史研究，1997（1）：40.

② 冯宝琳 . 康熙《皇舆全览图》的测绘考略 . 故宫博物院院刊，1984（1）：23.

③ 徐日升是葡萄牙人，在清宫服务前后长达 36 年。

士或亡于海上，或下落不明。1693年（清康熙三十二年），白晋奉命出使，获得很大成功。当时康熙皇帝命白晋带很多书籍作为礼物专程回国去觐见法王，同时征募很多有科技才能的传教士来中国。路易十四看到他当年派出的传教士在中国朝廷受宠，非常高兴，对白晋大加赞赏。当时白晋在巴黎俨然成为东方问题专家。两年后，他带着十几名精心挑选的传教士回到中国。这批人中有好几个人，后来在绘制《皇舆全览图》中发挥了作用，巴多明、雷孝思等在康熙皇帝晚年时被聘为科技方面的主要顾问。

在肯定传教士正面作用的同时，也应注意到这样一个事实：西方传教士，是作为早期殖民主义向东方扩张的工具来到中国的。关于这一点，中国的皇帝一直是有所警惕的。早在1669年（清康熙八年）康熙皇帝刚任用南怀仁时，虽废除了鳌拜驱逐传教士的命令，恢复了传教士的行动自由，但却禁止中国人信奉天主教。直到1692年（清康熙三十一年），康熙皇帝经过多年的观察考验，感到传教士们于中国并无多大危害，于是下达了被西方誉为“宽容赦令”的旨意，允许天主教在中国自由传播，同时开放口岸。康熙皇帝的这种顾虑不是没有理由的。传教士尽管表面上对清政府十分恭顺，但私下里还是要千方百计为谋取他们本国和本教会的利益进行活动。从南怀仁起，传教士们就一心想寻找一条经由俄国而贯通西方与中国的道路，以便于罗马教廷向东方派遣更多的传教士。1676年（清康熙十五年），当俄国米列斯库使团到北京时，南怀仁为指望米列斯库能为这个计划在沙皇面前说情，曾想方设法为他提供方便。他给米列斯库的最重要的帮助，就是向他提供了清政府以后十年在阿穆尔地区的战略计划。[①]正是为了同一个目的，徐日升和张诚在《尼布楚条约》谈判结束后，也不敢忘记向俄国代表团进行表白：“我请他原谅，我在有些时候曾表现出焦躁的情绪，在他面前这样做似乎是一种不适当的行为。我说，因为我是外国人，在中国居住多年，而且因为我是该国皇帝派来的，所以我不得不表现为他的忠诚臣民。如果我不那样做，就会产生严重后果。[②]”张诚等人离法前夕，法王路易十四的宠臣喀伯特就明确叮嘱过他们，到中国“这样的机会不要完全被传播福音所占据，而应该进行一系列地方性的考察。这种考察对完成我们的科学和艺术是不可缺少的[③]”。法国出版的《耶稣会士中国书简集》序言中，这样描述过他们在中国扮演的角色。《耶稣会士中国书简集》也暴露了耶稣会士们确实身兼三职：在宗教领域，他们在广阔的疆土内传教；在外交领域，他们为法国的利益效劳；在科学领域，他们从事中法两国之间的文化合作，一方面为法国人翻译中国的哲学经典，一方面也将西方的科学传给了中国人。他们在某种程度上，还充当了“工业间谍”的角色，他们不择手段到处设法窃取西方垂涎已久的中国的瓷器制造术。[④]对于传教士的这种特点，康熙帝是很清楚并保持警惕的，对他们的宗教活动，也一直有所限制。

在康熙帝执政的61年中，应召入宫为清王朝服务的西方传教士，领取清政府的俸禄，接受清廷的爵位，遵从当局的命令，其物质待遇无异于康熙帝手下的满、汉大臣。他们也自称为清王朝的“西洋远臣”，最后绝大多数都老死在中国。康熙的开放政策与对传教士的优容促

①Mark Mancall. Russia And China.

②约瑟夫 · 塞比斯．耶稣会士徐日升关于中俄尼布楚条约谈判的日记.p208.

③耶稣会士书简集．转引自 W · Devin. The Four Churches of Peking.

④［法］杜赫德．耶稣会士中国书简集中国回忆录．

进了中国文化的西传。这个时期，来华传教士大量向西方介绍中国，翻译中国著作。康熙鼓励传教士学习汉文与满文，了解中国文化。例如，康熙于 1711 年（清康熙五十年）命白晋和傅圣泽研究《易经》，前后多年。[①]康熙还几次派传教士回到西方[②]。这些使节实际上充当文化使者的角色，促进了中西文化的交流，使西方人增加了对中国的了解。康熙主持编写的《古今图书集成》，收录了大量传教士的科学著作。[③]康熙皇帝通过传教士了解了包括宗教、天文、地理、哲学等西方文化，西方人也通过传教士了解了中国文化与中国皇帝。图 3–3 为西方人想象的生活在华丽宫殿中的康熙皇帝。我们今天看来，完全是一个西方君主的模样。可见，由于传播媒介的限制，双方之间的相互了解始终是有局限的。

标榜文治武功的乾隆皇帝处处以祖父为榜样，但更偏好西方的艺术和工艺。他对待传教士的态度是“向来西洋人有情愿赴京当差者，该督随时奏闻……[④]”。在“如意馆”中聚集了众多的西洋画家，其中有郎世宁、艾启蒙、王致诚、安德义等。还曾组建西洋乐队，乐队由 14 名太监组成，西洋人当指导教师。乾隆皇帝组建的西洋管弦乐队所使用的乐器有吉他、曼陀林琴、大提琴、小提琴、单簧管、双簧管等西洋乐器。[⑤]在“做钟处”网罗了许多西方的技师，并且给了传教士极高的待遇。乾隆朝是传教士被封官晋爵最多的时期。同时，乾隆对西洋科学文化也是给予认可的，他主持编写的《四库全书》中收录了许多传教士的科学著作。[⑥]

300 多年前，封建帝王在对待人才上，不分种族、不分国别大小、平等相待的态度和量才“惟求其是”的尺度，是很值得我们今天借鉴的。

二、士人与传教士

早期入华的耶稣会士与明末清初士人建立了密切的关系。在这场中西文化交流当中，中国士人功不可没。就拿书籍来说，许多书籍都是在中国人的主动要求下翻译的。从书籍的内容来看，多是为满足中国人的两种需要：一是渴望了解西方，二是学习西方的科学技术。大批西方的书籍、图片东渐也不外乎这两个原因。连西方人都承认：“如果西方科学从 16 世纪末就传入中国，那主要并不归于传教士们的积极性，而是由于中国人自己的要求，中国人自动地对西学表现出好奇和兴趣。[⑦]”艾儒略说到他写《西方问答》的动机时就说：“频遇好学名硕，下问天学理义及敝邦之风土习尚。”[⑧]士作为中国文化的载体和发言人，对另一世界而来的文明没有盲目排斥，而是冷静思考，努力学习，积极研究。他们对西方先进的科学知识尤感兴趣，乐于与西士交往，“士人视与利玛窦交为荣，官吏陆续过访，所谈者天文历算、地理数学，凡百问题悉加讨论。[⑨]”对西学则提出：“学

①许明龙．中西文化交流的先驱．p130．
②如白晋（1689 年赴欧）、洪若翰（1700 年赴欧）和艾若瑟（1707 年赴欧）。
③参见本书第七章。
④乾隆四十六年五月初三日折子．引自乾隆朝上谕档．第十册．p464．
⑤毛宪民．明清皇宫的西洋乐器．p84．
⑥参见本书第七章。
⑦[法] 谢和耐．17 世纪基督教徒与中国人世界观之比较．明清间入华耶稣会士和中西文化交流．
⑧艾儒略．西方问答．
⑨[法] 费赖之．入华耶稣会士列传．p46．

原不问精细，总期有济于世；人亦不问东西，总期不违于天。①”为利玛窦去世埋葬一事，叶向高②就曾这样说：“姑毋论其他，即其所译《几何原本》一书，即宜钦赐葬地矣。③”这无疑对西学的传播起到推波助澜的作用，同时也造就了一批受西学影响的学者，诸如徐光启、李之藻、王徵、方以智等。他们不仅是当时的名士，而且许多人还身居高位，其影响力非同小可，当时许多书籍翻译就是在他们的要求和直接参与下完成的，他们中的一些人甚至还参与了西方科技知识在中国的实践活动。这使中国成为“在近代欧洲之外的第一个接受西方科学成果的文明古国④”。

利玛窦定居北京后，终日与士人周旋，据说，平均每天来访的有 20 人之多。⑤利玛窦在明末时交游的士人有 140 多名，几乎朝中的主要官员、各地主要公卿大夫都与其有过来往。当时的不少士人对于利玛窦等人介绍来的西学既不趋之若鹜、盲目附和，也不拒之门外、孤芳自赏，而是心态平稳地对待外来文化。和耶稣会士交游的士人，大都对基督教抱有某种好感或对西方科技感兴趣；有的虽然反对基督教传入中国，但是愿意心平气和地与之“辩学”。当然保守派也不少，并时时挑起争端，但大多数知识分子对西学采取接受态度。崇祯年间刘侗等撰的《帝京景物略》尚称“案西宾之学也，远二氏近儒，中国称之曰西儒，尝得其徒而审说之，大要近暴尔⑥”，这很可以代表当时中国人对入华耶稣会士的看法。有一点我们应当看到，当时中国很多知识分子对西方科技的兴趣远远大于对基督神学的兴趣，虽然有的接纳基督教甚至受洗，也是为了吸收其科学文化。梁启超的《中国近三百年学术史》也说，徐光启因要研究西洋的科学才奉教。李约瑟评价说：“中国人接受了各方面的科学，但从来没有接受耶稣会兜售给他们的基督教神学。⑦”例如，方以智在《通雅》及《曼寓草》中屡称引利玛窦的科学，却不信他们所传教的一套上帝的新说。全祖望作《二西诗》，一方面赞赏西学，一方面又留警惕于外患之可畏：

“五洲海外无稽语，奇技今为上国取，别抱心情图狡逞，妄将教术酿横流。天官浪诩庞熊历，地险深贻闽粤忧，夙有哲人陈曲突，诸公幸早杜阴谋。”

事实上，传教士们在传教过程中确实遇到了类似问题。“1623 年，金尼阁入河南，居开封省府，传教三四月，当地学者文人对其所言科学与地理，皆钦佩，惟对于宗教问题则不愿闻其言。⑧”

（一）晚明士人与传教士

明末清初，中国学术界多少有点和西方当时的情形相似，那就是曾经出现过不少卓越的思想家和科学家。如集药物学和植物学大成的李时珍、翔实地记录了工农业生产技术的宋应星、足迹几遍全国的地理学家徐霞客、翻译《同文算指》的数学家李之藻，还有李贽、方以智、徐光启（图 3-7）等在历史上有作为的人物，都是这一时期的代表人物。

①徐宗泽．明清间耶稣会士译著提要．绪言引王徵语。

②万历三十八年文渊阁大学士。

③大西西泰利先生行迹．“时内官言于相国叶文忠曰：‘诸远方来宾者，从古皆无赐葬，何独厚于利子？’文忠曰：‘子见从古来宾，其道德学问，有一如利子者乎？’。”转引自林金水．利玛窦与中国．p137.

④[法] 谢和耐．17 世纪基督教徒与中国人世界观之比较．明清间入华耶稣会士和中西文化交流．

⑤George L.Harris，The Mission Of Matteo Ricci，‘Monumenta Serica’ Vol．25（1966），p17.

⑥刘侗．帝京景物略．卷五．利玛窦坟．

⑦[澳] 约翰 · 默逊．中国的文化与科学．p65.

⑧[法] 费赖之．入华耶稣会士列传中金尼阁传．p136.

图 3–7　徐光启画像

利玛窦身为耶稣会中国区的会长，留居京师之后，便有意结交天下名士，他认为，“少数优秀的基督徒实际上比一群更有价值”，而且“有几个有地位和做官的文人，可以用他们的威望来使那些害怕这一新鲜事物的人感到放心。”他的“科学传教”政策赢得了中国上层社会相当一批士人的好感与信任。其中以“明末中国天主教三大柱石”的徐光启、李之藻、杨廷筠（也称为教中三杰）最为有名，他们当时是利玛窦的得力弟子。他们首先奉教，故从者如云。这些信教者有的有入仕的经历（徐光启也是杰出的政治家），有的有丰富的人文和社会科学知识，如徐光启和李之藻是著名的科学家，他们对数学造诣很深。徐光启还编著了百科全书式的《农政全书》。有的信教名士在皈依基督教前信佛，如具有很高佛学修养的杨廷筠，有翰林院检讨徐为、南京工部员外郎李为，有世代信佛名儒世家的杨为之。李贽和利玛窦相见时，已是 72 岁的高龄，他们进行过哲学交流。方以智与教士汤若望交往“最善”，多次与之探讨天文学。徐光启、李之藻与利玛窦合作，翻译了《几何原本》、《同文算指》等西方科学名著。一些著名士人，如徐光启等还是虔诚的天主教徒。这种与传教士交往、向他们学习西方科学的风气一直延续到康熙年间。在科学文化领域，方中通、薛凤祚向穆尼阁（Jean–Nicolas Smogolenski，1611–1656，波兰人）学过数学，梅文鼎多次与殷铎泽交流历法，数学家陈万策、梅珏成、江永等人不断努力学习西学。西方继利玛窦之后，又有庞迪我、熊三拔、龙华民、邓玉涵等先后抵京，与徐光启、李之藻共理历事。徐光启聘请高手匠人，在其南堂院内试制各种治水工具，并加以推行（1612 年）。当时的南堂，是为中西文化交流的重要场所，尤以其位处京师，效事朝廷，对中国上层社会的影响较之其他地方，更为直接而有效。

（二）徐光启与西学

在晚明的杰出科学家之中，最值得推崇的人物之一是徐光启。[①]徐光启在科学方面的功绩不局限于某一领域，他将当时中国古代科学的成就和外来的科学知识多方面地加以融合，他一身兼任了科学工作的组织者、宣传者和实践者，对中西文化交流起了承前启后的作用。

徐光启是一个经历丰富的知识分子。在做京官之前，他曾经多年在其家乡以及广东、广西等地教书。1595 年（明万历二十三年），在广东韶州（今曲江县）第一次结识了耶稣会士。这使他对西方的科学文化有了初步的

① 徐光启（1562 – 1633），字子先，号玄扈，谥文定。20 岁时考中秀才，35 岁时考中举人，42 岁时终于考中科举时期的最高等级——进士。从此，他就在北京做官，经历了明代晚期的四个皇帝，历任过翰林院检讨、詹事府少詹事、礼部侍郎、礼部尚书等官职，最后在 71 岁时，做到了相当于宰相的文渊阁大学士。于明崇祯六年(1633 年)病故。坟墓在上海徐家汇。

了解。1600 年（明万历二十八年），在南京认识了利玛窦。1603 年（明万历三十一年），徐光启受了洗礼，入了天主教。此后，两人都长期住在北京，经常往来，友谊很深。徐光启对天主教的信奉，使他有了进一步了解西方先进科学的机会，并且加深了他对自然科学重要性的认识。徐光启在科学方面的译著和著作，除了有《崇祯历书》（图 3-8）、《几何原本》和《农政全书》三部重要科学书籍以外，还有《测量法义》、《勾股义》、《简平仪说》、《平浑图说》、《泰西水法》（此书原是单行本，后编入《农政全书》中）、《考工记解》、《记里鼓车图解》等。徐光启之子徐骥记载其父亲的译著书目中，还有一本《医方》的医学书。可见，徐光启的译著和著作涵盖了当时大部分西方和中国先进科学文化成果，他的好多著作都是在比较分析综合了当时中西方科学文化成果的基础上写出来的，所以他的著作充分体现出当时中西文化交流的成果。

徐光启在科学实践方面也是一位先行人物，曾大声疾呼："欲求超胜，必须会通。会通之前，先须翻译。[①]"他在天文学、数学、生物学和农学等方面均有建树。[②]

图 3-8　崇祯历书

（三）清初士人与传教士

清初，以耶稣会士汤若望为首的传教士，顺应新朝的政治文化形势，继承了明末利玛窦开创的"科学传教"策略，从而使天主教传教事业在明末的基础上继续拓展，并走向高潮，这就进一步促进了中西文化的交流。

1661 年（清顺治十八年），与汤若望结交的士人（主要是明末遗民士人群体）至少有 20 余人，借助其间的文友、同事、师生等交叉关系，使西学逐渐渗透到整个知识界，几乎笼络整个汉族士人的精英集团。这些士人通过与传教士交往，接触了西学，一些名公臣卿帮助传教士撰写书序之类，提升了西学在社会上的名望。士人阶层通过接触西学，进而创立自己的学说，如有清初学术三大家之称的黄宗羲（1610-1695）、王夫之（1619-1692）、顾炎武（1613-1682），他们通过阅读西学书籍，到逐渐介绍西学，进而形成独立的见解，再反馈于士人交际网络，扩大了清初西学的传播范围。黄宗羲研读《崇祯历书》和薛凤祚（1599-1680）的《天学会通》（薛氏师从西士穆尼阁所著）等西学书籍，且著有《历学假如》等多部介绍西方科学的作品，并允诺好友姜希辙刊行传世，以"使人人可以知之"。王夫之则在《搔首问》中称赞"密翁与其公子为质测之学，诚学思兼致之实功。盖格物者即物以穷理，惟质测为得之"。顾炎武著《日知录》，以经世、博洽之作名世，自述天文学时参考了当时流行于世的西洋历学知识，如曰："日食，月掩日也；月食，地掩月也。今西洋天文说如此。"[③]

---

① 徐光启．历书总目表．徐宗泽．明清间耶稣会士译著提要．

② 袁翰青．晚明杰出的一位科学工作组织者、宣传者和实践者——徐光启．明清人物论集．p368．

③ 徐海松著．清初士人与西学．p71．

三、传教士兼国王数学家进入中国宫廷

明末清初，西学东渐始于利玛窦东来，止于耶稣会解散，分为2个阶段。[①]第一阶段是在明代末年，主要是葡萄牙和意大利传教士在起作用，对这一阶段的传教士来说，文化交流只是传教的手段，而非目的。第二阶段即清代初年，是以法国传教士为主，其显著特点是形成了汉学研究的法国中心。法国入华传教士在充分利用早期汉学已有成就的同时，积极开拓，促进了研究范围之扩大和研究层次之深化。对第二阶段来华的法国传教士而言，文化交流不仅是他们来华的手段，而且是首要使命和最终目的。在这个意义上，利奇温得出这样的结论："如果说法国在对华贸易的发展方面仅占微不足道的地位，但是作为中国和西方之间的文化媒介却具有宏伟的影响。[②]"

（一）背景

17世纪末期，法王路易十四把其专制统治推向顶点。[③]1682年（清康熙二十一年），法国天主教大会通过四点宣言，将教会置于国王的统治之下。法王路易十四在为法国争夺西方霸权的同时，还积极向海外发展，挑起与葡萄牙、西班牙的竞争，力图结束葡萄牙在远东传教的垄断地位。正在这时，巴黎天文台台长卡西尼（G.D.Cassini，1625—1712）向首相柯尔柏（J.·B.Colbert，1619—1683）建议派遣耶稣会士到东方进行天文观测，并拟订了一个详细计划，这正中这位向东方派遣耶稣会士的倡导者的下怀。他们认为："如果这次成功，以后继续派法国学者前去，在这伟大帝国（中国）里，我们不只可以建立商业的关系，而且可以远播法国的声誉。[④]"所以，路易十四与法国耶稣会长很快达成一致，认为："国家的利益和宗教与科学的利益是分不开的。[⑤]"当法国政府决定将由学者而不是由商人在中国代表法国时，法国的汉学研究成为西方的中心也就被决定了。[⑥]

（二）经过

1687年（清康熙二十六年），5位被称为"国王数学家[⑦]"的耶稣会士作为"国王的数学家"和法国皇家科学院的代表[⑧]到达中国[⑨]，这些耶稣会士是经过了严格挑选的，均学识渊博和具有专门的科学技术知识。为避免和葡萄牙"保教权"的冲突，他们的待遇极其优厚，不仅

---

①[法] 维吉尔．毕诺．中国对法国哲学思想形成的影响．p49．以1685年为界，因为"1684（柏应理神父莅华的时间——本书作者认为"莅华"为"抵法"之误）和1685年（数学家耶稣会士出发赴华的时间）是中国和法国文化关系史上的重要时间。"计翔翔．十七世纪中期汉学著作研究——以曾德昭《大中国志》和安文思《中国新志》为中心，p38．认为从1688年到1793年的又一个105年，为早期汉学的第二阶段。

②[德] 利奇温．十八世纪中国与欧洲文化的接触．p15．

③路易十四（Louis XIV，1648～1715年在位），曾宣称为"神权国王"，他奉行法国教会的独立自主政策，恢复高卢教会（Cdlican Churches）的旧仪式，连教皇对他也无可奈何。

④阎宗临史学文集．p161．

⑤阎宗临史学文集．p30．

⑥计翔翔．十七世纪中期汉学著作研究——以曾德昭《大中国志》和安文思《中国新志》为中心．p39．

⑦他们是白晋、张诚、李明、洪若翰、刘应。

⑧[法] 布罗斯．发现中国．耿昇译．p65．此后法国来华耶稣会士，跟其他传教士一概由教会派遣不同，是由法国国王派来的。

⑨郭永芳．康熙与自然科学．自然辩证法通讯，1983（5）：55．关于入华时间，一般文献如《明清间耶稣会译著要》及居密《明清来华会士汉姓名考》（大陆杂志，卷33，第3—5期）均作1687年7月23日．顾长声．传教士与近代中国．p4．作1688年到达北京，两说相衔接。唯《康熙皇帝》的出版说明，作1682年2月7日到达北京。

得到了科学器材、礼品和养老金，而且还被接纳为1664年建立的皇家科学院成员。他们也被寄予厚望，“为了使我们的海运事业日趋安全和我们的科学艺术日益发展，并为了稳步取得成果……认为有必要从西方派出一些富于实地考察能力的学者前往印度和中国，基于此目标，经过审查，我们认为耶稣会士某某神甫是最佳人选……[①]”并且要求他们将来向科学院寄送考察报告。“这时宗教和科学之间已经相互作出妥协……[②]”这些耶稣会士开始扮演“双重角色”：第一仍然是宗教目的，要使中国人皈依。第二是一个纯科学的目的，即为了西方的利益，透彻地考察中国。“在宗教领域，他们在广阔的疆土内传教。在外交领域，他们为法国的利益效劳。在科学领域内，他们从事中法两国之间的文化合作，一方面为法国人翻译中国哲学经典，一方面也将西方科学传给中国人。”[③]

这些传教法国人往往随身携带由科学院院士们专门为他们开列的详细的调查提纲，他们与法国的学者、天文学家、数学家、史学家或语言学家们密切保持着通信关系，这后一些人接着就在其个人著作中使用由传教法国人提供的资料。

1698年（清康熙三十七年），法国到中国的第一只商船“昂菲特里特号”（Amphitrite）来华，由白晋带来10名法国耶稣会传教士，其中2名耶稣会士卫嘉禄（C. De Belleville）和热拉第尼（Frs. Gherardini） 是造诣很深的艺术家。[④]这使法国传教士不仅在清廷中占据了较多的人数，并且占据很多重要职位，这就标志着18世纪中西文化交流的新高潮是以法国人为主要传播媒介展开的。当时西方读到的描述中国的三大巨帙——《耶稣会士中国书简集》、《中华帝国全志》、《中国丛刊》，均是以法国传教士提供的资料为依据、由法国人主编、在法国出版的。在清廷，以法国耶稣会士为首的传教士则身兼数职，他们常常是教师、制图、翻译、御医。如南怀仁、徐日升（Wicolas Fiva）、白晋、张诚、巴多明（Thomas Parrenin）等先后教授过康熙各种西学。1729年（清雍正七年），雍正设立西洋馆，由巴多明和宋君荣（Antoine Gaubil）主持，教授八旗子弟拉丁文。康熙年间，测绘《皇舆全览图》的任务主要由当时在华的传教士用当时最先进的方法测量而成。乾隆年间，由法国传教士蒋友仁在上述测绘的基础上绘成《乾隆内府舆图》。来华的耶稣会士在很多事件中充当了重要的翻译角色，如南怀仁曾在俄国使团和荷兰使团来华时做翻译；张诚和徐日升参加了中俄《尼布楚条约》的谈判。巴多明在1720年俄国伊兹马依洛夫使团来华时任翻译；钱德明（Jean-Joseph-Marie Amiot）在乾隆朝做过翻译；索德超（J. B. D Almeida）在英国马戛尔尼使团访华时任翻译。还有，康熙出巡常携来华的耶稣会士御医安泰（Etienne Rousset ）和罗德先（B.Rhodes）相随，在宫中的医生还有罗怀中（J. da Costa）、巴新（Louis Bazin）、罗启明（Emmanuel de Mottos）等。另外，传教士还制作了大量的当时西方先进的科学仪器，用于天文观测、地理测量等。传教士蒋友仁和韩国英（Pierce-Martial Cibot）还为宫中带来了一种新的西洋机械装置——水法（即喷泉），并在皇家园林中得到应用。[⑤]

---

①朱静．洋教士看中国朝廷．p12．前言．

②戴密微．法国汉学研究史概述．汉学研究．第1集，p18．

③法文耶稣会士书简集序言．转引自天津大学戴建新硕士论文．p18．

④［英］赫德逊．欧洲与中国．p248．

⑤详见本书第六章。

四、传教士艺术家

传教士除了引入西洋科技外，同时也给宫廷中带来了西洋艺术。例如，早期的由传教士徐日升、南光国（Louis Dernon）、热拉第尼（Gherardini）、巴多明组成的宫廷小乐队为康熙演奏西洋音乐，曾经由传教士石可圣（L. Liebstan）、严嘉乐（Charles Slaviczek）、德里格、魏继晋（F. Bahr）和鲁仲贤（J.Walter）在宫中演奏过普契尼（N.Piexini）的歌剧。[①]服务于宫廷的西方画家更多，康熙朝有利类思（P.L.Buglio）、南怀仁、马国贤（M.Ripa）、卫嘉禄（Charles de Belleville）等，这些人主要绘制油画。马国贤还绘制了著名的避暑山庄三十六景铜版画。[②]乾隆朝“如意馆”中形成了以郎世宁为首的包括传教士与多名中国弟子的融汇东西方绘画风格的“宫廷画派[③]”。宫中的“做钟处”还汇集了许多西方的能工巧匠。康熙年间来华的有林济各（P. Stodlin）、沙如玉（Valentin Chalier）。乾隆朝有席澄源（Adoodat）、杨自新（Gilles Thebault）、汪洪达（Jean−Mathieu de Vontavon）等。他们以制作各种西式“奇器”来表现西方的机械水平和艺术风格。

这些传教士画家和技师在清代工艺美术中汲取西方艺术因素方面的作用功不可没。传教士们在他们最具优势的钟表制造上大显身手，他们在宫中制造了大量座钟，连同从广州海关进口的西洋钟表一起影响了中国自己设计制作的广式钟和苏式钟。现故宫仍有大量珍藏，这里面有的显示了新式机械装置，如康熙年间制造的“兽耳八卦铜壶漏”，运用了抽水机和虹吸管；有的结合了科学仪器，如乾隆朝的“金嵌珠球仪钟”是天体仪与钟表的一体；有的表现了西方的建筑、雕塑、家具的式样，如英国制的“阿波罗钟”和“亭式转花水法钟”；有的带来了西方建筑的信息，如乾隆“插屏钟”上的油彩玻璃画即以西方建筑为主题。

瓷器是清代向国外输出量较大的一类商品。早在利玛窦来华以前，中国就已大量出口瓷器。为了满足国外消费者的需求，扩大商品海外销售量，中国陶瓷工匠开始生产带有西方生活特点的器皿。清代的外销瓷，由于众多西洋人的参与和商业利益的驱使，更具“洋风”（图 3−9、图 9−4、图 9−5）。清代珐琅彩瓷器是在西方艺术影响下形成的。[④]清代官窑制造的外销瓷不仅进口或自行烧炼西洋颜料，有些还模仿或表现了西洋画意（图 3−10），“画笔均以西洋界算（透视）法行之[⑤]”。这必然同在华的传教士画家有着内在联系。如雍正年间年希尧兼管景德镇御窑厂的“年窑”出产的瓷器“玲珑诸巧样，仿占创新[⑥]”，这些受西方风格影响的瓷器的大量出口，反过来，又影响了西方洛可可艺术的形成。[⑦]

从利玛窦始，多数耶稣会传教士采用的都是适于中国国情的“科学传教”策略，与之相适应的文化传播也具有了中国意味，以中国人可以接受的方式传播。“外国人……只要在中国

---

①方豪．中西交通史．p706．

②详见本书第十章。

③详见本书第七章。

④中国硅酸盐学会主编．中国陶瓷史．p406−420．

⑤饮流斋说瓷．

⑥景德镇陶录卷五．转引自中国硅酸盐学会主编．中国陶瓷史．p418．

⑦详见本书第九章。

图 3–9 （左）西洋夫妇瓷像，康熙年制

图 3–10 （右）青花西洋人物奏乐纹瓷盘，康熙年制

定居，通常均已汉化……读汤若望、南怀仁的遗存文稿，看郎世宁的某些画作，很难想象他们是外国人。”[①]建筑文化也是如此。但传教士们并不是为了在中国传播上帝的福音而盲目地迎合中国人的口味，他们的中国化完全是自觉自愿的，是由于他们从心底里仰慕中国文化。这些具有较高文化修养的耶稣会士能以客观的态度来看待中国文化，努力了解中国文化，从而产生了一种“中国情结”：郎世宁从康熙朝进入宫廷后就开始适度改变自己的绘画风格。王致诚在他著名的关于中国园林的书简中，毫不吝惜笔墨地大加赞赏中国园林，坦言：“说实在话，公正地说，我很喜爱中国的建筑艺术，自我来到中国以后，我的眼光，我的趣味都有点中国化了。[②]”

①[法] 裴化行．利玛窦评传．

②许静．洋教士与中国朝廷．p197．译自《耶稣会士书简集》（法文版）。

会通以求超胜。

——明代科学家徐光启

法有可采，何论东西，理所当明，何分新旧。

——清代数学家梅文鼎

中篇　西学东渐中的中国建筑

第四章 中国人看西式建筑

明末清初，由于世界航海事业的发展带来的机遇，西方的商人们带着争夺“东方黄金”的梦想，传教士们怀着传播“上帝福音”的理想，纷沓而至，中西文化交流翻开了新的一页。与19世纪后中国所经历的“苦难情结”不同，明清之际中西文化交流是两大文化体系间以和平、平等的方式进行的。其中，精神文明层面的交流，在很大程度上得益于利玛窦“科学传教”的适应政策[①]与中国统治者的利用政策[②]。在这次文化交流的发展过程中，由于西方基督教文化与中国传统文化在价值观、伦理观、宗教观、政治观等方面存在着根本分歧，加之相互竞争的教会之间的对立和西方国家内部之间的矛盾，不可避免地爆发了“礼仪之争[③]”。中西建筑文化交流正是在这种复杂的背景下相互碰撞与交融的，中国成为“在近代欧洲之外第一个接受西方科学成果的文明古国[④]”。

建筑作为文化最生动具象的载体，其交流也进一步扩大和深入，尤其是从利玛窦1601年（明万历二十九年）到北京进入宫廷，到1747年（清乾隆十二年）北京圆明园西洋楼兴建的近150年的时间中，中国人对西式建筑经历了由陌生，到熟悉、接受，直到吸收的过程，西式建筑逐渐为中国人所熟悉和接受。这一历程，按其发展特点，大致分为四个时期：滥觞期、发展期、高潮期和衰落期。

一、滥觞期

（一）捷足先登——中国沿海地区西式建筑的诞生

16世纪是葡萄牙在远东海洋上称王称霸的时代，它是第一个闯入中国的西方国家，也是第一个和中国直接进行贸易的西方国家。[⑤]

澳门是中国对东南亚各国进行船舶贸易的港口之一。1553年（明嘉靖三十二年），葡萄牙借辞船遇风涛，请清政府再增借澳门陆地以晾晒商品，开始在澳门扩张租地。1557年（明嘉靖三十六年），葡萄牙人已在澳门设置守官，公然表示侵占其为殖民地。也就是在这一年，葡萄牙人开始用砖瓦木石盖永久性的房子[⑥]并修筑炮台。进一步，葡萄牙人的“雕楹飞甍”、高楼大厦也出现了。[⑦]1564年（明嘉靖四十三年）左右的夏秋，来到澳门的葡萄牙商船由原来的

① Harris，The Mission of Matteo Ricci，Ch.Ⅶ，“The Accomodation Paradigm”，p155-162.The Summary of the Chapter is in Cianni Criveller，Preach-ing christ in Late Ming china，p50. 哈理斯(G. L. Harris)归纳“适应”策略为8个步骤。

② 利玛窦适应政策和中国统治者利用政策方面的研究成果很多，早期的如：陈受颐．明末清初耶稣会士的儒教观及反应．国学季刊，5(2)．1930．方豪．明末清初天主教适应儒家学说之研究(1962年首刊，1968年修订)；方豪六十自定稿．1969(台湾)．新近的如：[法]谢和耐．中国和基督教．耿昇译．上海古籍出版社，1991．陈卫平．第一页与胚胎——明清之际的中西文化比较．上海人民出版社，1992．孙尚扬．基督教与明末儒学．东方出版社，1994．林金水．利玛窦与中国．中国社会科学出版社，1996．林仁川，徐晓望．明末清初中西文化冲突．华东师范大学出版社，1999．徐海松．清初士人与西学．东方出版社，2000．计翔翔．十七世纪中期汉学著作研究．上海古籍出版社，2002．刘潞．康熙皇帝与西方传教士．故宫博物院院刊，1981(3)：25-32．刘潞，刘月芳．清代宫廷出现西方文化的原因探讨．1990(4)：24-29．

③ 计翔翔．十七世纪中期汉学著作研究．p42．本土化传教在像中国这样高度文明的国家实施必然会导致利益之争。这方面研究成果较多，如：李天刚．中国礼仪之争．上海古籍出版社，1998．[法]樊国梁．燕京开教略．救世堂清光绪31年(1905)．

④ [法]谢和耐．17世纪基督教徒与中国人世界观之比较．明清间入华耶稣会士和中西文化交流．

⑤ [美]马士，宓亨利．远东国际关系史．

⑥ 关于这个问题，中外史书记载多不统一，笔者这里据戴裔煊．关于葡人居澳门的年代问题．p19考据为准。

⑦ 戴裔煊．关于葡人居澳门的年代问题．澳门史与中西交通研究．广东高等教育出版社，1998.p13.

二三艘增加到二十多艘，葡萄牙商人来澳门定居的达一万人左右。事实上，澳门成为在中国领土上出现最早的外国租借地，西式建筑也随之传入。16世纪下半叶，澳门出现了新的房屋、街道和洋行，至少建有教堂6座[①]，其中大三巴(Ruins of St.Paul)是中国现存的最早的西式建筑遗址之一。

几乎是同时，大约在1517年（明正德十二年）前后，葡人马斯卡林纳绕道圣约翰岛而到达福建沿海一带；他和后来其他的人们相继开辟了泉州、福州和宁波三地的贸易。葡萄牙人在宁波已经建立了一个侨居区，建立的年月虽不能肯定，但据说在1533年（明嘉靖十二年）时就已经非常繁荣了。

（二）初遇波折——西式建筑从澳门到内地

1581年（明万历九年），利玛窦受耶稣会的派遣来华传教，面对强大的中国文化，利玛窦开创了耶稣会传教士“科学传教”的适应政策：学华语，穿儒服，研习儒籍，并专门在官府上层及士人身上下工夫。传教士的传教事业有所发展，作为传教重要场所的教堂建筑这一新的建筑类型开始在内地出现。

利玛窦先在澳门立足，次年移居当时广东省省会肇庆，1583年（明万历十一年），建造了明末内地第一座西式教堂——肇庆仙花寺。这是一座由石灰和青砖修成的两层建筑，和中国人“自己的不同，因为它多出了一层楼并有砖饰[②]”。利玛窦在信中描述：“有关我们的房舍，虽然小一点，但非常美观：上层有四个房间，中间为起居室，正面有阳台，左右各有一回廊；下层除房间外，中间还有小圣堂。”但教堂的名字却按中国的习惯叫做“寺”。仙花寺门前还按当时中国的传统习惯，挂上当地官员送来的两块匾：其中一块刻着“仙花寺”的匾挂在教堂的门口，另一块刻有“西来净土”字样的匾挂在会客厅。“这两块匾是按中国传统的盛况和游行送到教堂的。[③]”由于当时西方商人在广东沿海的海盗行径已引起中国人的警惕和反感[④]，当地群众对西式建筑存有偏见。所以，仙花寺的西式外观在当地引起了哗然和非议。[⑤]1589年（明万历十七年），新制台刘节斋羡慕天主堂华丽，趁当地群众对天主堂反对之际，命利氏离开肇庆，同时把教堂取为生祠。[⑥]利玛窦不得不放弃肇庆的住所，迁居韶州。

（三）台湾

1600年（明万历二十八年），荷兰人曾以澎湖为贸易基地，伐木筑舍，盘踞不去，这是台湾最早有西式建筑的纪录。[⑦]1621年(明天启元年)，荷兰人再次入侵澎湖，开始有计划地建造城堡。后因明军逼迫，拆城离去又入侵台湾。第二年，西班牙人也开始侵入台湾，曾德昭的《大中国志》中有荷兰人与西班牙人在台湾筑城堡的记录[⑧]，所以，台湾人很早就熟悉了西式建筑。到1662年（清康熙元年）2月，郑成功迫使荷兰东印度

---

①方豪．嘉庆前西洋建筑流传中国史略．大陆杂志（台湾）7（6），1953.

②[意] 利玛窦，[比] 金尼阁著．何高济译．利玛窦中国札记．广西师范大学出版社，2001.p115.

③利玛窦中国札记 .p120.

④蒋祖缘，方志钦．简明广东史 .1993.p272–273. 葡萄牙殖民者在广州和东莞进行抢掠活动，他们“剽劫行旅”“掠买良民”，在沿海地区名声很坏。

⑤利玛窦中国札记 .p121–123. 罗文光．肇庆文史资料 第二辑 .p10–12. 建教堂一直遭到当地人强烈反对，几次发生冲突，利玛窦日后离开肇庆与当地群众的一直反对亦有关系。

⑥徐宗译．中国基督教传教史概论 .p174.

⑦马公妈祖庙后殿公善楼的台湾最古石碑．引自李乾朗．台湾建筑史 .p68.

⑧[葡] 曾德昭著．大中国志 .p12.

公司台湾总督揆一投降，从而收复台湾。不过经过近40余年，荷兰人、西班牙人在台湾建造了城堡、炮台、教堂建筑等多处（表4–1、图4–1～图4–3）。

1621～1662年台湾主要西式建筑物与构筑物一览表[①]　　表4–1

类型	序号	名称	建造年代	建造国	地址	备注
城堡	1	红木埕堡寨	1622年（明天启二年）	荷兰	澎湖马公城朝阳门外红木埕乡	为台湾建筑史上最初西式城堡
	2	热兰遮城（Zeelandia）	1624年（明天启四年）建造，1632年（明崇祯五年）竣工	荷兰	安平	以防御建筑为主
	3	普罗文蒂亚城（Provintia）	1625年（明天启五年）	荷兰	今台南	即今赤崁楼址，为荷兰式建筑
	4	乌特勒希小堡（Utrechit）		荷兰	热兰遮城之西南方	高5m
	5	巴森波伊城（Baxemboy）		荷兰	台江畔	
	6	圣萨尔瓦多城（San Salvador）	1626年（明天启六年）	荷兰	基隆	
	7	圣多哥城（San Domingo）	1629年（明天启九年）	西班牙	圣萨尔瓦多城卫星小堡	即淡水红毛城
	8	爱尔田堡（Eltenburg）		西班牙	在社寮岛（今和平岛）南端	西班牙式
炮台	1	瓦硐炮台	1621年（明天启元年）	荷兰		
	2	莳里炮台	1624年（明天启四年）	荷兰		
教堂	1	善化湾里教堂		荷兰		
	2	楠西教堂		荷兰		
	3	新化教堂		荷兰		
	4	大湖教堂		荷兰		
	5	阿公店教堂		荷兰		
	6	新港教堂	1675年（清康熙十四年）	荷兰		
	7	社寮岛教堂（Todos Los Santos）	1627年（明天启七年）	西班牙	在圣萨尔瓦多城旁	西班牙人在台湾的第一座教堂
	8	San Luis Beltran		西班牙	基隆	
	9	San Juan Bautista		西班牙	基隆	
	10	San Jose	1631年（明崇祯四年）	西班牙	咖茉利	
	11	圣多明哥教堂 Santo domingo	1633年（明崇祯六年）	西班牙		
	12	哈仔难教堂	1634年（明崇祯七年）			
学堂	1	麻豆学堂		荷兰		
	2	新式学堂		荷兰		

①据台湾建筑史、台湾府志、中西交通史等。

图 4—1　普罗文蒂亚城立面复原图

图 4—2　明末为防止荷兰人侵袭，在澳门建筑的堡垒

图 4—3　热兰遮城东侧的荷兰街市——住宅与商店

二、发展期

（一）明末西方建筑文化开始进入中国宫廷

克服重重困难，1601 年（明万历二十九年）元月，利玛窦留居北京并见到了万历皇帝，西方建筑文化开始进入中国宫廷。这之前，中国人对西式建筑的认识，还主要局限于商人、使者的传闻、游记、著作等。利玛窦是直接向中国介绍西方科学知识和宗教思想的奠基人，耶稣会士开始担当向中国人介绍西式建筑的重任。虽然一直没有一部完整的建筑方面的书籍被译成汉文[①]，但传教士们翻译和撰写的大量介绍西方科学的著作中很多都涉及建筑。同时，传教士们还通过图片等手段传播建筑文化知识。在西方就学习过包括透视学在内的西方先进科学知识的利玛窦[②]不仅向中国人传播西方建筑知识，还力促国外与他通信的人来北京向他描述

①［法］裴化行．欧洲著作之汉文译本．西域南海史地考证译丛（六编）．

②［美］孟卫德．莱布尼茨和儒学．p17．利玛窦通晓那个时代西方最流行的科学，据说是罗马学院的优等生。

古罗马并附以图片[①]，示之于皇帝和士人，明万历皇帝最初的西式建筑知识就是从利玛窦口中得知的。[②]利玛窦给万历皇帝的礼物中，有一本奥尔蒂利的大幅世界地图册《世界概观》（1579年由比利时安特卫普的普兰登出版），书中收入5幅大的铜版画，其中一幅描绘西班牙首都马德里西北部的宫殿、教皇和国王陵墓集中地埃尔斯科里亚尔的景观。[③]他还曾将一幅以圣劳伦索（San Lorenzo）命名的西班牙斯克利尔宫版画和一幅绘有威尼斯的圣马可教堂和广场以及威尼斯共和国的一些旗帜的画[④]献给万历皇帝。同年，万历皇帝为了放置利玛窦送给他的大钟，命工部“按照神父们所画的图样为它修建一个合适的木阁楼”（图4–4）。

1605年（明万历三十三年），利玛窦在“宣武门住处修建一间漂亮宽阔的礼拜堂”。这是明末北京出现的第一座天主教堂——北京南堂，外部风格是中式的，但细部装饰、内部装饰已采用西式风格。[⑤]

中国士人对西学的传播也起到了积极的作用，对西学提出：“学原不问精细，总期有济于世；人亦不问东西，总期不违于天。[⑥]”中国士人对待异质文明并没有采取盲目排斥的态度，而是冷静地思考、认真地研究，同时，以实际行动积极地主动要求参与出版、翻译西方科学知识书籍。[⑦]

1606年（明万历三十四年）付梓出版的《程氏墨苑》[⑧]，是世界上最早出现的一批附有彩色木刻插图书籍中的一种[⑨]，而且很可能是第一本有西方插图的中国书籍。程大约向利玛窦索4幅铜版画及注解刊登在书中，其中3幅（图4–5）有西方建筑形象[⑩]：如斜屋顶、老虎窗、圆券

图4–4 利玛窦与钟楼。神父身后是皇帝命人建造的、收藏利玛窦神父奉献的自鸣钟的钟楼

① [法] 裴化行．管震湖译．利玛窦评传．p562.

② 利玛窦中国札记．p284.

③ [英] M· 苏立文．东西方美术的交流．陈瑞林译．p48. 斯克利尔Escurial，指位于马德里西北的圣劳伦索宫San Lorenzo del Escorial（1559～1584年），是一个包括希腊式大教堂、陵墓、修道院、神学院、图书馆和宫殿等部分的建筑群。主建筑大教堂最高点达9.5m，四周有16座门和1100个窗子，气势雄伟，为当时代表性的建筑。

④ 利玛窦中国札记．p286.

⑤ 利玛窦中国札记．p515.

⑥ 徐宗泽．明清间耶稣会士译著提要．1989．序言中引王徵语。

⑦ 钱存训．近世译书对中国现代化的影响．载文献．1986（2）：从明末到清初这200年间，在译成中文的437种西书中，纯宗教的占57%，多数是传教士为传教翻译的；翻译成中文的人文、自然科学书籍占译书总数的43%，多数是应中国人要求、在中国士人参与下完成的。

⑧ 方豪．中西交通史．p907. 作者程大约（约1541–1616），《程氏墨苑》是一部绘画技法书籍．

⑨ [英] M· 苏立文．东西方美术的交流．p54.

⑩ 见中国国家图书馆藏《程氏墨苑》插图（1605年）。

窗及塔等。明代刘侗、于奕正所著《帝京景物略》中也曾绘声绘色地描述过上述利玛窦所建教堂。[①]

1607年（明万历三十五年）由利玛窦翻译、中国人徐光启笔录的《几何原本》，是西方以外的国家最早出版介绍西方科学的著作。其序中也大谈数学与建筑的关系。利玛窦所绘《万国舆图》受到了许多人的喜爱，明清间先后被翻刻了12次之多，乃至万历皇帝把这幅世界地图做成屏风，每日坐卧都要细细端看。[②]利玛窦所绘《万国舆图》在士人与官员中影响很大。[③]中国人的传统观念一直认为"天圆地方"，深信中国就在地的中央。利玛窦所绘世界地图在一定程度上改变了中国人看待世界的方法，更加确切地知道了南北回归线的纬线、子午线和赤道的位置以及五大洲。据说在1623年（明天启三年）时，耶稣会士还为中国皇帝制成了涂漆木制地球仪（图4–6），置于南半球的图

图4–5 （下）《程氏墨苑》插图

图4–6 （上左）耶稣会士1623年制涂漆木制地球仪

图4–7 （上右）法兰克堡景观，铜版画

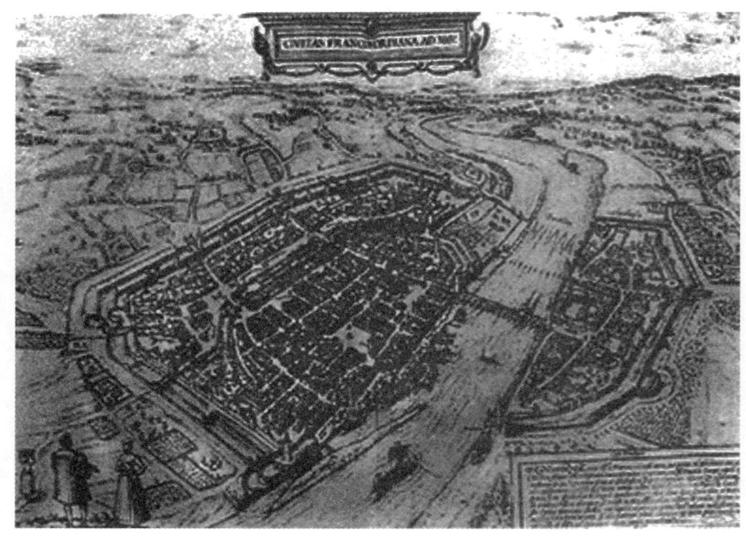

①（明）刘侗，于奕正．帝京景物略．p147.

②徐海松．清初士人与西学．p3 中张西平序言。

③利玛窦．利玛窦中国札记．p226．礼部尚书王忠铭曾对利玛窦说，你看我们也有世界地图（山海舆地全图），说明他已改变了对世界的看法。因为古代中国人一直认为，中国是世界的中央。

释中，提到了万有引力。[①]

1608年（明万历三十六年）由布劳恩(Braun)和霍根贝尔格(Hogenberg)编辑的《世界城镇图集》[②]（Civitates Orbis Terrarum）传入北京，书中介绍了西方的城市和国家（图4-7）[③]。

1610年(明万历三十八年),利玛窦去世,“礼仪之争”即告开始[④]，但在较长的时间内，仅限于在华不同传教会向罗马教廷的指控和申诉及罗马教廷的仲裁，同时因为中国皇帝及士人对西方异质文化的宽容，并没有在实质上影响中西文化交流的发展。

利玛窦病倒北京后，曾由万历皇帝赐地建墓厚葬，在阜成门外二里马尾沟滕公栅栏。利玛窦墓是在其继承人龙华民（字精华，Nikolas Longobardi 1559-1654）亲自指导下设计的[⑤]，是中国的第一座基督教士墓地，形制是中西合璧式的——墓是西式的，而墓碑则是中式的。利氏的葬礼也是中西合璧式的。如果说利玛窦的适应政策是传教过程中所采取的一种手段，那么，利氏墓与葬礼的本土化倾向，则说明当时在华天主教确实已开始与中国文化相融合。事实上，龙华民并不赞同利玛窦的“科学传教”策略。具有讽刺意味的是,恰恰是这位不同意“科学传教”策略的继承人导演了上述事件。这证明，在强大的中国文化面前，天主教的本土化并不是凭某个人的意志来决定的，而是历史的必然。

1616年（明万历四十四年），金尼阁神父从西方带回了当时西方建筑的经典著作，包括建筑理论家安德烈 · 帕拉迪奥[⑥]的书，维特鲁威的《建筑十书》[⑦]和鲁斯科尼的《论建筑》。

1618年（明万历四十六年）4月16日，金尼阁携回7000册精装书。[⑧]17世纪耶稣会北京本部的北堂图书馆已有近万册西方图书，内容不仅涉及宗教、哲学、伦理、历史，而且还有大量的科技图书。为了向中国人传播这些知识，在华传教士自己也从事著述与翻译，并积极与中国文人合作。罗明坚曾将金尼阁带来的西书7000册中的部分图片复制展出，在这7000册图书中有最早译成中文的中国第一部机械工程专著——《远西奇器图说录最》(1627年)，由邓玉函（Jean Ferrenz）口授，王徵译绘，参考了著名的古罗马建筑师维特鲁威(M.Vitruvius)的《建筑学》，即《建筑十书》，其第二卷专门介绍西方建筑工程机械，多取材于《建筑学》的第十卷，许多方法影响了明清建筑施工[⑨]。介绍的龙尾车（熊三拔《泰西水法》中亦有介绍）影响了后来清代园林中的水法设计。1623年（明天启三年），艾儒略（G. Aleni）所著《职方外纪》第二卷中，介绍了西班牙、法国、意大利等国以及地中海及西北诸海岛。意大利是艾儒略的故乡，因而述介尤为详细，不仅述及意大利的各大城市及西方的建筑,而且还介绍了教廷和比萨斜塔。[⑩]1637年(明

①[法] 布罗斯．发现中国．p75．

②1572～1616年在德国科隆出版六卷本图集，书中有大量插图。

③[英] M · 苏立文著．东西方美术的交流．p49．

④阎守诚．阎宗临史学文集．p102-104；善渊，礼仪之争与中国宗教习俗的西传，国际汉学，p178-199。

⑤利玛窦．利玛窦中国札记．p451．

⑥安德列 · 帕拉迪奥（Andrea Palladio，1508-1580）意大利北部最杰出的建筑理论家。

⑦波里奥 · 维特鲁威（Marcus Pollio），罗马著名建筑师，《建筑十书》为西方古典建筑经典之作。

⑧许明龙．中西文化交流的先驱，p92．是金尼阁在欧洲募捐的书中精心挑选出的。

⑨李约瑟．中国科学技术史．4卷中提出，其参考的是宗卡（Vittorio Zonca）的《机器和建筑的新天地》(Novo Teatre di Madini e Edificii)。

⑩详见艾儒略．职方外纪．四库全书．史部．地理类．

崇祯十年），艾儒略《西方问答》中有关于西方的宫室、屋宇的介绍。[①]

出于实际的需要，明末，官方也开始尝试建造一些西式建筑物与构筑物。1624 年（明天启四年），徐光启在《谨申得以保万全疏》中，提出建造西式炮台并详细说明炮台的结构、尺寸、材料等，这些知识无疑来源于传教士，虽未实施，但对后来的炮台定式与结构产生了影响。1634 年（明崇祯七年），为了陈设建造好的望远镜，崇祯皇帝特命传教士汤若望将“窥天各种仪器移置于宫中禁地，筑台陈设”。[②]

（二）清初西方建筑知识进一步传播，教堂建筑蓬勃发展

清初，由于中国几个皇帝对异质文化的宽容及当时朝廷对天文历法与大炮等西方科技文化的需要，因此，很多传教士效力清廷，耶稣会士继续实行适应中国文化的“科学传教”政策，西式建筑在中国有了进一步的传播发展。

图 4–8 《坤舆图说》中的罗马公乐场

如果说，明万历皇帝对西学的喜好更多的是出于好奇心，那么清朝皇帝对入华耶稣会士则主要采取的是利用政策，这在康熙帝身上表现得尤为突出。他的基本态度是，凡有一技之长能为我所用者，皆“留宫效力”，余者才让去内地各省传教。康熙皇帝个人对西学的喜好、渴望，无疑对当时西学在中国的广泛传播起了推波助澜的作用。他不仅学习西方数理知识，而且对西方的其他方面也有极大的兴趣，不会放弃任何一个了解西方的机会。他多次向传教士请教询问，法国传教士巴多明也曾向康熙解释过西方的风俗等。《御览西方要纪》就是利类思、安文思和南怀仁应康熙的要求以艾儒略的《西方问答》为蓝本编写的。康熙年间，出游国外 14 年的中国人樊守义回国后，康熙“赐见赐问良久”。樊守义[③]撰写了中国人第一部西方游记——《身见录》。此书叙述西方宫室、天主堂等建筑以及王公园林，尤其以对罗马教堂建筑的描述颇为翔实，甚至提到了当时尚未完工的佛罗伦萨主教堂。[④]

1674 年（清康熙十三年），南怀仁著《坤舆图说》中列七奇图，介绍世界七大工程和罗马公乐场（即斗兽场）（图 4–8）。[⑤]七奇图影响

①许明龙．中西文化交流的先驱．p36.

②萧若瑟．天主教传行中国考．民国丛书第一编 11.p190.［法］布罗斯．发现中国．p59. 也说“1636 年，皇帝令人为汤若望在皇宫附近建造一铸炮厂。”

③方豪．中西交通史．岳麓书社．1987.p855. 樊守义，字利如，山西平阳人。1707 ~ 1720 年（康熙四十六年～康熙五十九年）随艾逊爵（Jos.Ant.Provana）同往欧洲。

④方豪．中西交通史．p855–862.

⑤南怀仁．坤舆图说．卷下．七奇图说一节．四库全书．史部．地理类．七奇图说是亚细亚洲巴必鸾城、铜人巨像、利未亚洲厄日多国孟斐府尖形高台、亚细亚洲嘉略省茅索禄王坟墓、亚细亚洲厄弗俗府供月祠庙、欧罗巴洲亚嘉亚省供木星人形之像、法罗海岛高台。在介绍罗马斗兽场时说：“古时七奇之外，欧逻巴洲意大理亚国罗马府营建公乐场一埏体。势椭圆形，周围楼房异式，四层高二十二丈余，俱用美石筑成。空场之径，七十六丈，楼房下有蓄养诸种猛兽，多穴。于公乐之时，即放出猛兽。在场相观看者，坐围圆台级，层层相接高出数丈，能容纳八万七千人座位，其间各有行走道路，不相逼碍。此场自一千六百年来至今现存。”

很大，后来在中国画册中多次被登载，甚至出现在清初的瓷器上。这些对西方建筑及其他情况的介绍极大丰富了中国人、尤其是士人关于西方的建筑知识，扩展了他们的视野。清康熙敕辑的大型官修类书《古今图书集成》，收录了西方科学技术及西方传教士的著述，包括上述的《坤舆图说》，不仅反映了当时西学在中国的影响，说明了当时朝廷对西学的态度，而且由于它的发行，进一步扩大了西学在中国、尤其是在士人中的影响，对中国建筑技术方面产生了影响。

事实上，由于分处地球两端的中西方建筑文化的巨大差异，中国人最初接触西式建筑时还无法完全理解：当年万历皇帝从利玛窦口中“得知西方的王公们住在楼房里时，大笑起来，他认为住那么高的宫殿既危险又不方便（图4-9）[①]”。而康熙皇帝看过西式建筑图后也不禁说：“西方一定又小又穷，因为它没有足够的地皮来发展城市，因此人们不得不住在半空中。[②]”时隔多年，两位皇帝的反应近似，但万历皇帝只是从与中国建筑比较出发来贸然否定西方建筑的，而康熙皇帝则是从生存条件出发来评价西式建筑的，其认识深度较前者无疑是进步的。

正是由于上述原因，这时期的交流活动除了西式建筑知识的进一步传播外，建筑实践活动主要集中在教堂建筑和钟楼、天象台改造等，尤其是教堂建筑已蓬勃发展。[③]如果说从明万历皇帝赐墓地厚葬利玛窦到清康熙皇帝允许传教士在北京大规模建造教堂，其很大程度上是由于中国皇帝对西方文化的宽容以及对这些忠心耿耿服务于朝廷的“西洋远臣”的恩泽，那么建造钟楼、天象台则是因为中国统治者对西学的利用，构筑物的功用是第一位的，样式是次要的。

1650年（清顺治七年），由顺治赐地，孝庄皇太后赐银，汤若望于北京宣武门内重建南堂，为中西合璧式。西侧还建有传教士汤若望府第，其亭台池榭是做工极其精巧的西式风格，其中的玩澜亭还设有喷水池。[④]1655年（清顺治十二年），北京东堂建成。到1664年（清康熙三年）清朝建立20年之后，西方传教士在中国11省传教，至少有教堂160多座[⑤]，北京、上海、杭州等地均有西式教堂，比明末有显著增长。

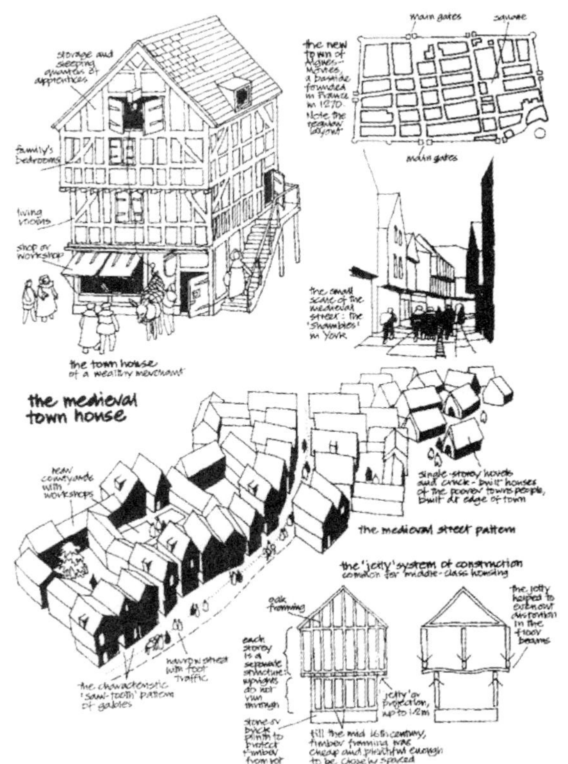

图4-9　被万历嘲笑的西方住宅

①利玛窦中国札记 .p286.

②朱静 . 洋教士看中国宫廷 .p197.

③详见笔者拙文：16-18世纪中国基督教建筑 . 建筑师，2003（4）.

④转引自方豪 . 中西交通史 .p933. 康熙二十七年黄表，远游略，“京城宣武门内设有天主堂，西则通微教师汤若望第也。内建亭池台榭，式仿西洋，极其工巧。”

⑤张力 . 中国教案史 .p59.

闵明我“尊康熙之嘱，建钟楼三座[①]”。

1674年（清康熙十三年），新制六仪被安装在天象台上，其平面布置方式已表现出中西合璧式（图4–10）。在中国，天体仪象征着天，被看作最重要的仪器。受中国敬天观念影响，天体仪被安置在南侧的中间。[②]从东南角向西、向北，有赤道浑仪、天体仪、黄道浑仪、地平经仪、象限仪、纪限仪。东侧中间台基上有一座方塔，塔的中间设一个取暖炉。观测者在方塔上观测有关天、大气现象。台上东北角的房子用于避雨或不良天气。台下的建筑里安装着漏刻，院内有青铜圭表。

1703年（康熙四十二年）北京蚕池口北堂建成。“耶稣会士们把巴洛克建筑传到了北京。一座以西方巴洛克式风格建造的教堂落成，中国人通过图画了解了西方的宫殿。[③]”因为教堂天顶上全被意大利世俗画家热拉第尼先生[④]画满了。在教堂会客室里，挂有法国国王、诸王子及西班牙、英国等国的国王像，还展出了法国名著中收集的优秀铜版画。[⑤]同年开始重修南堂，历时10年，1712年（清康熙五十一年）完成，“徐日升与闵明我予以改造，成为西方区[⑥]”。

图4–10　17世纪末观象台

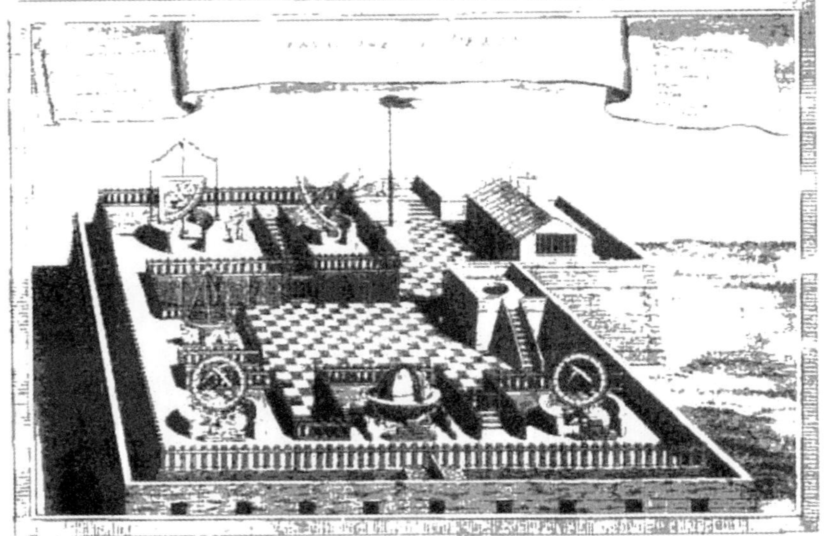

正当天主教在中国大发展之时，由于西方其他各天主教会与耶稣会争夺对亚洲传教区垄断权的斗争不断升级，到18世纪初，“中国礼仪之争”达到白热化的程度。1717年（清康熙五十六年），康熙皇帝下令禁止天主教在华传播。他在罗马教皇把中国传统信仰习俗诬为“异端”的文书背面用朱笔批道：“览此告示，只可说得西洋人等小人，如何言得中国之大理？况西洋人等，无一人同（通）汉书者，说言议论，令人可笑者多。……以后不必西洋人在中国行教，禁止可也。免得多事。[⑦]”康熙皇帝在发出禁教令之后，对友好使臣或诚心为中国服务的传教士，特别是具有技艺者，依然给予优待。1721年（清康熙六十年），也就是发出康熙禁教令4年之后，南堂与东堂再次重修。[⑧]康熙赐南堂“万有真源”匾额，“无始无终先作形声真主宰，宣仁宣义聿昭拯济大权衡[⑨]”楹联，因为建造时声势浩大，南堂落成时“北京居民无不惊奇不止，前来瞻仰者，势如潮涌[⑩]”。由于中国皇帝的宽容、默许和对西学的爱好，西式教堂建筑和构筑物才可能大量出现，即使在禁教时期，教堂建筑在北京不仅没有停止，而且还有所发展。中国人不再仅仅通过图片观看西方

①转引自方豪．中西交通史．p893．

②Yi Shitong，J.Heyndrickx，The Verbiest Celestial Globe，Ku Leuven China–Europe Institute，1989．

③[英] G·F·赫德逊著．王遵仲，李申，张毅译．何兆武校．欧洲与中国．p248．

④热拉第尼，曾随法籍耶稣会士白晋等人到北京，曾在1700年前后服务于中国宫廷，北堂的装饰由其承担。

⑤莫小也．十七—十八世纪传教士与西画东渐．p193．

⑥转引自张复合．北京基督教堂建筑．建筑师（65）：68．

⑦康熙与罗马使节文书（二）．

⑧1720年（清康熙五十九年）京师大地震，南堂与东堂坍毁。

⑨（清）于敏中．日下旧闻考．卷四十九“城市”。

⑩方豪．中西交通史．p934．

建筑，而是有机会大量接触西式建筑实物。中国开始自上而下，从皇帝、士人到民众逐渐大量接受西方建筑文化，这为日后中国皇家园林大规模出现西式建筑以及在民间的进一步传播奠定了基础。1723 年（清雍正元年），意大利人德理格神父于京都西直门内大街路南建北京西堂。至此，北京共有四大天主教堂。“一即北堂，在皇城内，与西安门相近……二即南堂，在宣武门内，即利玛窦曾居之处。三即东堂，乃葡国之耶稣会士所居。四即西堂。”

三、高潮期

到了乾隆时代，清廷对西方有了更进一步的了解，乾隆《皇朝文献通考》卷二九八《四裔考》中记载了法国、英国、西班牙、意大利等多国的情况。由于“礼仪之争”的升级，雍正、乾隆年间曾几度严禁天主教，但并没有完全堵塞传教士来华的渠道，并没有关闭与西方交流的大门。而且以 1747 年（清乾隆十二年）皇家园林中大规模出现西洋楼为标志，中国建筑文化对西方建筑的接纳、吸收达到了高潮。

目前，笔者见到的西式建筑因素在清代皇家园林中最早的记录始自 1726 年（清雍正四年），用西式风格绘画装饰室内[①]，此后不断有西式建筑因素出现。乾隆初年，意大利耶稣会士教人演出普契尼的著名滑稽歌剧，乾隆甚为欣赏，命人组织乐队，并“特建一院，形似舞台，绘剧中各幕情状，俾同时可以耳聆目赏[②]”。

此外，由传教士建造的天文设施也不断增加。乾隆年间，北京至少有三座传教士所建的天文台：分别由传教士汤若望、南怀仁及宋君荣和蒋友仁建。在上海敬一堂附设的天文台也是潘国光奉清廷命而建的[③]，“高不过二三丈，湖石叠成，极玲珑嵌空之致，盘旋之上，弥迂远[④]”。

（一）皇家园林中大规模西洋建筑的出现及其影响

皇家园林中大规模出现西洋建筑绝不偶然，更不是什么心血来潮的产物。从明末利玛窦初入皇宫到乾隆初年，中西建筑文化交流经历了漫长的时间，中国人已逐渐了解、认可了西式建筑，在中国皇宫内大兴土木、大规模建造西洋楼已成为可能；同时，乾隆初年，国库充实、政局稳定，这为西洋楼的兴建奠定了物质基础；乾隆皇帝本人的爱好，也是西洋楼兴建的重要原因，在他的造园思想中，即有“移天缩地在君怀”的理想。

乾隆利用在北京的耶稣会士们的特长，启用王致诚、郎世宁[⑤]等西方传教士参与设计圆明园。长春园兴建的西洋楼景区，虽然其整个占地面积不超过圆明三园总占地面积的 1/50，但它却是中国成片仿建西式园林建筑的一次成功尝试。在中国园林史及中西方园林建筑交流史上，都占有重要地位。乾隆成为长春园西洋楼的总设计师[⑥]，“亲自于园中，择定地址。[⑦]”“郎世宁神父以意大利方式绘制了圆明园的平面图，其中包括由蒋友仁神父制造的铁塔。[⑧]”西洋楼

①中国第一历史档案馆编．清代档案史料—圆明园．上海古籍出版社，1991．“命郎世宁照西洋夹纸深远画画贴四宜书屋”。
②方豪．中西交通史．p906．
③清康熙．上海县志．卷十．
④清嘉庆上海县志．卷八．转引自方豪．中西交通史．p717．
⑤而郎世宁于 1715 年到达北京，1766 年卒，历经康、雍、乾三代皇帝，成了深受皇帝圣宠的画家。
⑥戴建新硕士论文．连延楼阁仿西洋，信是熙朝声教彰—清代皇家园林中的西洋建筑．天津大学，1997．
⑦欧阳采薇译自耶稣会士书简中，中国一位教士陈述蒋友仁逝世函，载国立北平图书馆馆刊，第七卷．三、四合集。
⑧［法］伯德莱．清宫洋画家．p209－210．圆明园西洋楼建筑的雕刻图原版现藏法国艺术学院图书馆。

首次在中国皇家园林中出现，对后来的中国建筑以及园林设计多元化发展产生了深远的影响。

圆明园西式建筑的许多细部做法后来成为中国宫廷西式建筑的标准，皇家园林做法中出现了西式建筑术语且西式建筑某些做法已有一定的法式，如《圆明园工程则例》中就有“界西洋索子锦”（即天花板上绘西洋图案）、“西洋如意栏杆”、“西洋墙”及“西洋拨浪”（即Plan）等西式建筑做法。20世纪初，在皇家园林中再次建造了海晏堂。中海海晏堂建于1901年（清光绪二十七年），中海海晏堂是清代最著名的建筑世家——样式雷的第六代传人雷廷昌负责设计建造的。不仅和圆明园海晏堂名字相同，而且其建造过程、建筑式样、内部陈设也和西洋楼颇为相似。

图4–11 18世纪中国年画中的西方歌剧院

这些做法在民间后来得到广泛传播。扬州等地出现了许多具有西式因素的私家园林，《扬州画舫录》[①]中记录了乾隆第一次南巡时所造的园林，其中多处提到扬州园林中的西洋建筑、水法、绘画等，反映了当时扬州园林所受的西方影响。关于这一情况，童寯先生、向达先生都注意到了，陈志华先生还专门写过此类文章。[②]这时期扬州所受的西方影响主要表现在手法上及技术上，园林布局并没有被改变，依然是中国传统的自由式布局。江南现存明清园林中仍可见到西洋楼、彩色玻璃、铸铁栏杆等。而且当时很多做法已规范化，如《扬州画舫录》的《工段营造录》中就有和《圆明园工程则例》相同的西式建筑术语及做法。

后来，在清代末年盛行于北京的一些西式店面、西式装修和西式公共建筑，大都仿自圆明园的西洋楼，以至民间俗称西式建筑为“西洋楼式”或“圆明园式”。在北京恭王府及四合院民宅出现的西洋门、颐和园的石舫（1905年）和北京万牲园大门（1906年），都有西洋楼影响的痕迹。

此外，西式建筑深入中国民间可在年画中窥见一斑，18世纪的中国年画中就有西方歌剧院的形象（图4–11）。现存日本的当时中国绘画也反映了类似情况：西洋镜画[③]中有表现西式室内景的画面。[④]《“中国洋风画”展》[⑤]一书中，

①扬州画舫录，为清代李斗（字艾塘，江苏仪征人）所著。该书涉及范围相当广泛，诸如扬州的城市区划、运河沿革、工艺、商业、园林、古迹、风俗、戏曲以及文人轶事等各方面的情况，是按城市分区，依次叙述，共分十六卷，加上后附的“工段营造之制和画舫之名”二卷，总计十八卷。其中所记园林，多比较简略，虽不是一部记园林的专著，但足以了解当时扬州园林的概况。据该书作者自序，该书写作年代是1764～1795年间（乾隆二十九年～乾隆三十年）。

②见陈志华，清初扬州园林中的欧洲影响，建筑师（28）。

③西洋镜画，当时江南地区流行的西洋道具“透镜”的产物。李斗，《扬州画舫录》中曾这样描述：“江宁人造方圆木匣，中点花树鱼禽，怪神秘戏之类，外开圆孔，蒙以五色瑁玳，一目窥之，障小为大，谓之西洋镜。”

④莫小也．十七－十八世纪传教士与西画东渐．p283．

⑤日本町田市国际版画美术馆编．“中国洋风画”展—明末清代的绘画、版画、插图书图录．

也有《有洋房的街景》、《西洋风景图》、《西洋景色》、《西洋风楼阁图》等反映西方题材的作品，反映了一个时代民众审美情趣的变化。

（二）西方建筑信息大量传入

当时教会的图书馆中藏有许多各国捐赠及传教士募集的西文书籍，在现存的5133册中，关于建筑方面的书籍有36本。[①]包括西方经典建筑著作：维特鲁威的《建筑十书》4本（拉丁文2本、意大利文2本）、帕拉迪奥（A.Palladio）的著作2本。《建筑十书》是西方最古老且最有影响的建筑专著，内容涉及城市规划、建筑设计基本原理、建筑构图原理、西方古典建筑形制、建筑环境控制、建筑材料、市政设施、建筑师的培养等。这些书籍进一步促进了中国士人参与出版相关西方建筑书籍。1729年（清雍正七年）年希尧[②]编写出版了中国第一部透视学专著。这本书受当时传到中国的安德鲁·波索（Andrew Pozzo）的2本透视学著作影响很大。大多数学者认为，《视学》是由波索的学生郎世宁携带到中国来的，而年希尧在初版弁言（图4-12）中也提到“曩岁即留心视学……迨后获与泰西郎学士数相晤对，即能以西法作中土绘事[③]”。后来他又不断与郎世宁讨论，1735年（清雍正十三年）进行了增补，书中第14～35页有22幅建筑图样，其中有三种希腊柱头图（图4-13）及西式建筑内部透视图等。

另据记载，当时宫中也大量藏有相关图片。1761年（清乾隆二十六年），“正月初九日，郎中白世秀、员外郎金辉将西洋图三本折本三件，西洋罗马城大堂地板样一张、西洋石碑样一张、西洋碑样一张、西洋石柱样一张、西洋坤舆图一份计五张、西洋圣伯多禄堂二张、西洋天下全图一张、四州图一张、俄罗斯布图一张，持进安在斋宫呈览。奉旨：将俄罗斯布图留下，再天下全图一张、四州图一张，各照样画下一张，按西洋字写汉字，其余俱交水法殿。[④]”路易十五也曾向乾隆赠送过凡尔赛铜版画和西方建筑图片，对上述西洋楼的建造产生过很大的影响。

官方也开始出版相关书籍。由乾隆敕辑的大型官修丛书《四库全书》，收录了很多西学著述，并且作了较为客观的评价。对《奇器图说》的评说：“其制器之巧，实为甲于古今。”“且书中所载，皆裨益民生之具，其法至便，而其用至溥。”对《泰西水法》赞曰：“西洋之学，以测量步算为第一，而奇器次之。奇器之中，水法尤切于民用。”[⑤]

此外，这一时期沿海一带商业建筑发展很

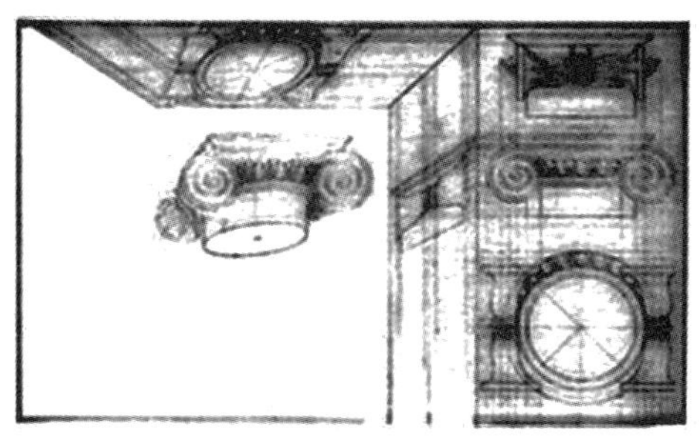

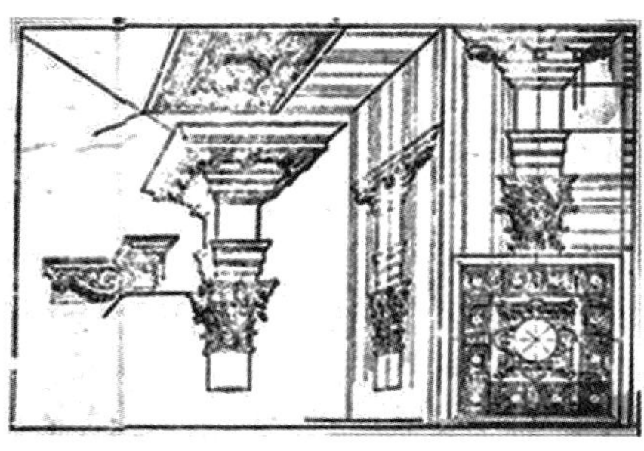

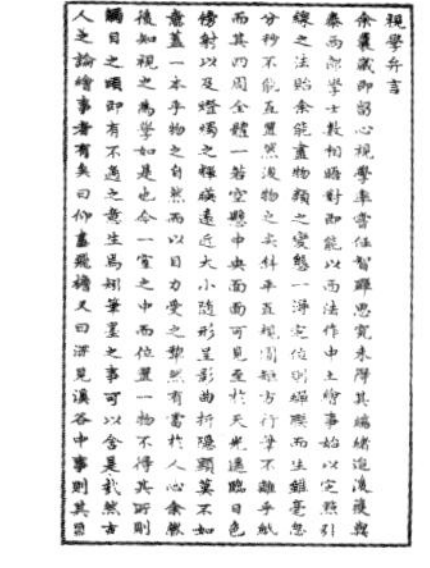

图4-12　（右）年希尧《视学》中的弁言

图4-13　（左、中）《视学》中的西洋柱式及透视画法

①Catalogue of the Pei T’ang Library，Lazarist Mission Press，Peking，1949.

②年希尧（1671-1738），清代官员，官至广东巡抚、工部右侍郎。康熙、雍正朝年羹尧之兄。

③（清）年希尧．视学（中国国家图书馆藏）．

④清宫档案．转引自鞠德源．清宫廷画家郎世宁．p67.

⑤四库全书总目．卷一〇二，子部农家类．

快。1685年（清康熙二十四年），清政府开放海禁，在广州、福建、浙江、江南四省设海关，对外贸易达到高潮，西式商业建筑大量涌现，尤以广州十三洋行外国商馆最著名，其建造年代稍早于圆明园西洋楼。李斗在《扬州画舫录》卷十二《桥东录》里记载，“盖西洋人好碧，广州十三行有碧堂，其制皆以连房广厦，蔽日透月为工，是堂效其制，故名澄碧。[①]”沈复（1763-1825年）在《浮生六记》卷四《浪游记快》[②]里说：“十三洋行在幽兰门之西，结构与洋画同。”18世纪末来华的英使斯当东曾这样描述十三夷馆：“作为一个海口和边境重镇的广州，显然有很多华洋杂处的特色。西方各国在城外江边建立了一排他们的洋行。华丽的西式建筑上面悬挂着各国国旗，同对面中国建筑相映，增添了许多特殊风趣。货船到港的时候，这一带外国人熙熙攘攘，各穿着不同服装，操着不同语言，表面上使人看不出这块地方究竟是属于哪一国家。[③]”

四、衰落期

由于“礼仪之争”的加剧发展，法国于1764年通过了解散耶稣会的议案。[④]耶稣会士当时已被从葡萄牙驱逐了出去，3年之后又被驱逐出西班牙。[⑤]至1773年，教皇克莱门十四世[⑥]迫于法国、西班牙、葡萄牙诸国政府的压力，宣布解散耶稣会。[⑦]这里值得说明的是，耶稣会被罗马教廷解散之后，在一段时期北京仍保留着一个耶稣会中心，这本身就说明了中国统治者对西方文化的宽容。从上述情况看，中国皇帝虽几度严禁天主教传播，但并没有完全堵塞传教士来华的渠道，中国并没有关闭与西方交流的大门。耶稣会传教士停止来华的原因，主要不是中国方面的严禁，而是西方自己的解散。

由于这次文化交流的主要媒介是耶稣会士，所以随着耶稣会的被迫解散，传教士在华各项活动减少，中西建筑文化交流进入了衰落期。

这次文化交流，在中西方彼此从认识、知道对方的存在到熟悉的过程中，不仅潜移默化地改变了对方看待世界的方法，而且也改变了各自的审美。中国人以宽容的态度，积极主动地吸纳了西方异质文明：在中国的沿海地区和内地先后出现教堂建筑，甚至在中国的皇家园林中也大规模出现西洋建筑，西方风尚深入民间，对中国建筑的多元化发展产生了重要影响，成为19世纪后中国近代“中西交融”建筑思潮的滥觞。

---

①（清）李斗．扬州画舫录．p285．窦武先生认为所谓“连房广厦，蔽日透月”，指的大约是建筑物的进深大，内部空间比较发达。见窦武．清初扬州园林中的西方影响．建筑师（28）：124．

②（清）沈复．俞平伯校点．浮生六记．p51．

③［英］斯当东．英史谒见乾隆纪实．p495．

④安田朴．明清间入华耶稣会士和中西文化交流．p11．

⑤［法］布罗斯．发现中国．p66．

⑥Clement XIV，Lorenzo Ganganelli，1769-1774在位。

⑦严建强．十八世纪中国文化在西欧的传播及其反应．p95．

第五章 教堂建筑与商业建筑

一、教堂建筑

基督教曾四次传入中国：一次是在盛唐之初，时称“景教”，实系基督教聂斯托里派[①]。一次是在元代，即公元13世纪中叶，基督教在华复盛于时[②]，称“也里可温”，据传元世祖之母及皇后均为其信徒。13世纪末，罗马教皇派约翰 · 孟德高维奴来华传教，先后于1299年(元大德三年)、1305年（元大德九年）在北京城内建教堂二所[③]，是至今为止笔者所发现有记载的西式建筑在中国出现的始端。16世纪中，基督教第三次进入中国。19世纪，基督教第四次传入中国。下文主要探讨在基督教第三次传入中国期间，教堂建筑的发展状况（表5–1）。

（一）天主教建筑

在元朝也里可温绝迹200多年之后，到了明末，天主教的耶稣会士叩开了中国大门。这时期，西方虽然脱离了中世纪的蒙昧，开始走上资本主义道路，但生产力依然比较落后。而中国的农业和手工业经过几千年的发展，已经达到了很高的水平，商品经济在这一时期已得到了发展，所以明末清初的中国，在经济上总体实力依然处于领先地位。西方一些强国竭尽全力向远东进行殖民主义扩张，竞相追逐他们视为珍宝的中国丝绸、瓷器和医药以及东南亚的香料等。正是在这一历史背景下，西方传教士们身负着所谓“救人灵魂”和“淘金”的双重使命，与商人联袂结伴，势不可挡地涌向世界各地。1517年，德国宗教改革运动之后，新教在北欧取得优势地位，天主教则在南欧进行“革新”，并借助于葡萄牙、西班牙的炮舰向东方扩展宗教势力。当然，天主教得以在中国传播，是与当时中国朝廷所采取的宽容政策分不开的。

1．山雨欲来　天主教建筑传播前哨站——澳门

明末，天主教最先进入中国澳门，最早来到澳门的外国人则是葡萄牙商人。1553年（明嘉靖三十二年）[④]，葡萄牙商人以贿赂手段在澳门获得留居权。[⑤]最早来澳门的天主教教士名为公匝勒（Gregorio Gonzalez),他于1555年（明嘉靖三十四年）抵澳后，建造了一所教堂，这是澳门的第一座教堂。[⑥]

1557年（明嘉靖三十六年），葡萄牙殖民者私自扩充居地、构筑炮台、强行租占了澳门。而天主教在当时的葡萄牙是一种极有影响力的宗教，又经教皇的划定，将东方地区的传教工作统由葡教会经办，所以，天主教跟随东来的葡萄牙商人而传入。澳门成了天主教在远东的驻地，出现了最早的天主教建筑。1576年（明

---

①基督教包括三大派系，即隶属于罗马教廷的天主教（西方公教派）、东正教（东方正教派）和脱离罗马教廷的耶稣教（新教）。聂斯托里派是基督教的一个较小教派，因信奉君士坦丁堡主教聂斯托里所倡导的教义，故名。公元五世纪，由于在以弗所公会议被判为异端，后曾在叙利亚、美索不达米亚等地传布，并得到波斯王的支持，一度得到较大发展。

②张星烺．中西交通史料汇编（一），“元代基督教徒者在中国有二派。一为聂斯托里派（Nestorians），即唐时之景教徒。一为圣方济各派（Drder of Friars Minor），即明代天主教之先河。”

③张星烺．中西交通史料汇编（一）．约翰孟德高维奴信件（1)：“余于京城汗八里筑教堂一所。六年前已竣工，又增设钟楼一所，置三钟焉。”约翰孟德高维奴信件（2)：“余在大汗宫门前，又建新教堂一 所。……厩舍、房屋、厅庭及会堂，无不完备。会堂可坐200人。教堂四周，又有围墙环之……城内居民以及他处之人，从未闻有教堂者，来者见教堂屋宇焕敞，红十字架高立房顶。”方豪与张复合先生均推测该二教堂风格是西式。

④戴遗煊．澳门史与中西交通研究．蔡鸿生．澳门史与中西交通研究，p19. 还有一说认为是1535年。

⑤［美］马士．远东国际关系史．p22中也说：“葡萄牙人只是靠了经常行贿，才能在澳门立足的。”

⑥晏可佳．中国天主教简史．p29. 说这是一所草屋，可能有误，因据明史 · 佛朗机传，嘉靖“三十四年，又于隔水青州建寺，高六七丈，闳敞奇閟，非中国所有。”可能是一座西式教堂，非草屋。

万四年)，天主教澳门教区正式成立，负责管理中国、日本、越南的天主教传教事务。从此，耶稣会士来澳门传教的更是络绎不绝，其他教会的教士也接踵而至，并不断兴建教堂作为他们的传教场所。

葡萄牙人最早在澳门建造的西式教堂建筑(表 5-1)，其中最为著名的是澳门圣保罗教堂(俗称为"大三巴"教堂，即上帝之母教堂)，1563 年始建，1601 年遭大火，1602 年重建，由耶稣会士斯皮诺拉（C．Spinola）设计建成。平面基本为单廊形 (图 5-1)[①],"三巴在澳东北，依山为之，高数寻。屋侧启门，制狭长，石作

早期澳门的主要教堂（以时间为序）　　表 5-1

教堂名称	建造年代	建造人	建筑风格	备　注
圣保罗堂	1563 年建，1602 年重建	(葡)斯皮诺拉(C．Spinola)	"大三巴牌坊"——经过三次大火之后残存至今的前壁，巴洛克风格	 俗称"三巴寺",又称"大三巴"，东亚地区现存最古老的耶稣教堂
圣安东尼堂	约 1565 年初建，正式建于 1608 年	不详	西式	 1610 年毁于火后重建，又称"花王堂"，至今仍是澳门人举行婚礼的地方
望德堂	约 1569 年	不详	不详	
圣劳伦佐堂	约 1575 年建，1618 年重修	不详	西式	 又称"风信庙"
圣奥斯丁堂	1589 年	不详	西式	
圣多明我堂	1587 年	不详	西班牙风格	 又称"圣玫瑰堂"、"板障庙"，用板障木修建
圣约瑟教堂	1657 年	不详	文艺复兴风格	俗称"三巴仔"

注：照片引自澳门评定为纪念物之名单，世界建筑，1999，12，据笔者推测，照片时间为 99 年后，均是现存状况，因很多教堂已经过重修和改建，初建的外观资料已很难找到。

①转引自［日］西山宗雄．澳门圣保罗学院教堂正立面的构成．p213．

雕镂，金碧照耀，上如覆幔，旁绮疏瑰丽。……上有楼，藏诸乐器，有定时台，巨钟覆其下，立飞仙台隅，为击撞形，以机转之，按时发响。[①]”1835年9月23日，此教堂毁于大火，只余下残壁，即今天的大三巴牌坊。“现今所谓三巴者，即教堂城墙出入口之门户也。[②]”

1616年（明万历四十四年）南京教案，万历皇帝下令驱逐传教士，26名中外耶稣会士被押解到澳门。他们到澳门后又积极进行传教活动，整顿、建立和健全澳门教会的组织机构，建立新的教堂和修院，使澳门教务突飞猛进。到1644年（清顺治元年），全澳门的天主教徒已经有4万多人。[③]

2．帷幕拉开　天主教建筑进入沿海及内地

（1）上川的草堂

第一个进入中国内地的人是西班牙传教士沙勿略。1552年（清顺治九年）8月，沙勿略从马六甲抵达中国广东省新宁县上川岛。上川是一个离中国海岸约30海里的荒芜岛屿，当时中国厉行海禁，禁止同葡萄牙人通商，葡人只得与华人私下贸易。上川岛便是中葡商人走私贸易的中心。中国船舶载土货至上川，以易西方船只所载的货物而归。因为交易频繁，停留于岛上的华、葡商人为数不少。沙勿略的到来，受到港口内葡萄牙商船海员们的欢迎，特地为他在山坡上用树枝茅草盖了一个小圣堂[④]，作为栖身之所。

（2）利玛窦的适应政策

真正在中国内地奠定传教基业的是传教士利玛窦。1552年，利玛窦生于意大利马切拉塔。他19岁时立志修道，并产生传道四方之念，遂加入耶稣会（基督教一支——天主教）。利玛窦不但知识渊博，精通天文、数学、地理、音乐、美术，而且有才识器量，善于交际。他致力于研究中国文学，造诣很深，四书五经都能熟读，且通书法。1581年（明万历九年），利玛窦奉罗马教皇之命来华传教。利玛窦进入中国内地后，通过介绍西方的科学文化知识，以及馈赠含有科学文化知识的浑天仪、地球仪、日晷、自鸣钟、《山海舆地全图》等物品，获得了一些知识分子和地方官员的好感。面对强大的中国文化，利玛窦开创了耶稣会传教士循中国社会制度和礼教文化的先例，改穿儒服，研习儒籍，并专门在官府上层及士人身上下功夫，“用西方的奇物珍品铺成到北京的漫远道路。”

（3）天主教建筑在内地的诞生

天主教建筑最初的来源有两种：一种是借用已有佛寺或住宅；另一种是新建，有中国传统样式及西式两种风格。起初，因天主教进入内地的艰难，传教士只求有立锥之地，所以，最初的场所常常是借用当时在中国已比较普遍存在的佛

图5–1　圣保罗学院教堂发掘平面图

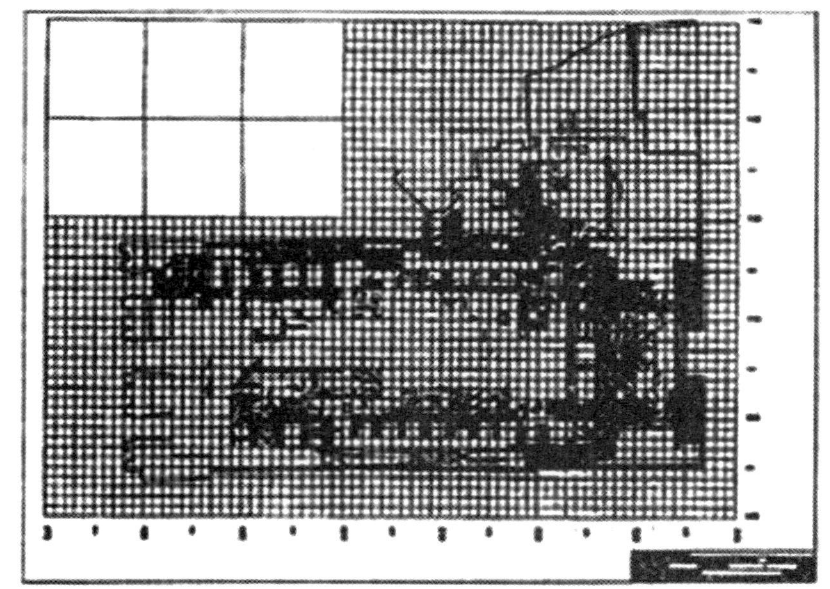

①澳门纪略．澳蕃篇．p21.
②布衣．澳门掌故．p67.
③王寅城等．澳门风物．p400.
④时中国官方禁止葡人在岛上建造任何坚实的房屋，且不幸的是，仅半年后，沙勿略就病逝了。

寺或普通民宅；而每当传教稍有起色时，传教士们就试图建造新堂。实践中，新的问题出现了，教堂采用什么形式，中国传统形式，西洋式？在以后的200年当中，形式问题一直贯串其中。

1）借用已有佛寺或住宅的教堂

①肇庆某堂

1582年（明万历十年），传教士范理安、巴范济同至肇庆，通过贿赂总督获准居于东关天宁寺中，并可以传教，举行圣祭。这座佛寺成为中国内地耶稣会第一会所。①

②南京圣堂

1599年（明万历二十七年）4、5月间，郭居静购城西螺丝转湾户部刘斗墟的房屋而居，厅间立一祭坛，奉天主圣像于其中，“是为南京有圣堂之始。”

2）新建教堂（表5–2）

①明末内地第一座西式教堂——肇庆仙花寺②

图5–2　肇庆仙花寺立面

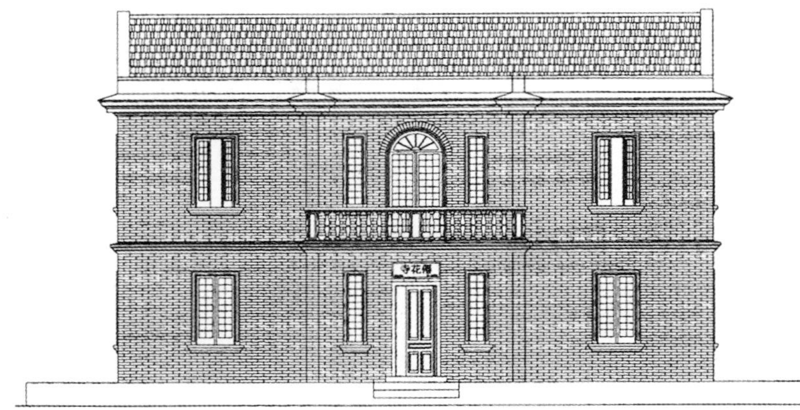

1583年（明万历十三年），肇庆教堂竣工。这是一座由石灰和青砖修成的两层建筑，系西式风格。由于该建筑采用西方风格，不同于中国传统式样，当时招来很多人前来参观。利玛窦在信中描述：“有关我们的房舍，虽然小一点，但非常美观：上层有四个房间，中间为起居室，正面有阳台，左右各有一回廊；下层除房间外，中间还有小圣堂。（图5–2）”“……这是座西方式的建筑物，和他们自己的不同，因为它多出一层楼并有砖饰，也因为它的美丽的轮廓有整齐的窗户排列作为修饰。③”房屋的地理位置也很好，位于河边，从那里可以一览河岸及对岸美丽的景象。

在建造此堂期间，发生了很多波折④，“神父们原来想按西方的式样修筑一所小巧的建筑物，有两层楼，和中国传统仅有一层的平房大为不同。……认为放弃该两层楼的想法为妥，怕的是天性多疑的人会以为他们是在修碉堡。⑤”此时，也许耶稣会士们已朦胧地意识到，教堂形式甚至华丽程度都与传教顺利与否有关系。由于种种原因，教堂还是盖成了两层西式，这为日后教堂发生变故埋下伏笔。

②韶州小堂

1589年（明万历十七年）8月，利玛窦到韶州，很快得到一块土地，由于有了上次经验，利玛窦只“建一中国式房屋，颇简陋，惟以蔽身⑥”。利玛窦与当地官员以及知名学者建立了友好的关系，地方官给予传教士特殊保护，这

①徐宗泽．中国天主教传教史概论．p301．“1582年12月27日，即遣罗明坚·巴范济二司铎往肇庆，并献许多贵品，其中最珍贵者，乃利玛窦自印度带至澳门之西国自鸣钟一具，总督见此珍贵礼品，喜悦异常，允准罗公在肇庆府东门天宁寺中居住。”

②［意］利玛窦等．利玛窦中国札记．p121．时肇庆长官送给教堂“仙花寺”匾，挂在教堂门口。

③利玛窦中国札记．p126．

④蒋祖缘．简明广东史．p272–273．葡萄牙殖民者在广州和东莞进行抢掠活动，他们“剽劫行旅”“掠买良民”，在沿海地区名声很坏。罗文光．肇庆文史资料　第二辑．p10–12．建教堂一直遭到当地人强烈反对，几次发生冲突，利玛窦日后离开肇庆与当地群众的一直反对亦有关系。

⑤徐宗泽，中国基督教传教史概论．p115．

⑥同上，p174．

样便可防止他们受到不公正的待遇。也许这时的利玛窦更加意识到中国传统文化的强大，传教更加注意结合中国文化。回想一下，曾经肇庆华丽的教堂——一个与中国传统建筑形式截然不同的“西式怪物”在当地引起轩然大波？这显然是不利于他的宗教事业的。也许正是由于昔日的教训，日后在北京建造南堂时，利玛窦采用中国传统形式，显然部分原因是为了迎合中国人的鉴赏口味，这与利玛窦的适应政策是相一致的。当然，随着中西文化交流的进一步深入、天主教在中国的进一步传播，中国人也不自觉地接受了西方的事物。

3. 自发求索　天主教建筑深入北京——中、西式教堂建筑交替出现

天主教进入内地，一波三折，期间因中西文化冲突，各地数次发生教案。而作为其活动场所的天主教建筑的发展，也经历了不自觉的求索过程。表面上看，焦点问题是教堂的形式问题。建筑的具体形态和形式特征，只是建筑的表层结构和“硬件”；隐藏在建筑背后的文化心理内涵，包括价值观念、思维方式、审美情感、建筑心理等，是建筑的深层结构和“软件”。硬件是软件的反映，表层结构是深层结构的反映，所以形式问题，其实质是中西建筑文化的冲突与调试。

1601 年（明万历二十九年），利玛窦入京师，走宦官马堂的门路献上圣经、天主像、自鸣钟、万国图等，得到明朝皇帝朱翊钧的款留，并结识中国士人，极受尊信。至此，西方传教士开始进入中国宫廷，天主教也走上了与中国文化主动调试融合的道路。在此期间，虽然各地还时有教案发生，但基督教建筑的发展还是进入了相对稳定的阶段。当时，中国还没有专门的建筑师职业，传教士们及中国上层信徒（如徐光启等）自己充当了建筑师这个角色，并且在教堂形式问题上作了自发的探索。在此期间，中、西式教堂建筑交替出现。

（1）北京

1）北京南堂——明末北京第一座天主教堂

1601 年（明万历二十九年），利玛窦等教士终于获得了在北京的居住权。1605 年（明万历三十三年），利玛窦以五百金在宣武门内购地置屋。之后，利玛窦还买下寓所旁的“百善书院”（原为明东林讲学之所），将其改建成一座经堂。传教伊始，信徒为数不多，所以初建的经堂规模很小。当时，利玛窦在经堂内摆放了由西方带来的圣母玛利亚和耶稣的圣像，将一座十字架摆放在圣台的中央。

1610 年（明万历三十八年），利玛窦委派熊三拔负责建造了一座比较可观的教堂，即宣武门南堂，是明末天主教在北京建立的第一座大教堂。该建筑平面为长方形：“大厅长 70 尺，宽 35 尺[①]”，建筑外观沿用中国传统式样，细部有西式装饰：“门楣、拱顶、花檐、柱顶盘悉按欧式”，显示出中西建筑文化初步融合的迹象。这项工程 20 天就完成了。“修建一间漂亮宽阔的礼拜堂 ……后来加盖三间房作为顶层，底层也增加了三间，……这所房子整个有墙环绕。[②]”内部装饰已采用西式风格。“邸左建天主堂，堂制狭长，上如覆幔，傍绮疏瑰丽。藻绘诡异，其国藻也。供耶稣像其上，画像也，望之如塑，貌三十许人。左手把浑天图，右叉指若方论说次，指所说者，须眉竖者如怒，扬者如喜，耳隆其轮，鼻隆其准，目容有瞩，口容有声，中国绘画事所不及。所具香灯盖帏，修洁异状。右圣母堂，母貌少女，手一儿，耶稣也。衣非缝制，自顶被体，供具

① 罗马尺，每尺约合 0.24m。裴化行．利玛窦评传．p618．
② [意] 利玛窦．利玛窦中国札记．p515．

如左。……其国俗工奇器，若筒平仪，龙尾车，沙漏，远镜，天琴之属。[①]”

可好景不长，1610年（明万历三十八年）5月11日，利玛窦病故。1616年(明万历四十四年)，南京教案爆发，导因是中国传统信仰与天主教教义的冲突。自此，明朝政府严禁中国人信教，并令在京之耶稣会士均归澳门，南堂遂被官府封禁。1629年（明崇祯二年），礼部尚书徐光启受命主持开局修历，他举荐一些精通天文历法的传教士来北京参与修历，南堂才又成为传教士的住所，并恢复昔日的宗教活动。

2）北京利玛窦墓

利玛窦病倒北京后，曾由万历皇帝赐地建墓，在阜成门外二里马尾沟滕公栅栏。利玛窦墓是在其继承人龙华民亲自指导下设计的[②]，是中国的第一座天主教士墓地，形制是中西合璧式的：墓是西方式的，而墓碑则是中国式的。“其坎封也，异中国。封下方而上圆，方若台圮，圆若断木。后虚堂六角，所供纵横十字文。后垣不琱篆而旋纹。脊纹，螭之岐其尾。肩纹，蝶之矫其鬃。旁纹，象之卷其鼻也。垣之四隅，石也，杵若塔若焉。”在花园的一端，盖了一座圆顶六角底座的小亭，称为丧礼教堂。亭的两边，筑就两道半圆形的墙。在花园的四棵翠柏之下，为神父修造了砖砌的墓穴。“墓前堂二重，祀其国之圣贤。堂前晷石，有铭焉，曰：‘美日寸影，勿尔空过，所见万品，兴时并流。’[③]”高大的汉白玉墓碑体的上方，镌刻着龙的造型，并有代表耶稣会的标志——IHS。墓碑中间刻有一行大字——“耶稣会士利公之墓”，右边是中文及拉丁文小字。利氏的葬礼也是中西合璧式的。如果说利玛窦的适应政策是传教过程中所采取的一种手段的话，那么，利氏葬礼的中国化倾向则说明当时在华天主教确实已开始中国化，尽管这种中国化程度，从总体来讲并不明显。[④]

3）紫禁城中的小教堂

1630年（明崇祯三年），经徐光启的推荐，将精通天文历法的日耳曼籍传教士汤若望从西安调进京城到历局任职。从此，汤若望在朝廷任职，开始了修订历法、编撰《崇祯历书》和铸造大炮的工作。

汤若望在为明朝政府服务期间，抓紧时机在紫禁城内传教，并将一些后妃、太监吸收入教，还在紫禁城中建立起一座小教堂。

（2）其他各地

1）上海

1607年（明万历三十五年），徐光启在上海自家住屋的西边建教堂（现已无存），开始了天主教在上海的传教事业。

1640年（明崇祯十三年），传教士潘国光（Francesco Brancati）在徐光启孙女（教徒）的帮助下，在安仁里（位于上海旧城的东北角）造新堂，即“敬一堂”（图5–3），规模甲于上海。教堂完全按照中国传统木结构庙宇形制建

图5–3 上海旧城老天主堂（敬一堂）

①（明）刘侗．帝京景物略．p147.

②［意］利玛窦．利玛窦中国札记．p451.

③（明）刘侗．帝京景物略．p207.

④基督教在中国的传播之所以几次都以失败告终，很重要的原因是没有像印度佛教那样很好地与中国文化相结合。

造，高四丈六尺，阔四丈八尺，深三丈六尺[①]。（“礼仪之争”后，敬一堂被没收改建成关帝庙。）

2）南京“无梁殿”

1610年（明万历三十八年），意大利传教士王丰肃建一西式华丽教堂和教士住屋7间楼，圆顶无梁，如宫殿一般，人称“无梁殿”，第二年5月建成。1616年（明万历四十四年）南京教案时被拆毁。

3）杭州

基督教三大柱石，杭州就出两个[②]，所以招引很多西洋人来杭传教，后有很多教士死后葬于此，杭州大方井公墓教堂先后就葬传教士16人。

杭州于1611年（明万历三十九年）由李之藻、郭居静开教。[③]其后在浙江巡抚佟国器等人的赞助下[④]，由意大利耶稣会士卫匡国（Martin Martini，1614–1661）从西方回杭州后兴建新堂，坐落于武林门内天水桥南，“栋宇翚飞、金碧藻耀[⑤]”，“造作制度，一如大西；规模宏敞，美奂美轮[⑥]”。成为全国最大最华丽的教堂。天主堂外观西式，而内部又有中国式木柱四行，分成中部和左右翼，并有木柱二排嵌入墙壁。[⑦]

康熙帝曾经来杭，并“为怀柔远人计，赐以银二百两[⑧]”，用于敕建教堂之用。可见当时天主教在杭州还是颇有影响的。

4）西藏第一座天主教堂

最早到达中国西藏西部的西方传教士，是以安东尼奥·德·安夺德神父（Antoni de Andrade）（图5–4）为首的耶稣会士。[⑨]1624年（明天启四年）8月初，安夺德一行终于在经历艰辛旅程后抵达中国西藏阿里南部地方政权古格王国的首都扎布让。1626年（明天启六年）4月1日，古格王欲借基督教来反对以他的弟弟和叔父、叔祖等人为首的藏传佛教集团，决定帮助安夺德在王宫（图5–5）附近修建教堂。

图5–4（左）在西藏建造第一座教堂的安夺德神父

图5–5（右）古格王宫遗址，当年古格王国第一座天主教堂就在此王宫附近

①路秉杰．上海的教堂．p53．
②三大柱石即：徐光启、李之藻、杨廷筠。
③张力．中国教案史．p20．
④王思治．卫匡国．清代人物传稿．p289．
⑤1868年丁申《杭州孩儿巷重修天后宫碑记》。
⑥《辩学》抄本．转引自沈福伟．中西文化交流史．p429．
⑦沈福伟．中西文化交流史．p428．
⑧浙江文史资料选辑．28辑．p192．
⑨时古格王政权内外交困，古格王与各地首领和黄教寺院势力矛盾尖锐，对周边国家或地区结怨甚多。后安夺德在古格地区的扎布让建立布道会，进行传教和反对藏传佛教等活动达数年之久。后来，黄教寺院集团发动反对支持基督教的古格王的武装暴动，并联合周边力量，一举推翻了古格王的统治和驱逐了传教士，同时给予在传教士后面觊觎西藏的西方殖民主义势力一次沉重打击。

古格王计划在此地盖一所教堂、一所传教士的住宅和修一座小花园。这块地皮“是城里最好的地皮，既靠近王宫，又御寒，几乎从早到晚都能晒到太阳。……房子的风格是按照他们的风格建造的[①]”。传教士修建教堂和住宅，没花分文，“所用费用都是国王陛下担负的”。

这座教堂虽不大，但很富丽堂皇。教堂内部用十多幅宗教图画装饰，其中有反映圣母生活和基督生活的图画，还有耶稣遇难和圣母怀抱婴孩的两幅浮雕。教堂顶上安放了一个大的十字架，从很远的地方都能看到它。此外，在安放这个十字架之前，古格王要求神父在山的最顶上安放了第一个十字架。这个十字架是木头做的，但整个用黄铜包裹。这座山很高，从山顶可以鸟瞰全城，远道而来的人，映入眼帘的第一件东西便是这个十字架。

据不完全统计，到利玛窦逝世时，全国已开设教会的，还有：①韶州府于1589年（明万历十七年）建立教堂与住宅；②郭居静于1590年（明万历十八年）到杭州工作，到1606年（明万历三十四年）已有教徒八百人；③南昌府于1595年（明万历二十三年）有一小屋作教堂，1607年（明万历三十五年）李玛诺又以百金买一较大之屋。

4．黄金岁月　清初天主教建筑以北京为中心的大发展

明亡清兴之际，散处在各地的西方传教士，由于各人所处的环境不同，对当时的政治变动所采取的措施也不一样。如意大利人艾儒略、阳玛诺，在福建延平比较艰苦的环境中著书、传教。在南京的毕方济则充当了明福王的使臣，前往澳门向葡萄牙人搬兵，冀图恢复明室。福王死后，唐王、桂王偏安西南期间，毕方济一直是晚明王朝中的重要人物，直到清兵破广州时为止。在成都的利类思和安文思(G.de MaSalhaes)当上了“大西国皇帝”张献忠的“天学国师”，获得了“直接次于阁老之次的位置[②]”。当时在北京的西方传教士有汤若望和龙华民。

1644年（清顺治元年）5月，清兵入京，清世祖顺治下令：“内城居民，限三日内，尽

最初主要新建教堂一览表（以时间为序，不包括澳门）　表5–2

教堂名称	建造年代	建造人	建筑风格	内装修式样	备　注
肇庆仙花寺	1585年	（意）利玛窦	西式	西式	明代内地第一座西式教堂
韶州小堂	1589年	（意）利玛窦	中式		
南京洪武冈教堂	1610年	（意）王丰肃	西式		称“无梁殿”
北京南堂	1610年	（意）熊三拔	中西式	西式	
北京利玛窦墓	1610年	（意）龙华民	中西合璧		
杭州大方井公墓教堂	1616年	不详			
南京雨花台教士墓教堂	1637年	（法）毕方济	西式		仿利玛窦墓形制
嘉定天主教堂	1622年	（意）郭居静或曾昭	西式		
西藏古格王国天主教堂	1626年	古格国王帮助 （葡）安夺德教士建造	藏式	西式（10多幅宗教图画装饰）	西藏第一座天主堂，顶上安放十字架
开封天主教堂	1630年	（葡）麦乐德	不详		
武汉蛇山天主堂	1638年	（葡）何大化	不详		
上海敬一堂	1640年	（意）潘国光	中式传统庙宇式	中式	原世春堂（老天主堂）

①转引自伍昆明．早期传教士进藏活动史．p144–146．

②[法] 费赖之．入华耶稣会士列传．p196．

行迁居外城等处，以便旗民居住。”当时汤若望和龙华民的住处和天主堂都在城内，原应迁出，但却奇迹般地幸免于难，同时汤若望也因天文历法受到皇帝的赏识，成为第一个出任钦天监监正的外国传教士。[①]天主教在华的黄金时期终于到来，教堂风格逐渐转向西式建筑或细部装饰往往带中式风格的折衷主义倾向的西式建筑。

顺治年间，天主教迅速发展，1664年（清康熙三年），曾对顺治朝传教情况作过统计，见表5-3。表中为1664年耶稣会在中国11省的传教情形，至少有教堂160多座。

1664年（清康熙三年）全国教务情形[②]　　表5-3

省别	地名	教堂数	教徒数
直隶	北京	3(南堂、东堂、墓堂)	15000
	正定	7	不详
	保定	2	不详
	河间	1	2000
山东	济南	10(全省)	3000
山西	绛州		3300
	蒲州		300
陕西	西安	10(城内1、城外9)	20000
	汉中	21(城内1、城外5、会口15)	40000
河南	开封	1	不详
四川	成都、保宁、重庆		300
湖广	武昌	8	2200
江西	南昌	3(城内1、城外2)	1000
	建昌	1	500
	吉安		200
	赣州	1	2200
	汀州		800
福建	福州	13(连兴化、连江、长乐)	2000
	延平		3600
	建宁		200
	邵武		400
	彝山崇安	多所	
浙江	杭州	2	1000
江南	南京	1	600
	扬州	1	1000
	镇江		200
	淮安	1	800
	上海	城内老天主堂南门、九间楼、乡下，共66处	42000
	松江		2000
	常熟	2	10900
	苏州		500
	嘉定		400
	太仓、昆山、崇明均有教堂、教徒		

①张力．中国教案史．p53．
②张力．中国教案史．p59．

（1）北京天主堂初具规模

1）北京南堂的发展

1650 年（清顺治七年），钦天监监正汤若望因“创立新法”有功，清廷“赐汤若望宣武门内天主堂侧隙地一方，以资重建圣堂，孝庄文皇太后颁赐银两，亲王、官、绅等亦相率捐助[①]”。汤若望亲自画了大教堂的草图，并制定具体的施工计划，两年后建成。郎世宁参与了南堂内装修，作了《君士坦丁大帝凯旋图》等壁画。此次重建的风格为中西式，亦即：外形轮廓仍沿用中国式，堂内装修与局部构建、饰物多为西式。[②]新建的圣堂长 8 丈（约 26.7m）、宽 4 丈 4 尺（约 14.7m），除了正式的圣堂外，东西院还设有天文台、藏书楼、仪器室和传教士的住宅等。4m 高的铁质十字架矗立在教堂的顶端，使人在很远的地方就能看见它。[③]

南堂在 1703 年（清康熙四十二年）开始重修，历时 10 年，1712 年（清康熙五十一年）完成，“徐日升与闵明我予以改造，成为西方区[④]”。

2）北京东堂

意大利传教士利类思和葡萄牙传教士安文思（Gabriel de Uagal haens，1609−1677）在明朝末年曾在四川传教，后被清军掳到北京，在肃王府当差。后来，这两个传教士为信徒买了几间房屋作为小教堂。1655 年（清顺治十二年），顺治皇帝赐给利类思和安文思一所宅院作为府第。同年，两人便在此修建了东堂，风格为西式。清初著名的德国传教士汤若望晚年曾住在东堂，南怀仁、郎世宁等西方传教士也在东堂住过。郎世宁还曾为东堂画过多幅圣像、彩画，十分华丽。

3）北京北堂——“救世堂”（图 5−6、图 5−7）

1693 年（清康熙三十二年），康熙皇帝在研究解剖学时偶患疟疾，耶稣会教士张诚、白晋神父立即献上所带西洋之药金鸡纳霜，使康熙皇帝恢复了健康。出于对传教士的感激，康熙帝赐张诚住宅，并把在北京三海（即北海、中海、南海）的中海西畔——蚕池口之地赐予耶稣会传教士，还赐白银数万两，以备建堂之用。4 年后，教堂建成。北堂设计人为意大利世俗画家热拉第尼先生。[⑤]

“进门后的庭院宽四十法尺（1 法尺等于 0.325m），长五十法尺，院子两旁是比例适中的中式客厅。其中一间用于信徒聚会和讲经布道，另一间接待来访者[⑥]。”

“教堂主楼造在院子的尽头，长七十五法尺，宽三十二法尺，高三十法尺。教堂内部建筑有两个层次，每一层次有十六对涂成绿色的柱子；下层的雕像的底座都是大理石的，上层的雕像的底座都是镀金的，还有柱子的顶端，柱顶盘的上楣、中楣、下楣也都是镀金的。柱顶盘的中楣上有许多装饰画，其他的顶饰凸凹不齐，色彩和光度也有所不同。上层两边各有六个很大的拱形光窗，使得整个教堂非常敞亮。教堂顶都画满了。它分三个部分：中间是一个敞开的结构复杂的穹顶，大理石圆柱带着一排拱形光圈，形成一幅美丽的图画；大理石本身和一些置放得当的花瓶一起被摄入另一幅美丽的图

①张力．中国教案史．p56.

②此问题有两种意见：据陈同滨．F·南堂缘起考//第三次中国近代建筑史研究讨论会论文集，p50．笔者又查（清）于敏中．日下旧闻考．p780．中顺治御制碑文等有云：“堂牖器饰，如其国制。”［德］斯特恩·斯托英，通玄教师汤若望．p72 中认为是巴洛克教堂。笔者基本同意陈同滨先生的意见，为中西式较为妥。

③佟洵主编．基督教与北京教堂文化．p290.

④张复合．北京基督教堂建筑．建筑师，1995（65）．

⑤朱静．洋教士看中国朝廷．耶稣会中国教会洪若翰神父写给法国国王路易十四的忏悔神师拉雪兹神父的信．p49．又见莫小也．十七～十八世纪传教士与西画东渐．p192−194．热拉第尼，曾随法籍耶稣会士白晋等人到北京，曾在 1700 年前后服务于中国宫廷。

⑥转引自莫小也．十七～十八世纪传教士与西画东渐．p80.

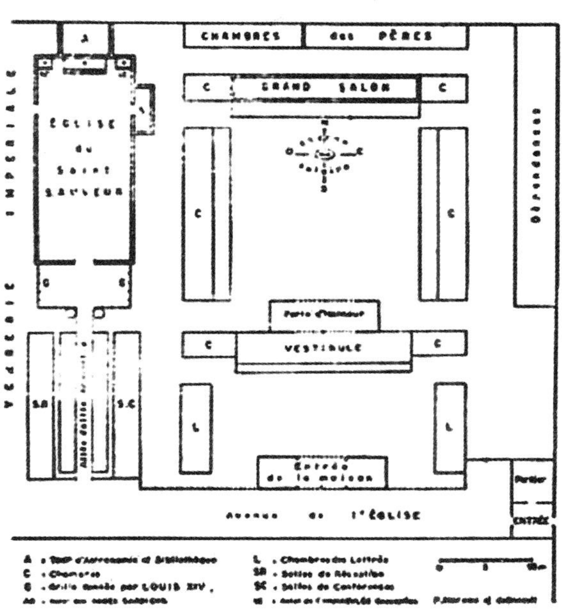

图 5–6　（左）1775～1900 年间的北京北堂

图 5–7　（右）北京北堂平面图

画之中；永恒的天父手里捧着地球，被一群天使蜂拥着高高坐在云彩之中。[①]”中国一些史料也记载：“堂长七丈五尺（1 丈等于 10 尺等于 3.33m），宽三丈二尺，高三丈。堂内无明柱。贴墙有半圆柱十六楹，彩以绿色，柱顶雕有花草；柱顶之上，覆有半圆柱十六楹。每柱各高一丈二尺。……堂之窗 IHS 左右各六，皆系圆顶。……堂之前面，镌有‘敕建天主堂’五字匾额一方。”

（2）广州的情况

耶稣会士汤尚贤神父 1701 年（清康熙四十年）给他父亲的信中[②]说：“广州比巴黎大，房子的外表并不显眼。最宏伟的建筑是耶稣会士卫加禄神父二三年前建造的教堂。”说明当时广州的教堂确实建得很好。这座教堂大约于 1668 ～ 1669 年建造，是时任广州总督拨地建造的。“这座教堂的建筑是西方式的。法国卫加禄教士是个很灵巧的建筑师，他领导了整个工程。”信中还说“异教徒”“认为这座教堂夹在他们的房屋亭楼中间是对他们的侮辱”。可见当时很多中国人对这些洋式建筑还是不予接受的，中西文化还是时有冲突发生。

（3）澳门的进一步发展

清朝初年，澳门的天主教会经过整顿已得到巩固和发展，同时由于清政府对天主教采取宽容的态度，耶稣会士又纷纷进入中国内地传教。1700 年（清康熙三十九年），澳门成立了红衣会，一些新的教堂又不断出现。1701 年（清康熙四十年），在华耶稣会士 59 人；方济各会士 29 人，显修司铎 15 人；多明我会士 8 人；奥斯定会士 6 人；大小教堂共 250 座。[③]

5. 并不衰落的尾声　以北京为中心的进一步发展

“礼仪之争”之后，1717 年（清康熙五十六年），康熙皇帝下令禁止天主教在华传教。但由于中国皇帝的宽容，以北京为中心的天主教堂

① 朱静．洋教士看中国朝廷．杜德美神父给巴黎封特奈神父的信．p51.

② 朱静．洋教士看中国朝廷．杜德美神父给巴黎封特奈神父的信．p14.

③ 鞠德源．清宫廷画家郎世宁．故宫博物院院刊，1988（2），p33.

建筑得到了进一步发展。

(1) 北京教堂的扩建与改建

天主教以“西学”为传教工具，并帮助封建统治者铸造战炮和制定历法；而统治者又需要火炮和历法，同时，也还想借各种宗教维护其统治。所以，取缔天主教时紧时松，并不坚决。在驱逐传教士的过程中，几个皇帝采取了优容政策。如在雍正禁教高潮中，北京城内的教堂大减，仅仅保留南堂、北堂、东堂以及雍正时为罗马教廷传信部建造的西堂，但以钦天监监正戴进贤为首的供职传教士 20 余人仍被继续留用下来。北京的传教士，不少人秘密潜入中国内地继续暗中传教，各地秘密的天主教堂仍在活动。所以，教堂建筑在 18 世纪仍在发展。

1）南堂重建

1720 年（清康熙五十九年）京师地震，新建南堂坍毁。1721 年（清康熙六十年）又经费隐主持，聘利博明修士（Fr.F.Maggi）为建筑师，重加改建，成为巴洛克式的建筑，长八十尺，宽四十五尺。徐日升、闵明我并在堂侧建筑高塔二座，分置风琴和钟铎，定时奏乐。

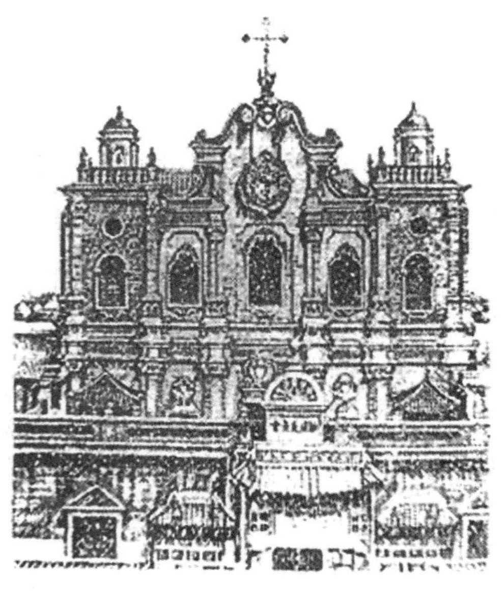

图 5–8　1775～1900 年间的北京南堂

“全部地基作十字形，长八十尺，宽四十五尺。教堂内部，赖立柱行列，分教堂顶格为三部，各部作穹窿形，若三艘下覆之船身。”

1730 年（清雍正八年）京师地震，南、北二天主堂又被损伤，南堂第三次重建。“堂之为屋圆而穹，如城门洞，而明爽异常。”1775 年（清乾隆四十年），南堂堂内着火，建筑尽毁，又进行第四次重建。重建后的新南堂（图 5–8）“堂制狭而深实，正面向外，而宛若侧面；其顶如中国卷棚式，而覆以瓦；正面止启一门，窗则设于东西两壁之巅。……左有两砖楼夹堂而立，左贮天琴，……右圣母堂。”“其式准西洋为之。……其堂高数仞，凡三层，层层开窗，嵌以明瓦，渐高渐敛如覆舟形，圆而椭。”可知时南堂风格仍为巴洛克式。

2）北京东堂

1720 年（清康熙五十九年），东堂因地震而倒塌，第二年费隐用葡萄牙国王赠款扩建成西式教堂，利博明为东堂重建进行了设计。[①]

3）西堂

1723 年（清雍正元年），意大利人德理格神父于京都西直门内大街路南建西堂。当时西直门地区离北京城区较近，附近信奉天主教的居民也较多。为了方便教徒们的宗教生活，德理格神父[②]就买下了四十多亩地，在那里建造西直门教堂，又称圣母七苦堂。教堂规模宏大，气势恢弘，具有典型的意大利式建筑风格。西堂建堂之初直属罗马传信部管辖，后来由外方传教会主持，再以后奥斯定会的德天赐也居住到这里。[③]

①清嘉庆十二年（1807 年）火灾，教堂和圣像均被烧毁。

②德理格 1693 年入遣使会，即圣味增爵会，1701 年由罗马传信部指派，随多罗特使来华。1711 年（清康熙五十年）到达北京。曾教授皇子西学，其中一位就是后来的雍正皇帝。

③佟洵．基督教与北京教堂文化．p296．到清同治六年（1867 年），西堂重建。

至此，北京共有四大天主堂。“一即北堂，在皇城内，与西安门相近；……二即南堂，在宣武门内，即利玛窦所居之处；三即东堂，乃葡国之耶稣会士所居；四即西堂。”

（2）西藏拉萨

1726年9月（清雍正四年），克服重重困难，西藏卡普清传教会①的僧馆和教堂在靠木鹿寺（拉萨一喇嘛寺）不远的地方竣工。教堂高5m，长约10或11m，教堂内设有5个神龛、一小间圣器保藏室、一小间唱诗班、风琴独奏室。教堂用许多宗教图画装饰。僧馆地面一层设有厨房、大食堂、医疗诊所；上层有8个房间和1个会客室。整个建筑不超过5m高。楼上这一层很矮，伸手可以摸到天花板。②可惜教堂风格已不可考。

（3）澳门

“礼仪之争”后，1723年（清雍正元年），清廷又宣布禁止传教士在中国居住，只许在澳门居留。从此之后，清朝各个皇帝都执行禁止天主教传教的政策，并且不断补充，采取更为严格的限制措施，达130年之久。其间，在中国内地传教的耶稣会士不断被驱逐到澳门。这样，澳门又成了耶稣会士的退身和避难之所。与此同时，西方各国政府也纷纷下令驱逐耶稣会士。1762年（清乾隆二十七年）7月5日，葡萄牙政府的命令传到澳门，圣保罗学院和圣约瑟堂的耶稣会士24人全部被捕并遣送回国，圣保罗学院和圣约瑟堂被封闭。1773年（清乾隆三十八年）7月21日，教皇下令正式解散耶稣会。两年后，这一命令传到澳门，澳门耶稣会即被解散。澳门天主教的传教事业经过这一沉重打击，教务衰落，教徒减少。至此，曾在澳门传播天主教、并以澳门为基地进入中国内地传教达200年之久的耶稣会士，退出了澳门的历史舞台。

从沙勿略1552年（明嘉靖三十一年）来华始、在中国传教200年的天主教耶稣会退出了历史舞台。

（二）东正教建筑

早在元代，中俄就发生过宗教关系。明末清初，基督教的另一大派——东正教，从中国东北地区步步向内地深入。16～17世纪，正当葡萄牙、西班牙等国的天主教耶稣会士纷纷进入中国南部沿海地区及内地的时候，沙皇俄国也开始向远东西伯利亚地区扩张，并且在17世纪中期将势力伸向了黑龙江地区。东正教开始进入中国远远晚于天主教，而略早于基督新教，大约始自17世纪下半叶。

1.“基督复活”教堂——东正教挤入中国和最早的东正教堂出现

1665年（清康熙四年），以车尔尼哥夫为首的俄国人强占黑龙江左岸雅克萨城，并在那里修筑堡寨。俄国的东正教士叶尔莫根就在堡寨的前面建立了一座纪念耶稣复活的教堂，俄式葱头式尖顶，1671年（清康熙十年），又在雅克萨城郊高地建立了另一座救世主修道院（图5-9）。这是在中国最早出现的东正教堂建筑。

2.北馆——北京第一座东正教堂

俄国正教在北京的出现，是与当时清政府吸收邻近国家士兵参加清军的特殊政策密切相关的。1685年（清康熙二十四年）前后，中国清朝军队在雅克萨自卫反击战中，曾经俘虏了

①卡普清修会（Capuchins），或译：嘉布遣小兄弟会，卡普清或嘉布遣，均为意大利文“Cappuccio”（顶风帽）的译音，因该会会员服装附有尖顶风帽，故名为卡普清修会。该修会系从方济各修会分出来的一支，由玛窦·巴西（1495–1552）于1528年创始于意大利，提倡安贫、节欲，发四愿，过清贫生活，影响颇大，后来意大利语的“Vita da Cappuccino”（卡普清生活）转意为“孤苦生活”。

②转引自伍昆明．早期传教士进藏活动史．p432．

图 5–9　17 世纪末，在雅克萨（阿勒巴金）的沙俄东正教教堂

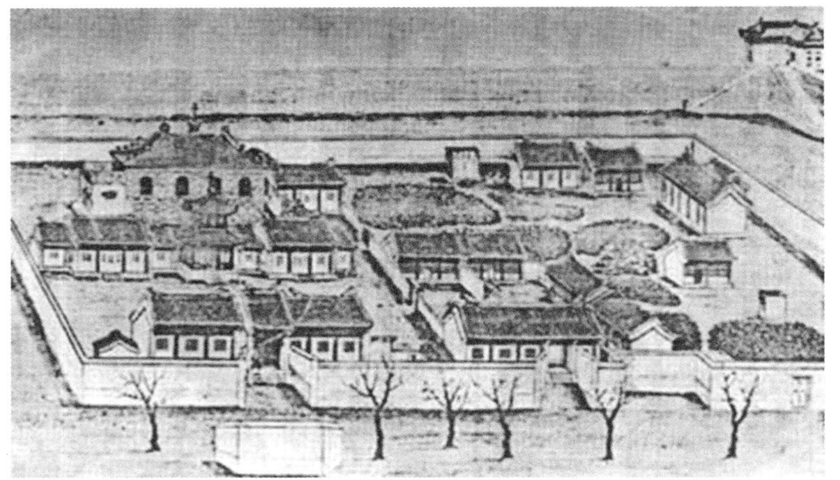
图 5–10　俄罗斯北馆

一些俄国入侵者，总计约 100 多人。其中 59 名战俘被带到北京，清政府对这些俄国俘虏采取了极为宽容的政策，不仅允许他们与中国人通婚，而且对俘虏中的军官，还分别赐授正四品至七品官衔，发给他们土地、房屋和津贴，并安插到八旗兵镶黄旗满洲第四参领第十七佐领（十七牛录）处，让他们驻守在北京东直门内胡家园胡同，准许他们信仰自己的宗教。康熙皇帝还把驻地附近的一座关帝庙送给他们改作东正教小礼拜堂使用，在以后的近一个半世纪里，北京俄国东正教教会一直得到了来自清政府方面的财政支持，每年有不少于 850 银卢布的教会经费，以及每位教会职员 24 俄担（约 393kg）大米的食品供给。1689 年（清康熙二十八年）以后，“北馆”的小礼拜堂被改建为圣尼古拉教堂（又名“圣索菲亚堂”，后改称“圣母安息堂”，图 5–10），并在它的旁边建造了一座四柱式的钟塔，从而形成了北京第一所东正教教堂的初步规模。

3．南馆——俄国侵华活动情报站

至 1715 年（清康熙五十四年），俄国政府根据沙皇彼得一世向东方扩张的指令，进而向中国派出了一个庞大的传教士团，即“北京传教士团”，住在东江米巷（东交民巷）中由会同馆之“高丽馆”改设的俄国“南馆”。

沙皇俄国政府派遣传教团到北京的政治目的是十分明确的，从 1720 年（清康熙五十九年）以后，虽然在天主教问题上，由于罗马教廷妄自尊大，干涉中国主权，中国对天主教采取了严厉的态度，但是，对于俄国东正教驻北京传教团却掉以轻心，丧失了应有的警惕。据统计，1715 ～ 1860 年（清康熙五十四年～咸丰十年），沙俄共派遣 13 批东正教士来华，神职人员共 155 名，他们直属沙俄外交部指挥，对传教的兴趣不大，主要是刺探“有关中国人的意向和活动的情报”，名为教会，实为沙俄政府“打开中国之窗”的官方代表，是沙俄对华进行政治、经济、文化侵略的中心。1715 ～ 1917 年，俄国东正教驻北京传道团总计 18 届。有关材料表明，在很长的时间内，俄国东正教驻北京传道团并不以传教为主，而是为沙皇俄国夺取中国黑龙江以北、外兴安岭以南、乌苏里江以东广大地区而尽心尽力，特别是在 1840 ～ 1860 年期间，俄国东正教驻北京传道团直接参与了沙皇俄国的侵华活动。

1727 年（清雍正五年），俄同清政府达成了《中俄恰克图条约》的协议，俄国方面在谈判中利用满清政府“妄自尊大”的心理取得了许多实际利益，驻京传教团便成了常设的派遣机构，其驻地则由东直门内的胡家园胡同迁往东江米巷内。至此"俄国馆"成为商馆、学馆和俄国东正教会驻京传道团"三位一体"的地址。"中国办理俄事大臣等帮助俄馆盖庙"，除了修复"圣索菲亚"教堂外，俄方还根据1727年签订的《中俄恰克图条约》第五款规定，今后俄国馆"仅由来京之俄人居住"，中国方面则协助在其馆内建造俄国教堂一座。1736年（清乾隆元年），由中国方面出资的"奉献节"教堂建成。在建造这座教堂时，由于中国方面不了解俄国东正教堂的建筑风格，因此，便按耶稣会士提供的天主教教堂的建筑式样修建了。后来，在奉献节教堂的基础上又建造了奉献节男子修道院。修道院的主教堂采用了传统的耶稣会天主教堂形制，其中的圣像壁画则完全由中国工匠绘制完成。[①]

二、商业建筑

（一）最初澳门出现西式建筑

1518年（明正德十三年），居马六甲的葡萄牙人[②]遣使臣以"进贡"为名，到广州屯门岛，被明政府拒绝后，"退泊东莞南头，盖房树栅[③]"。由于商人们希望能够在中国长期贸易，获取利益，从一开始进入中国就企图获得永久居留权，所以建筑活动几乎和贸易同时展开。[④]几年后，葡商人又在香山澳豪镜（即澳门）"筑室建屋，雄踞海畔……"。可见，当时在沿海一带，已零星出现西人所造建筑。葡萄牙人最初在澳门的建筑，因当地木材缺乏，仅以茅草结屋，以避风雨，建筑极为简陋，只是临时性的房屋。后来，逐渐出现了为长久居留而建造的砖瓦房屋。葡萄牙人最初来澳门的地点，据《澳门纪略》称："明嘉靖十四年（1535年）都指挥黄庆，请上官移泊口于濠镜[⑤]"。似在今天的南环海滨。前山守官黄庆受葡萄牙人贿赂，允许葡萄牙人占据濠镜（澳门）为商场，筑城造房，"高栋飞甍，栉比相望。[⑥]"每年缴纳租银2万两。1553年（明嘉靖三十二年），葡萄牙人借词船遇风涛，请再增借澳门陆地以晒商品，开始在澳门扩张租地。事实上，此后的澳门，成了中国政府管辖下葡萄牙人经营的贸易特区，并且成为和葡萄牙及其他国家进行贸易的根据地，同时，也是东亚天主教活动的中心。毫无疑问，澳门成为了中西文化交流的交汇点——既是西方文化传入中国的门户，也是中国文化西渐的窗口。1557年（明嘉靖三十六年），葡萄牙所租之地仅限于澳门泊口，似在今天的南湾沿岸山崖地区，据《香山县志》称："因山势高下．筑屋如蜂屋蚁蛭者，澳夷之居也。"现在的议事亭前地方，可能是往日葡萄牙人与中国人交易的场所。也就是在这一年，葡萄牙人已在澳门设置守官，公然表示侵占其为殖民地。1581年（明万历九年），葡萄牙人改纳年租为500两。澳门的地势丘陵起伏，过去一般居住房屋多位于低地：中国人初居于西北岸火船头路、草堆街西端至白鸽巢一带地方，葡萄牙人则居于南环沿岸新马路南端一带地方，两区之间，借新马路来往，相沿至今。[⑦]

---

①这座教堂在1991年被拆。

②葡萄牙人已入侵马六甲。

③张燮．东西洋考卷五．

④明史·佛朗机传．转引自张星烺．中西交通史料汇编（一）．p342．"其留怀远驿者，筑室立寨，为久居计。"

⑤(清) 印光任．澳门纪略．

⑥(清) 印光任．澳门纪略．清嘉庆五年（1800年）．

⑦刘先觉．鸦片战争前中国的西式建筑概述．p126．

澳门的西式建筑主要有教堂和民居两种。据方豪先生所考，明代澳门建教堂至少6座：圣安东尼劳、望德堂、圣劳伦佐堂、圣多明我堂、圣奥斯丁堂、圣保罗堂。这些教堂具有当时罗马教廷盛行的“巴洛克”风格，其中规模最大的圣保罗堂最具代表性。其艺术特点是庄严高贵，气势宏伟，体现了古罗马建筑艺术同宗教观念的结合。圣保罗堂的大三巴（Lgroja SaO Paulo）（表5-1中图）是中国现存的最早的西式建筑遗迹之一，最能表现西方文艺复兴建筑风格原貌。澳门的西式民居多为三层，往往依山而建。“方者、圆者、三角者、六角者、八角者、肖诸花果状者。其覆俱为螺旋形，以巧丽相尚。垣以砖或筑土为之，其厚四、五尺，多凿牖于周垣，饰以垩，牖大如户，内阖双扉，外结锁窗，障以云母。楼门皆旁启，历级数十而后入，窈窕诘屈。而居黑奴其下。门外为院，院尽为外垣。门正启。又为土库，楼下以置百货。[①]”门窗多为圆拱形，有走廊，四面开窗，室内明亮，红墙粉壁，颇为美观。当时的澳门西式建筑“多至数百区，今殆千区以上。……今筑室又不知其几许[②]”。以致荷兰商人雅克·范奈克（Jacob vail Neck）1601年在海上看到澳门（图5-11）时，认为“一座城市建筑式样像西班牙一样[③]”。澳门的建筑形式中西混杂，有中国式的厅堂，有西式的高楼，有明代的古庙，有文艺复兴式的教堂，古今中外的建筑形式无不具备。其建筑材料多就地取材，利用当地的石材，砌筑成墙，一般说来房屋都比较狭小。其西式建筑并无标准式样，且常掺杂有中国建筑形式，底层往往带有券廊，墙上窗户多外加百叶，可随意启闭，以防暴日及风雨之侵袭。这些特殊处理，都是葡萄牙人自西方传来，与当地炎热气候颇为适应。[④]图5-12为荷兰人所作澳门古地图。

图5-11　西方最早的澳门全图

葡萄牙商人除在广东外，还在福建的浯屿（同安县属）、月港（海澄县属）、诏安进行私人海上贸易并建造房屋，相继被逐出后，又到浙江双屿港（现六横山下佛能岛、比克岛等）。据平托，（F.M.Pinto）《远游记》[⑤]言，“有馆舍千余，有住宅、医院、教堂等。”由于明政府实行海禁政策，这些最早的民用西式建筑后来均被拆毁。

随着贸易的发展，西班牙、荷兰诸国亦相继而至，结居澳门、台湾等处，筑城墙，建教堂，修房屋。1632年（明崇祯五年），荷兰人在台湾筑城（图4-1），“安平镇城……红毛筑城，用大砖，调油灰，共捣而成。城基入地丈余，深广亦一二丈，城墙各垛，俱用针钉钉之。方

① 方豪．嘉庆前西洋建筑流传中国史略．

② 庞尚鹏．百可亭摘稿卷一．1561（明嘉靖四十年）陈末议以保海隅万世治安疏．转引自张维华．明史西方四国传注释．

③［法］裴化行．利玛窦评传．p488.

④ 刘先觉．鸦片战争前中国的西式建筑概述．p125.

⑤ Chang Tien Tse：Sino-Portuguess Trade from 1514 to 1644，转引自萧致治．鸦片战争前中西关系纪事．p23.

圆一里，坚不坏[①]”。“赤嵌城亦名台湾城，……城基方广二百七十六丈六尺，高凡三丈有七，为两层，各立雉堞……上层缩入丈许，设三门，……东畔嵌空数处，为曲洞，为幽宫。[②]”清代，几乎所有沿海的贸易城市都接触过西式建筑。

（二）广东十三行与十三夷馆

1. 历史沿革

广州是中国海上丝绸之路的重要港口。至少在魏晋南北朝时，广州就开始为“市舶所聚”。[③]唐代，广州不但是中国的主要进出口岸（港在今黄埔、庙头一带），也是世界著名的港市。[④]市舶建制就始于唐，为后代粤海关之滥觞，而在宋时，广州就有外国商人居住[⑤]。尽管到明代实行海禁政策，但在1403年（明永乐元年），明政府曾在广州西关十八甫置怀远驿，备房屋120间，招待外国贡使和“番商”居住[⑥]。清代，政府既要对外通商，又要防止外商与中国人接触。

广东十三洋行形成于清初[⑦]，是古代中国对外贸易区，在早期中国对外贸易以及西方文化对中国的影响方面占据十分重要的地位。位于今天广州市东至仁济路，西至杉木栏路，南至珠江岸边，北至十三行路的一片地区（图5-13）。当时清政府实行闭关锁国政策，禁止对外贸易。

图5-12 18世纪初荷兰人所作澳门古地图

1685年（清康熙二十四年），清政府允许发展对外贸易，指定广州、漳州、宁波、云台山四个地方为通商口岸。但是，各国每次到中国朝贡，除带来给皇帝的贡品外还带来大量的货物，朝贡的船只到了广州后，贡使捧表进京朝贡，而其他货物则就地贩卖，然后“其船置办国需随即回国”。这就形成了清初十三行对外贸易的起源。但当时行数不过数家。[⑧]1720年（清康熙五十九年），广东商人组织排他性的商人行会，称“公行[⑨]”，十三行进入了对外贸易的重要阶段。[⑩]当时由那些最著名的商人在神前宰鸡啜血共同盟誓，举行隆重仪典，并规定公同遵守的公行行规，当时商行已有十六行。[⑪]至于商行名称的由来，是因沿袭明朝市舶之习。[⑫]业务是规

①（清）林谦光．台湾纪略．台湾城情况详见本书第四章。
②1807年（清嘉庆十二年）续修台湾县治．转引自方豪．中西交通史．p936.
③（唐）房玄龄等撰．晋书．食货志．11.
④（唐）李肇．唐国史补．至迟在唐玄宗初年，已在广州设立管理外贸的官员市舶使，负责“籍其名物，纳舶脚，禁珍异”。
⑤蒋祖缘．简明广东史． p171-173.
⑥（明）郭棐等撰．广东通志．卷66.
⑦梁方仲．关于广州十三行．p92. 认为“把广东洋行的创立定于粤海关设立的前后这一意见基本是正确的”。
⑧道光，广州通志．卷一八〇．经政略二三．
⑨据第一编37，广东十三行考，编辑委员会编民国丛书，p2，“所谓十三行者，在康熙五十九年（1720年）以前，早已有之，是年无非为十三行行商是有共同组织（公行）。”
⑩蒋祖缘．简明广东史．p380.
⑪梁嘉彬．广东十三行考．p84-87.
⑫粤海关志卷二五．商行条．“国朝设关之初……令牙行主之，沿明之习，命曰十三行。”

定出口货的价格、保证卖货人的利益。其交易对象，开始主要是南洋各国，后来则主要是西方各国家。其性质，是评定货价、承揽货税的商业团体，有时还兼及外交行政。后经外商提出抗议，公行暂时停止。

1757年（清乾隆二十二年），清廷为抵制“洋船北上，移市入浙”，限定广州为外国商船来华唯一贸易口岸。外国商人每年在广州居留的时间、住处与活动范围都需遵守官定的规则，既不能和别的商民来往，也不能和中国官府直接发生关系。

1760年（清乾隆二十五年），有9家商行呈请设立公行，专办欧西货税。[①]1771年（清乾隆三十六年）正月，两广总督徇英商情，裁撤公行名目，各商行只须分行各办。[②]1775年(清乾隆四十年)，洋行商人得总督及其他大吏臣之援助，重新组织“公行”，公行再度复兴[③]，这是一种介于官府与外商之间的经理机构，名称仍是公行，有约束外国商人、传达官府命令等权利。

自建立至鸦片战争后的1842年（清道光二十二年），十三行即被废止，改称茶行，继续茶丝业务。此间行商荣枯无常，行数也经常变动，最多时有26家，最少时只有4家。

2. 西式商业建筑的出现

与十三行对应的有“十三夷馆”，夷馆（图5–14）是外商在华的营业、居住场所，位于广州十三行街，是十三行的一个组成部分，是由十三行商人修建租给外国商人住宿、办理商务和堆放货物的[④]，均采用西式建筑形式。十三夷馆建筑，是外商在中国境内最早的商业建筑。它不但具有贸易的作用，而且也是西洋楼台在近代传入中国的滥觞。遗憾的是，在第二次鸦片战争时，英军的侵略暴行激起了广州市民的愤恨，因而群集十三行，将外国人的商馆焚烧殆尽。今天，我们只能从历史资料中了解当时情景。夷馆全在十三行街。十三行街为东西路，两头俱有关栏。内中除夷馆、洋行外，尚有无数小杂货店、钱店、估店之类，专为外人兑换

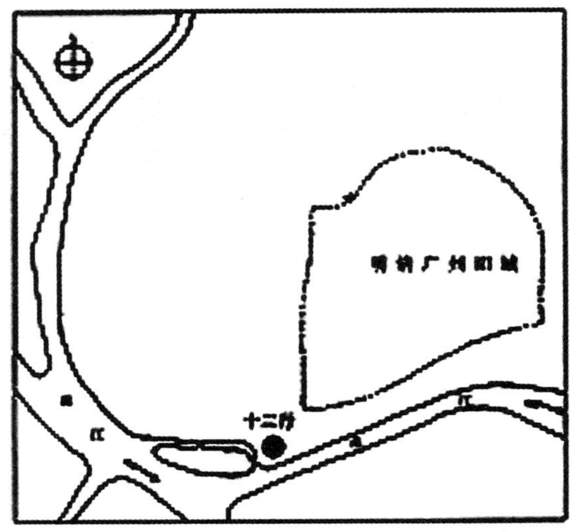

图5–13 （上）广州十三行位置图

图5–14 （下）夷馆

①梁嘉彬．广东十三行考．p142.

②Morse H.B.：The Chronicles of the East In-dia Company Trading to China，1635–1834. Clarendon Press：Oxford，1926，1929. 80，1 Vol.,p301.

③梁嘉彬．广东十三行考．p142.

④蒋祖缘．简明广东史．p380.

银钱及购买零星物品而设。又有无数小街，将各夷馆隔离。[①]根据史籍记载与图片推知，十三夷馆的平面位置并列，夷馆前有巨大的长方形广场，供货物装卸之用。夷馆的建筑形式均为二三层楼房，高低参差，没有什么规律，这是先后建造没有取得统一的缘故。同时，十三夷馆亦因先后有所修缮，建筑形式也有所变动。一般规模不大，一楼为办公室、仓库、售货及佣人室，二楼大部分是住房，建筑形式为“券廊式”，即西方古典主义传入印度及东南亚各国后为适应其气候和殖民者的需要演变来的，所以也有人称其为“殖民式”。这批夷馆为广州最早出现的“西洋楼”。[②]

马士、宓亨利在《远东国际关系史》里这样描述：“留在广州过冬的外商是住在商馆——即国外经理人或代理商的住所兼办公室，商馆是行商的产业，而以全部或一部分房屋租赁给外国人的。商馆共有十三个，同行商名义上的数目相符纯是一种巧合，其中有九个用外国国名来称呼，但是除了英国人和荷兰人的两家东印度公司以及来华较迟的美国人的商馆之外，后来所起的商馆名字已经同租用商馆人的国籍完全不相干了。每一个商馆都有横列的几排房屋，从纵穿底层的一条长廊通入。底层一般都是作库房、华籍雇员办公室、仆役室、厨房和仓库等之用。二楼则有账房间、客厅和餐厅，再上面一层就是卧室。各商馆所占的空地都有限，包括花园和运动场在内，长约一千一百英尺（1 英尺 =0.1524 米），一般宽约七百英尺，但是每个商馆的房屋都很宽敞，一个商馆普通进深有四百多英尺，房屋正面平均约长八十五英尺。一家商号的库房里往往藏有一百万元以上的银元。在 1832 年元旦，英国商馆宽敞的餐厅里举行的一次宴会中，席面上坐的来宾有一百人。这些商馆给外国旅客、帝国贵宾都布置了华丽的房舍，但是这些房舍实际上却是一个镀金的鸟笼。能供较多的人运动的唯一场所，就是六家商馆前面正中长宽约五百英尺和三百英尺的一片场地。[③]”其次，遗下几幅图画，也可以见其大概。1730 年（清雍正八年）的一幅，画面上是一座朴素的西式建筑，砖砌的立面很长。两层，底层方窗且较矮，二层较高，长方圆额窗。1780 年（清乾隆四十五年）的一幅，建筑华丽多了，甚至有了带山花的柱廊，而且是上下两层叠着。另据《中国通商图》所载 1730 年之广州版画图中，可以看出当时建筑形式均主要以承重墙为其结构体系，立面处理较简单，既无构图可言，也没有任何装饰，只是在一片墙面上挖出几个窗洞，屋顶均为坡顶，毫无变化。这类建筑，最初只不过是按照外商要求所作的一种临时性仓库建筑，并没有经过建筑师的周密设计。从《中国通商图》所载 1760 年（清乾隆二十五年）广州夷馆图与 1780 年广州夷馆图中，可以看到这时的夷馆建筑已经有所改观，虽没有总体规划，也没有考虑到各馆之间的配合，然而个别夷馆已经过了重新设计。建筑形式是在西方文艺复兴式样的基础上夹杂了“殖民地”（Colonial Style）的建筑特点，其中文艺复兴的手法明显地表现在建筑外部的柱式、檐部、山花、发券、栏杆、线脚等的处理上。殖民地式的特点则表现为应用大片回廊，带有东方的装饰以及不按一定的古典法式与比例处理等。[④]

①梁嘉彬．广东十三行考．p350.
②马秀之．广州近代建筑概说．中国近代建筑总览 · 广州篇．p3.［日］田代辉久．广州十三夷馆研究．中国近代建筑总览 · 广州篇．p16.“一层用作事务所、仓库、佣人住所，二层为商人住所。”
③［美］马士，宓亨利．远东国际关系史．p61-62.
④刘先觉．鸦片战争前中国的西式建筑概述．p126.

1840 年（清道光二十年）鸦片战争以后，外商摆脱了中国政府的羁绊，可以在中国领土上自由贸易与行动。因此，外商的夷馆建筑也重新或大事改建，极豪华，并且完全按照西式建筑风格建造。如《中国通商图》所载 1847 年（清道光二十七年）的英国商馆图，与 1847 年新旧商馆对照图中就可以看出。这些建筑已经开始按照正统的西方古典建筑形式设计，是西方古典建筑风格最初出现在中国的例子。

17 世纪末来华的英使斯当东曾这样描述十三夷馆："作为一个海口和边境重镇的广州，显然有很多华洋杂处的特色。西方各国在城外江边建立了一排他们的洋行。华丽的西式建筑上面悬挂着各国国旗，同对面中国建筑相映，增添了许多特殊风趣。货船到港的时候，这一带外国人熙熙攘攘，各穿着不同服装，操着不同语言，表面上使人看不出这块地方究竟是属于哪一国家（图 5-14 ～图 5-16）。[①]"

3. 西式商业建筑建设年代与设计（表 5-4）

在广州经商的西洋商人半数以上是英国人，因此英国的贸易量达半数以上。控制广州对外贸易的机构，中国方面为十三洋行，西方初期是东印度公司，该公司解散以后则是加 · 马地松公司、顿特商会等英属商社。由于这一情况，夷馆的设计自然受到英国建筑较强的影响。

丹麦馆（Danish Factory）：丹麦商船于 1731 年（清雍正九年）初航至广州，西式商馆出现于 1795 年（清乾隆六十年）的绘画上，1795 年前的情况不明，可以肯定丹麦馆建于 1731 ～ 1795 年间。这里出现的商馆窗户的样式受帕拉迪奥主义影响，该建筑在二层设有阳台。此馆毁于 1822 年（清道光二年），但不久又重建，其形式与被毁前相似。鸦片战争之后，由于在此馆前又建新夷馆建筑群，且在绘画上没有标明此建筑，因而情况不明。

西班牙馆（Spanish Factory）：西班牙商船最初于 1598 年（明万历二十六年）到达广东，当时尚未获准进行贸易。据记载，1730 年（清雍正八年）设立商馆。在 1800 年（清嘉庆五年）前后的绘画上夷馆还是中国式的，而在 1808 年（清嘉庆十三年）的绘画上出现西式夷馆，这时西式夷馆的样式与瑞典馆、帝国馆等相似，为新古典主义两层建筑。1822 年烧毁后又重建。

法兰西馆（French Factory）：据记载，法兰西于 1728 年（清雍正六年）设立商馆[②]，是在这一位置上与西班牙馆同期出现的西式建筑。1728 年在此建设的商馆究竟是中式还是西式，尚无资料说明。

图 5-15 （左）19 世纪初叶在玻璃上作《广州十三夷馆》的油画

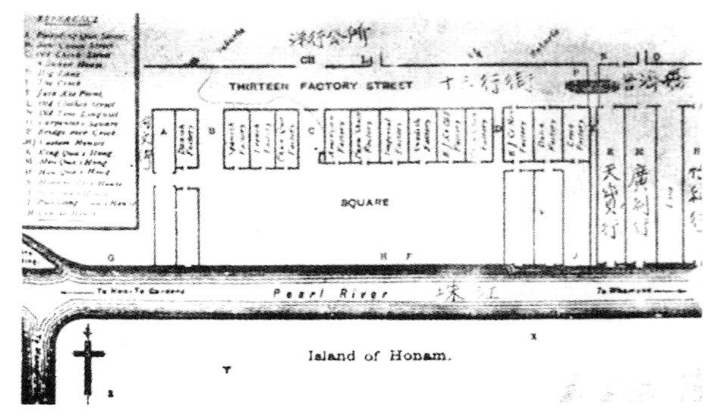

图 5-16 （右）广州十三夷馆平面图

① [英] 斯当东．英史谒见乾隆纪实 .p495.

② 萧致治等．鸦片战争前中西关系纪事 .p161.

万源行（Ming Qua's Factory）：在1795年的绘画上出现带有阳台并在二层有拱窗的西洋式建筑。

美国馆（American Factory）：1784年（清乾隆四十九年）美国商人初次来广东，同时设立商馆，建筑形式为带外廊的中洋折中式。1820年（清嘉庆二十五年）前后的建筑形式类似新古典主义风格。1822年烧毁。重建后的建筑与前样式相似。鸦片战争后为三层建筑，该建筑属重建还是扩建尚不清楚。

宝顺馆（Paou Shun Factory）：1822年大火后重建的样式为西式，恐怕一直到十三夷馆最后被毁都保持着这种形式。

帝国馆（Imperial Factory）：出现在1750年（清乾隆十五年）前后的绘画上，但没有确切的建造年代的记载。建筑形式与邻近的瑞典馆相似。[①]1822年烧毁。重建时与原设计相同，不过鸦片战争后则为独立柱支撑外廊的三层建筑。

瑞典馆（Swedish Factory）：1732年（清雍正十年）设立商馆，该建筑在二层拱的开口间设柱式，并带有外廊。

旧英国馆（Old English Factory）：1715年（清康熙五十四年）东印度公司设立[②]，当时的设计样式不明，不过从1750年前后的绘画来看，与瑞典馆的设计相同，而一层窗拱受帕拉迪奥主义的影响。在1815年（清嘉庆二十年）前后的绘画中，只留下一层墙壁、往下有大拱形开口与人形山墙的建筑。1822年烧毁后重建的建筑物与此前相同，鸦片战争后为三层同样的设计。[③]

丰太馆（Chow Factory）：在1807年（清嘉庆十二年）绘画上出现的建筑形式与邻近的旧英国馆相似，此前建筑为带有中式外廊的建筑，鸦片战争后为四层有角石（Cornerstone）的建筑。

新英国馆（New English Factory）：《广东的行商与夷馆》中记载，此馆为1805年（清嘉庆十年）由东印度公司建造，但从绘画上可明显地看出，新英国馆在此之前就已存在。根据谢少明《广州建筑近代化过程研究》一文，它的设立在1757年（清乾隆二十二年），这一

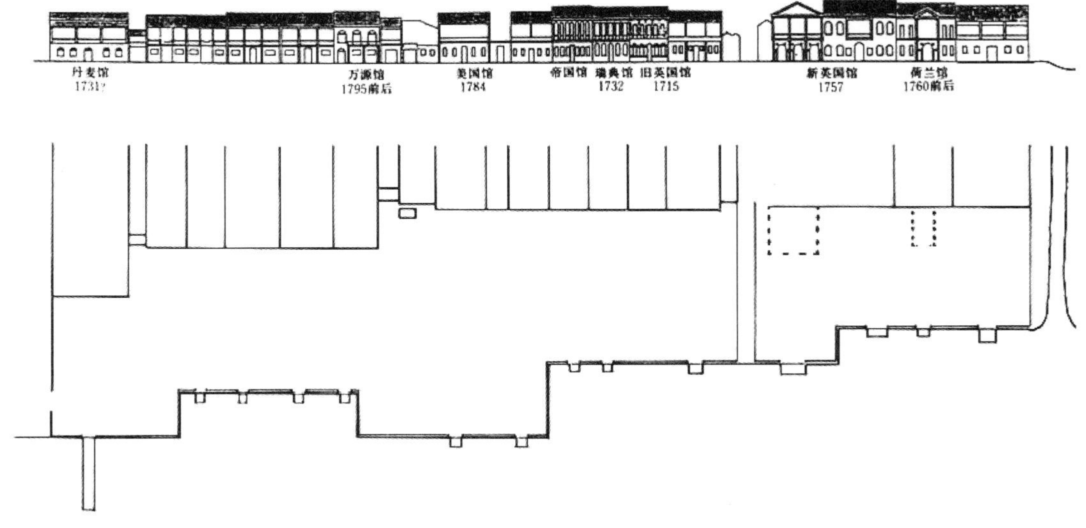

图5–17　十三夷馆立面复原图——1800年前后

①1822年烧毁，重建后与原设计相同，但鸦片战争后为三层建筑。

②萧致治等．鸦片战争前中西关系纪事．p164.

③[日] 田代辉久．广州十三夷馆研究//中国近代建筑总览·广州篇．p14.

年正是中国对外开放港口限于广州一港的年份。在1750年前后的绘画上，建筑的阳台为一个柱距宽，而在1760年（清乾隆二十五年）前后的绘画中，阳台扩大到三个柱距宽，并以帕拉迪奥主题支撑，是帕拉迪奥主义影响至深的设计。该建筑在1822年烧毁，重建后的立面与前相同，

1825年（清道光五年）十三行街内由东至西顺序[①] 表5–4

Hunter：Bits of Old China 1825年（清道光五年）	Chinese Repository 1837年1月（清道光十七年）	W.Bramstom：中国地图1840年（清道光二十年）	Chinese Repository 1845年7月（清道光二十五年）	Chinese Repository 1846年7月（清道光二十六年）	W. T.Bate 测量图 1856年12月（清咸丰六年）	
Pwantingqua Street（同文街）				Lwan hing Street（联兴街）		
1.Danish Factory	Dan. Fac.	Dan. Fac.	Dan. Hong or Pehing Kai	Dan. Hong	Dan. Fac.	黄旗行13
New China street	New China street	New China st.（两旁为中国店）	New China st. or Tung–Wan Kai（同文街）	New China st.	New China st.	
2.Spanish Fac.	Span. Fac.	Span. Fac.（四座）	Span. Hong	Span. Hong	Span. Fac.	大吕宋行12
3.French Fac.	French Fac.	French Fac.（八座）	French Fac.	French Hong	French Fac.	高公行 法兰西行11
4.Chunqua Fac.[1]	Mingqua Fac.	A Hong Mert.	MingKwa' s Hong or Chung–ho hong （中和行）	MingKwa' s Hong	Mingqua' s Hong	万和行 中和行10
Old China St.	Old China St.	Old China St.（两旁为中国店）	Old China St. or Tsingyuen Kai（靖远街）	Old China St.	Old China St.	
5.American Fac.	American or Kwang–yuan Fac.	American Fac.（四座）	American Fac. Kwang–yuan Fac.	American Hong	American Fac.	广顺行9
6.Paoll shun–Fac.	Paon Shun Fac.	Paon– Shun–Eac. （六座）	Pau Shun Hong	Pau Shun Hong	Paou Shun Fac.	宝顺行8
7.Imperial Fac.	Imperial Fac. Or Maying Fac.	Imperial Fac.（六座）	Imperial Fac. or Maying Hong	Imperial or Maying	Imperial Fac.	孖鹰行7
8.Swedish Fac.	Swedish or Sui hong Fac.	Swedish Fac.（四座）	Swedish Fac. or Sui Hong	Swedish Fac. or Sui hong	Swedish or Sui hong	瑞行6
9.E. I. Co. old Fac.	Old Eng. Or lung–shun Fac.	Old Eng. Fac.（六座）	Old Eng. Fac. or Lung–shun	Old English	Old Eng. Fac.	隆顺行5
Hog Lane	Hog Lane	Hog Lane Funttae Fac. 旁边为中国店	Hog Lane San–tan Lan （新豆栏）	Hog Lane	Hog Lane	
10.Chow Chow Fac.	Chow Chow Or Funt–tai Fac.	Funt tae Fac.（五座）	Chow Chow Hong, F. T. Hong	Chow Chow	ChowChow (Miscellaneous)	丰太行4
11.E. I. New Fac.	Eng. (E. I. C.) or Paou ho Fac.	British Fac. （六座）	English Fac. Or Panho Hong	New Eng Fac	New English (E. I. C.) Faw	保和行3
12.Dutch Fac.	Dutch or Kai–yi Fac.	Dutch Fac. （六座）	Dutch Fac. Or Tsih–i Hong		Dutch Fac.	集义行2
13.Greek Fac.	Creek or I–ho Fac.	Creek Fac. （六座）	Creek Faci or I–ho (Ewo) Hong		.Greek Fac.	义和行1

①梁嘉彬．广东十三行考．p348–349.

但 1833 年（清道光十三年）的绘画上增建成三层。鸦片战争后完全变样，成为有独立柱、三层均设阳台的建筑。

荷兰馆（Dutch Factory）：建于 1760 年前后，当初该建筑上设有小阳台，与新英国馆同期建造，后来向前延伸，成为带有屋顶的阳台。1822 年烧毁，重建后与原来设计相同，但鸦片战争后，接收了克里克馆，成为与新英国馆同规模同样式的建筑。

克里克馆（Creek）：在 1808 年的绘画上出现的建筑与帝国馆样式相似，此商馆为 1822 年大火中唯一幸免的建筑，30 年代扩建成三层建筑，鸦片战争后被荷兰馆接受[①]。

总之，广州十三夷馆是西人在中国最早的居留地，但它不是西人自主设立的，而是受清朝政府、十三洋行、广州市民控制的。

此外，还有一些建筑有西式因素。如，1698 年（康熙三十七年）英使斯当东曾这样描述当年下榻的广州宾馆“使节团被安排住在西岸馆舍，共有庭院若干进，非常宽敞方便。其中有些房间陈设带有英国式样的玻璃窗及壁炉。广州虽然接近热带，但现在气候已经快到冬至，对英国人的生活习惯来说，在屋里生一点火感到特别舒服，馆舍四周是一所大花园，有池塘及花坛多起。馆舍的一旁是一座神庙，另一边是一个高台。登台远望，广州全城景色及城外江河舟楫俱在眼前[②]”。也正是在 1698 年（康熙三十七年），清政府在浙江定海设立外国商馆，俗称“红毛馆”[③]。

①引自田代辉久，广州十三夷馆研究，中国近代建筑总览 广州篇，p15.
②[英] 斯当东，英史谒见乾隆纪实，p495.
③萧致治等，鸦片战争前中西关系纪事，p164.

第六章 园林与园林建筑

一、北京长春园西洋楼

清朝的鼎盛时期，西方文化在艺术方面对清宫影响最大。大量的事例表明，清代乾隆时期对西方建筑艺术的借鉴达到了高潮，最为典型的，就是在圆明园长春园中出现的西式建筑和西式建筑语汇。长春园兴建的西洋楼景区，虽然其整个占地面积不超过圆明三园总占地面积的1/50，但却是中国成片仿建西式园林建筑的一次成功尝试，在我国园林史及中西方园林建筑交流史上，都占有重要地位。

（一）建造背景

性喜山林好射骑的满族统治者入关后，不胜京城酷暑，随着其统治地位的巩固和国力的逐步强盛，开始在皇城外甚至京城外改建、扩建皇家园林。康熙中叶，修建了清代第一座离宫型园林[①]——畅春园，在玉泉山修建了澄心园（后改静明园），在香山修建了行宫（后改静宜园），在承德修建了避暑山庄。至乾隆初年，国库充实，政局稳定，好以文治武功标榜自己的乾隆皇帝自然不会放过大兴园林的时机，这个时期是中国历代皇家园林兴建最多的时期。

清代皇家园林不仅数量多、规模大、功能全，而且吸收和移植了各种各样的因素，如佛教的、私家园林的等。另外，西式建筑因素也成为清代皇家园林中的一个组成因素。[②]18世纪，在北京长春园[③]起造的“西洋楼”建筑群，标志着西式建筑与造园艺术首次被引入中国皇家领域[④]，也标志着中国对西方建筑文化的接纳达到顶峰。

（二）建造过程

《耶稣会士中国书简集》[⑤]中记载，1747年（清乾隆十二年），乾隆皇帝偶见西洋画中水法（喷泉）而感兴趣，问当时在如意馆供职的意大利传教士郎世宁谁可仿制，郎即推荐法国传教士蒋友仁。乾隆皇帝遂命蒋友仁在长春园督造水法及机械设备。西洋楼的设计有多个西方教士的参与：建筑设计与雕饰方面的主持人由郎世宁、王致诚（法国传教士）、艾启蒙（波西米亚人、传教士）等负责，其中，郎世宁以意大利方式绘制了圆明园的平面图[⑥]；绿化[⑦]由法国传教士汤执中主持；何国宗负责现场监工与结构方面的问题。此外还有潘廷章、安德义等。

---

①周维权．圆明园的兴建及其造园艺术浅谈 // 圆明园 1.p29．兼具“园苑”和“宫廷”双重功能的园林是清代皇家园林中的一种特殊形制，可名之为“离宫型皇家园林”。

②周维权．圆明园的兴建及其造园艺术浅谈．p29．

③圆明园是清代修建的第三座离宫型皇家园林．始建于1709年（清康熙四十八年），历经清雍正、乾隆、嘉庆三朝近150多年的经营，面积5200亩，主要风景名胜100多处，宫殿有200多所，是闻名世界的“万园之园”。它的成就代表着中国后期封建社会造园发展史上的一个高峰，但同时也是终结的标志。长春园是圆明园的一部分。圆明园由圆明、长春、绮春（万春）三个园林组成，占地5200余亩。

④童寯．北京长春园西洋建筑．建筑师，1980（2）：156．

⑤舒牧等．圆明园资料集．p108-110．

⑥[法]伯德莱．清宫洋画家．p209-210．清代档案史料-圆明园．P1359．亦有郎世宁西洋花园的记载：“乾隆二十一年四月十一日，如意馆，接得员外郎郎正培押帖一件，内开，本月初七日太监世杰传旨：长春园谐奇趣东边，著郎世宁起西洋式花园地盘样稿呈览，准时交圆明园工程处成造。钦此。于本日，郎世宁起得西洋式花园式小稿一张呈览，奉旨：照样准造，其应用西洋画处着如意馆画通景画。钦此。”

⑦童寯．北京长春园西洋建筑．建筑师，1980（2）：156．又见乾隆御制诗五集．卷九十四．p2-3．《题泽兰堂》：“堂北为西洋水法处。盖缘乾隆十八年，西洋博尔都噶里雅（葡萄牙）国来京朝贡。闻彼处以水法为奇观，因念中国地大物博，水法不过工巧之一端。遂命住京之西洋人郎世宁造为此法，俾来使至此瞻仰。乾隆十八年，为公元1753年。”按照乾隆的说法，修造西洋楼，也是为了向西洋的使臣夸耀天朝大国之无所不有和无所不能。所以，西洋楼建成后，葡萄牙、英国、荷兰等国的使臣到京，乾隆都让他们参观。

中国画家中以孙祜、沈源、唐岱为主。[①]

西洋楼是长春园（图 6–1）的一部分，占地约 120 亩（80000m²），为长春园的 1/9，圆明三园的 2%。[②]西洋楼始建于 1747 年（清乾隆十二年）。其建造过程，按其建造年代，大致分为三个阶段：

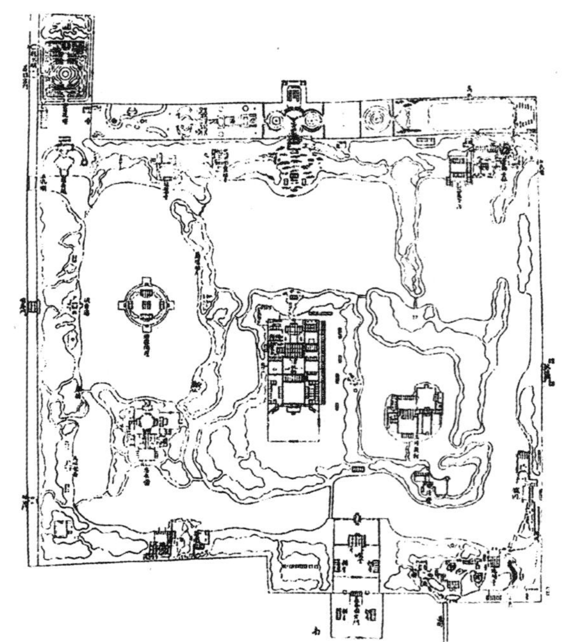

图 6–1 （上）样式雷长春园平面图

图 6–2 （下）中国皇帝御宴图

1. 第一阶段

清代《内务府造办处各作成做活清档》在 1751 年（清乾隆十六年）多次提到新建水法将竣；1751 年，中国皇家园林的第一个西洋建筑——“谐奇趣”竣工。[③]同年 2 月，乾隆题写了谐奇趣的匾额。此阶段可认为是西洋楼兴建的第一阶段，建造了谐奇趣、蓄水楼、养雀笼、万花阵等圆明园与长春园交界处的南北向的一组建筑。

2. 第二阶段

1756 年（清乾隆二十一年）4 月，圆明园中的第二组西洋建筑开始建造。[④]这一年的清代档案中明确记载“传旨郎世宁在长春园谐奇趣东边起西洋式花园地盘样稿”。而一封叙述蒋友仁逝世的传教士书信[⑤]表明，第一期水法工程结束后不久紧接着就开始了第二期工程。出于某些原因[⑥]，工程搁置了几年，到 1756 年得以恢复。这第二阶段的设计包括从方外观至线法墙的东西轴线的建筑。工程在 1759 年（清乾隆二十四年）已基本竣工，这一点在中西双方的史料中都可以得到证实。

3. 第三阶段

1768 年（清乾隆三十三年），从法国带回

① 笔者在北京国家图书馆样式雷图档中却发现了很多长春园西洋楼画样，金勋先生曾将其中一部分刊于国立北平图书馆馆刊第七卷（1933 年）第三、四号，但对其来源、时代并未细述。据左图，海晏堂四题 .2002 年中国近代建筑史国标研讨会论文集，p261，认为，目前所知，雷氏家族并没有参与长春园西洋楼工程，雷氏族谱中也没有相关记载，现所藏样式雷图是后来同治年间重修圆明园时的测绘图。

② 王道成 . 圆明园的艺术特色 . 清史研究，1999（2）：105.

③ 中国第一历史档案馆编 . 清代档案史料—圆明园 .p133.

④ 中国第一历史档案馆编 . 清代档案史料—圆明园 .p1359.

⑤ Michèle Pirazzoli–t'Serstevens：（毕雪梅），A Pluridisciplinary Research on Castigloine and the Emperor Ch'ien–lung's European Palaces， 引 自 Letters.édi–fiantese et curieuses é drites des missions etrang–eres par quelqus,Missionnaires de la Compagnie de Jésus（《耶稣会士书简》），ed. 1877，载 National Pal–ace Museum Bulletin（《故宫通讯》）v01.26，1989. 台北 .

⑥ 可能是 1754 年乾隆在承德接见三车凌和阿睦尔撒后，命郎世宁、王致诚等绘其画像等事件。

的六块巨幅中国式图案的“博韦”[①]挂毯（图6–2）运抵北京宫廷中，这是弗朗索瓦·布歇（Francois Boucher）设计的中国式“博韦”（Beauvais）壁毯。由于已建成的西洋楼中没有任何一幢建筑能够容纳这几块壁毯，于是乾隆决定建造一个更大的西式建筑，使其主要房间的墙面正好与壁毯的面积相同，这样乾隆就修建了西洋楼远瀛观。[②] 1783 年（清乾隆四十八年），圆明园中的新添项目西洋楼远瀛观建成。[③]

（三）西洋楼中诸景

长春园“西洋楼”是其北面的一个特殊的景区（图 6–3、图 6–4）。由于这组建筑群的风格特殊，与圆明园、长春园、万春园三园均无共同之处，故设计时考虑到用土坡、围墙、水面相隔，自成一组完整空间：全部集中在长春园最北部、沿北墙的一条不到一百米宽的狭长地带内，呈带状展开。景区地段虽局促，但其总体布置却很有条理，大体上能够显示出西方古典园林和建筑的对称均齐的轴线关系。共包括 6 幢建筑物，即“谐奇趣”、“蓄水楼”、“养雀笼”、“方外观”、“海晏堂”以及“远瀛观”及三组大型喷泉（当时叫做“水法”）、若干小喷泉以及园林小品。

圆明园中的西洋楼是当时中国西式建筑之集大成者，但在其建造之前，清代皇家园林中已存在西式建筑因素，迄今发现的最早的记录始自雍正年间（表 6–1）。

（1）谐奇趣、蓄水楼、花园门、养雀笼是园中最早的西洋楼。谐奇趣南面弧形石阶前有

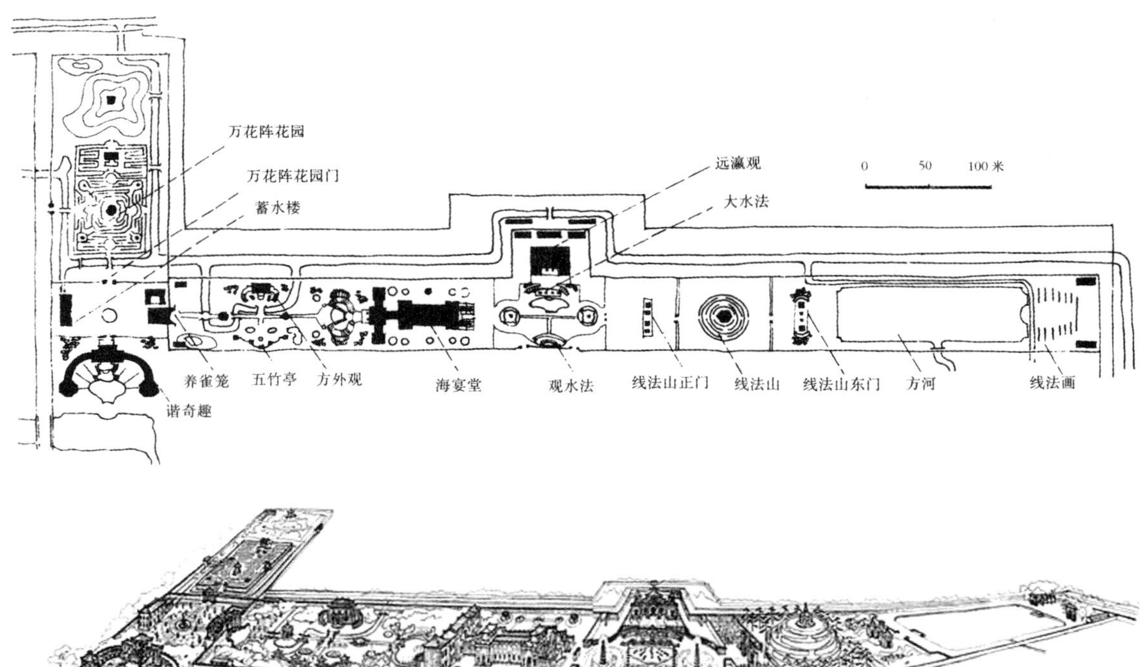

图 6–3 （上）长春园西洋楼总平面图

图 6–4 （下）长春园西洋楼全景示意图

① [法] 安田朴等．明清间入华耶稣会士和中西文化交流．p204–218 及注①．
② [法] 安田朴等．明清间入华耶稣会士和中西文化交流．p217。
③清代档案史料—圆明园．p265．

圆明园西洋建筑建制年表

表 6–1

年　代	年　　号	事　　件	备　　注
1725 年	雍正三年九月	圆明园后殿仙楼下做双圆玻璃窗	此为圆明园首次使用玻璃之记载
1726 年	雍正四年正月	命郎世宁照西洋夹纸深远画画贴四宜书屋	用西洋绘画装饰之始
1727 年	雍正五年三月	做水木明瑟风扇室中水法工翎毛风扇	可知水木明瑟已用水法
1727 年	雍正五年	九洲清晏抱厦内东西牌插用西洋金笺	用西洋装饰材料之记载
1728 年	雍正六年四月	做西峰秀色处水法七份	可知西峰秀色亦有水法
1739 年	乾隆四年三月、四月	慎修思永西洋戏台王幼学画画慎修思永西洋楼南墙做硬木窗式油画窗	可知慎修思永有西式建筑
1740 年	乾隆五年五月	武备院收贮旧三丈西洋房一座搭在山高水长	
1744 年	乾隆九年六月	传旨郎世宁起稿万方安和戏台后面设计图样	
1744 年	乾隆九年十二月	西洋楼式灯二十对挂在清晖阁	可知圆明园已有西洋建筑式装饰
1747 年	乾隆十二年	命蒋友仁在圆明园做西洋馆水法	可知圆明园西洋楼区开始建造
1750 年	乾隆十五年九月	开列西洋水法（谐奇趣）内装修清单，交皇商范清注赴西洋专办	可知谐奇趣内装修亦为西洋式样，在西洋采购
1750 年	乾隆十五年十一月	传旨将水法处正楼前平台上铜栏杆改作琉璃栏杆	可见乾隆曾亲自指导西洋楼的建造
1751 年	乾隆十六年二月	做御笔水法殿匾额对联	可知谐奇趣是年已建成
1751 年	乾隆十六年闰五月	有奏折称新建水法工程将竣	教士书札谓乾隆十二年秋完
1751 年	乾隆十六年	教士书札谓水法第二期工程接着开始，但由于某种原因中断	
1751 年	乾隆十六年五月	郎世宁画西洋法子陈设样稿，由西洋人杨自新、席澄源带工匠在如意馆作	可知圆明园中西洋陈设也在国内由传教士制作
1751 年	乾隆十六年十一月	传旨郎世宁仿西洋铜版手卷款式画水法殿大殿、游廊、亭子内通景画四张，王致诚放大	
1752 年	乾隆十七年十月	西洋物件装饰水法殿	可知谐奇趣内陈设亦为西洋式样
1752 年	乾隆十七年十一月	纪文奉命在六所烧造大玻璃器皿，郎世宁画纸样	用于谐奇趣
1753 年	乾隆十八年正月	画西洋式火炉制作	可能是壁炉
1753 年	乾隆十八年十一月	着郎世宁画谐奇趣东西游廊西洋画	可知谐奇趣内画亦为朗世宁所画
1756 年	乾隆二十一年四月	传旨郎世宁在长春园谐奇趣东边起西洋式花园地盘样稿	方外观、海晏堂等开始建造
1756 年	乾隆二十一年十月	新建水法西洋楼各处有应画处着郎世宁起稿	海晏堂、方外观建造
1757 年	乾隆二十二年五月	向粤海关要水法殿所用玻璃	可知当时玻璃为进口
1757 年	乾隆二十二年五月	着郎世宁画新建水法西洋楼中三间楼通景画	可知方外观已建成
1757 年	乾隆二十二年七月	蒋友仁呈览新建水法仪器一件，照作	
1757 年	乾隆二十二年七月	命张廷彦在长春园全图上添画倩园、谐奇趣、新建西洋水法	
1757 年	乾隆二十二年十月	新建水法西洋楼铁门按纸样制作，杨自新指说	
1759 年	乾隆二十四年六月	澹泊宁静水法风扇换新扇	可知澹泊宁静亦有水法
1759 年	乾隆二十四年闰六月	长春园新建水法竣工	海晏堂建成
1760 年	乾隆二十五年三月	新建水法西洋门内八方亭顶棚郎世宁画西洋画	为方外观南八角亭
1765 年	乾隆三十年十二月	山高水长前安西洋秋千、转云游	
1768 年	乾隆三十三年	为陈列法国国王路易十五向乾隆赠送六块 中国式的“博韦”挂毯，修建远瀛观	
1768 年	乾隆三十三年十二月	水法十一间楼后银锭牌楼内嵌哈巴利破坏处由如意馆修补	可知海晏堂后牌楼用西洋材料
1769 年	乾隆三十四年八月	新建水法十一间楼后殿西洋式顶棚着郎世宁画通景画	为海晏堂东楼
1770 年	乾隆三十五年	线法墙建造完成	
1770 年	乾隆三十五年	竹事由谐奇趣北移至方外观南	
1771 年	乾隆三十六年七月	西洋人汪洪达、李衡良在做钟处做水法	
1780 年	乾隆四十五年	水法十一间楼换汉白玉西洋式栏杆	
1781 年	乾隆四十六年二月	御笔海晏堂匾文，做西洋式花边	
1781 年	乾隆四十六年四月	满族画家伊兰泰起谐奇趣图稿	
1781 年	乾隆四十六年五月	御笔远瀛观匾文，做西洋花边	
1782 年	乾隆四十七年四月	伊兰泰起稿远瀛观顶棚，贺清泰、潘廷章画西洋人物	
1783 年	乾隆四十八年	远瀛观建成	
1783 年	乾隆四十八年十一月	命姚文瀚、袁道画长春园全图	
1786 年	乾隆五十一年四月	舒文刻得西洋楼铜版画二十	
1795 年	乾隆六十年二月	海晏堂西北水车房汲水不力，改为人力，铜管熔化	

喷泉及水池，北面双曲石阶前也有喷泉与水池，楼高 3 层，南面正中高出的六角楼厅，是演奏蒙、回、西域音乐的场所。同时，又建蓄水楼及饲养孔雀的养雀笼(图 6–5)。蓄水楼(图 6–6)在谐奇趣的西北，高两层，底层七开间，二层五开间，专供谐奇趣南北两面喷泉用水。

(2) 陆续在 1760 年（清乾隆二十五年）前建成了“方外观”(图 6–7)、“海晏堂”(图 6–8)、“大水法”（图 6–9）等西式建筑。

方外观三开间，用大理石贴面，加刻回纹装饰。①

竹亭（图 6–10）是一座完全中国化的建筑。

海晏堂是圆明园最大的西式建筑，是为安装泰西水法机械设备而造的。由郎世宁设计的“地盘样稿”于 1756 年（清乾隆二十一年）四月奉旨照准，蒋友仁设计的水法仪器则于次年七月奉旨照样准做，前后历时三载，1759 年至（清乾隆二十四年）工程基本告竣。②

海晏堂东西向，占地 140m × 50m，主要立面朝西，十一开间，高两层，中间为主入口，门外平台左右对称布置有弧形石阶及装饰性水扶梯，往上相交在第二层的大门口。楼梯和两旁栏杆都是用巨大的汉白玉雕成的，上面装饰着五十个小喷水池。平台下临水池，喷水池的边缘上，顺序排列着鼠、牛、虎、狗、猪等十二生肖的兽头人身铜铸像，分别按照各自代表的十二时辰，依次喷两个小时（例如：马是上午十一时和十二时），向池塘中央上空喷射，而在正午十二时则由十二个铜铸像同时喷出水来。远瀛观这一组建筑，从南北轴线上可以划分成南、北、中三段。

大型喷泉大水法是景区的中心，它与远瀛观和坐南朝北观赏喷泉的御座观水法构成一条

图 6–5（a）　养雀笼中式西立面

图 6–5（b）　养雀笼巴洛克式东立面

图 6–6　蓄水楼东立面

①童寯．北京长春园西洋建筑．p156．香妃住所．

②张恩荫．圆明大观话盛衰．p156．

图 6–7　方外观正面，楼顶双檐庑殿顶，瓦无色琉璃瓦

图 6–8（a）　海晏堂西立面

图 6–8（b）　海晏堂北立面

图 6–8（c）　海晏堂东立面

图 6–8（d）　海晏堂南立面

南北中轴线，颇有勒诺特[①]式的庭园意趣。水法是西洋楼得以修建的原因，也是整个西洋楼景区的主景。早在 1612 年（明万历四十年），《泰西水法》就在北京印行[②]。1627 年（明天启七年），耶稣会士邓玉函著《远西奇器图说》，也有有关图式。[③]

机关水嬉在西方起源很早。公元 1 世纪，亚历山大利亚 · 希罗（Heron of Alexandria）就写过一本书，叫《气动装置》（Pneumatica），里面写到一些机巧。比如，庙里有一个容器，把敬献礼神的钱丢进去，就会浮动；在庙前的祭坛上点了火，庙门就会自动打开等。这本书在意大利曾以手抄本的形式流传，1575 年（明万历三年）用拉丁文出版，1589 年（明万历十七年）用意大利文出版。[④]《后汉书 · 孝安帝纪》也曾记载“罢鱼龙曼延百戏”。注引《汉宫典职》：“舍利之兽，从西方来，戏于庭，入前殿，激水化成比目鱼，嗽水作雾化成黄龙，长八丈，出水遨游于庭，炫耀日光。[⑤]”刘敦桢先生认为可能是从大秦国（古罗马）的亚历山大城传来的。[⑥]后汉书还记载当时已有类似虹吸现象的洒水车。至于水法实践，明万历年间紫禁城御花园堆秀山就有水法，当时使用的是非机械喷泉，康熙年间改为机械水法，很可能是当时在华传教士所为。[⑦]清初，南堂西侧汤若望宅中就已经出现了水法：“西侧通微教师汤若望第也。内建亭池台榭，式仿西洋，极其工巧。[⑧]”“太观堂，有浑天仪图、旋玑玉衡图、瀚海万国图；及今台，在堂东，极高，上悬自鸣钟磬、铜壶、滴漏、时辰等牌……玩澜亭，两旁有小池，

①法国古典主义园林设计大师，他的代表作是凡尔赛宫花园。
②沈福伟．中西文化交流史．p395．《泰西水法》是中国第一部介绍西洋水利技术的专著，由徐光启作序、熊三拔著。
③详见第七章。
④窦武．意大利造园技术．p127．
⑤大壮室笔记．刘敦桢文集（一）．p141．
⑥又见同书《礼仪志》朝会注．大壮室笔记．刘敦桢建筑史论著选集．
⑦李明在《中国现状新志》曾提到传教士为皇帝做水法，很可能指此处，推测制造者为南怀仁。
⑧方豪．中西交通史．p933．

左池水上高三四尺，右池水四道，上喷高四五尺。左右另筑小方窑，设机巧，用水四散喷注，以灌竹木。[①]”最早在圆明园采用西式机械水法的是水木明瑟，以龙尾车推动风扇转动，乾隆为此题诗，序中曰：“用泰西水法引入室中，以转风扇，冷冷瑟瑟，非丝非竹，天籁遥闻，林光逾生净绿。[②]”18 世纪初期，法国也有专著详述喷泉类别与制造方法。蒋友仁设计水法，很可能参考了这些刊物。长春园大水法由喷水池、壁龛式屏风和一对水塔组成。屏风与法国著名建筑师封塔纳（C · Fontana）和意大利建筑师波罗米尼的作品有相似之处。水塔的形象在西方并不多见，但在新近发现的极有可能和路易十四赠送给康熙的凡尔赛宫铜版画相同的铜版画中有类似之物（图 6–11）。[③]

图 6–9　大水法南面

图 6–10　竹亭北面，亭瓦窗柱俱用湘妃竹制成，不施寸木

图 6–11　路易十四赠送康熙的凡尔赛宫铜版画

图 6–12　观水法正面

大水法对面，有石制宝座屏风，称观水法（图 6–12），是皇帝观赏水法的地方。[④]虽总体造型上属洛可可纤细精致风格，但主入口雕刻仍含有意大利巴洛克起伏动态的手法。两侧通向长春园的“狗头门”（图 6–13）的建筑细部与意大利建筑师比别纳设计的舞台布景（图 6–14）相似。

万花阵模仿当时流行于西方园林的迷宫（Maze）。“线法山”（图 6–15）可能取法于西方中世纪园林里面的庭山（Mount）。“线法墙”则是利用透视学的原理以加大景深效果的一种观赏建筑小品。

（3）远瀛观（图 6–16）是第三阶段完成的西洋楼建筑，是北部主体建筑，比起园中其他西式建筑来说，中式因素更多一些，更像一个折中主义的作品，其设计人很可能是伊兰泰。“远瀛观”外观雕饰极为精美，曾一度是香妃住所。建于石砌高台上，坐北朝南，汉白玉石柱上雕刻着精美的花纹。中部是石龛式大水法，紧靠

①（清）黄表．远游略．转引自方豪．中西交通史．p933–934．
② 御制圆明园图咏。
③ 参见戴建新论文．P67.
④ 林克光等．近代京华古迹．

图 6–13 “狗头门”残迹（左）

图 6–14 比别纳设计的舞台布景（右）

图 6–15（a） 线法山正门

图 6–15（b） 线法山东门

图 6–15（c） 从方河看线法山

在远瀛观台基之下，有半圆形水池。池中有铜鹿一只，作向南奔跑之势，东西各有石狗五只，水从口中喷出，射向铜鹿，称为十狗逐鹿。远瀛观大平台下面的水库，是“大水法”喷泉的水源。

（四）西式陈设与装饰

西洋楼室内的陈设也属于西方样式。

西洋楼的主要功能是陈列乾隆的西式收藏，远瀛观就是为陈列来自法国的六块“博韦”壁毯[①]而造的。乾隆的西式收藏品，一部分是来源于各国的赠品，一部分是由广州海关采购，还有一部分是在宫中或其他地方制造的。[②]这些物品包括家具、壁毯、绘画、雕刻、自鸣钟、玻璃器皿、天文仪器、自动机械装置、望远镜、地球仪、西洋剑、洋琴、镜子等。仅水法殿就先后藏有借光镜[③]、玻璃灯[④]、玻璃匣[⑤]、玻璃碗座、玻璃盖碗、玻璃台座[⑥]、西洋玻璃插屏[⑦]、玻璃水法座[⑧]等。

1753 年（清乾隆十八年）葡萄牙国王遣巴

①关于这六块壁毯详见玛德玲 · 佳丽（Madeleine Jarry）. 法国博韦壁毯中的中国图景 . 明清间入华耶稣会士与中西文化交流 .p204–218.

②根据清史档案，一般是绣品在苏州制作，木活在广州制作。

③清代档案史料－圆明园 .p1468.

④清代档案史料－圆明园 .p1263，1325，1371.

⑤清代档案史料－圆明园 .p1379.

⑥清代档案史料－圆明园 .p1385.

⑦清代档案史料－圆明园 .p1444.

⑧清代档案史料－圆明园 .p1445.

石喀（Don Fr. Xav. Pacheco）使华，带来礼物共四十八抬。罗马教廷传信部档案处藏有一则葡萄牙使臣纪实，其中有这样的记载："后来富公爷带钦差去看西洋房子，很美很好的，照罗马样子盖的。内里的陈设都是西洋来的，或照西洋样子作的。……因为内里东西很多，都是头等的。①" 1793 年（清乾隆五十八年），英国马戛尔尼（George Macarmey）使团访华，所带礼品是迄今为止记载最为详尽的。十七件大型物品中有多件在"水法陈设"，其中有布腊尼大利翁（即天体运行仪）、巧益架子、奇巧椅子（即转椅）、玻璃镶金彩灯、西洋船样、气法（即抽气机），另外还有西洋刀、西洋剪、西洋带子等亦放水法殿陈设。②这些陈设不仅可供乾隆赏玩，而且也是他了解西方的一个窗口。蒋友仁经常被好奇的皇帝召进宫去，为皇帝表演那些机械玩意儿，并且演变成"皇帝与耶稣传教士之间对于一些稀奇古怪的哲学问题的讨论③"。

西洋楼中西式陈设的第二个来源是对外贸易。尽管当时只有广州一个口岸开放，但双方的交易相当火热，连表面上不主张官方贸易的清廷都设置了"皇商"这一职位，专为皇宫采办西洋玻璃、钟表等物。清宫档案中就有皇商范清注专办谐奇趣中装修物品和西洋钟表的记载。④广州的官吏为讨好皇帝也纷纷敬献欧洲产的各种钟表、千里眼（望远镜）等。

清代档案中记载较多的是在宫中制造的仿西式风格的物品。首要的就是装饰画。每座西式宫殿完工后，乾隆必命如意馆的中外画家⑤在天花、四壁及廊子画通景画。一般是郎世宁先参考西方铜版画样起小稿送乾隆审阅，然后由王致诚放大。由于线法画⑥多绘在建筑物墙壁，今多已不可得，故宫三希堂西墙现还可看到郎世宁的原迹。

传教士们还画了许多人物画及油画作为室内装饰：1754 年（清乾隆十九年），在谐奇趣东平台屏风后贴西洋来使巴哲格（即葡萄牙使节巴石喀）、康雍乾三朝年间来使、戴进贤、郎世宁、艾启蒙等西洋人的脸像。⑦ 1760 年（清乾隆二十五年）、1767 年（清乾隆三十二年），方外观中王致诚用绢画人物四屏。⑧有时糊西洋壁纸⑨，地上铺象牙凉席⑩，或铺设

图 6–16 远瀛观正面

① 方豪．嘉庆前西洋建筑流传中国史略．引罗马教廷传信部档案．台湾大陆杂志，1953，7（6）．

② 高换婷．英国首次遣使访华进贡礼品之分析．第四届清代宫廷学术讨论会论文．1995．

③ 奚仑．圆明园．照蒋友仁说法．圆明园第 4 期．

④ 清代档案史料－圆明园．p1352．又鞠德源．清宫廷画家郎世宁．

⑤ 能查找到人名的有郎世宁、王致诚、潘廷璋、安德义、伊兰泰、王幼学、王儒学、于世列。如清代档案史料－圆明园．p1390．"乾隆二十五年三月二十五日（如意馆），接得员外郎安泰、金辉押帖一件内开，本月二十一日，太监胡世杰传旨：新建水法西洋门内八方亭棚顶，着郎世宁等画西洋画。钦此。" 又 P1358．郎世宁顶棚画。

⑥ 聂崇正．界画与线法画．紫禁城．1999（2），p14．线法画或称法线．即生成于欧洲总透视的画法。

⑦ 清代档案史料—圆明园．p1352，1530．

⑧ 清代档案史料—圆明园．p1390，1450．

⑨ 清代档案史料—圆明园．p1339．

⑩ 清代档案史料—圆明园．p1390．

仿画的西洋毯子[1]。在宫中自行制作的西洋陈设有西洋镟床及桌几、机械装置、西洋式挂灯、玻璃屏风、西洋箱子、靠被坐褥等。[2]西洋楼内的西式物品如此之多，以致晁俊秀在1786年（清乾隆五十一年）的信中形容远瀛观里面已经挤到了“难以寻到一条通路”的程度了。[3]

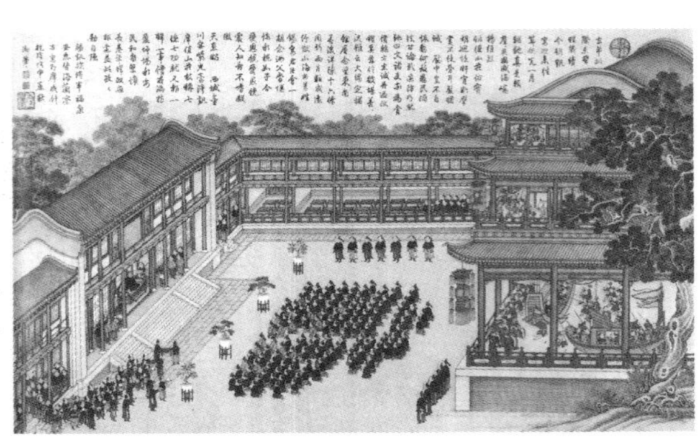

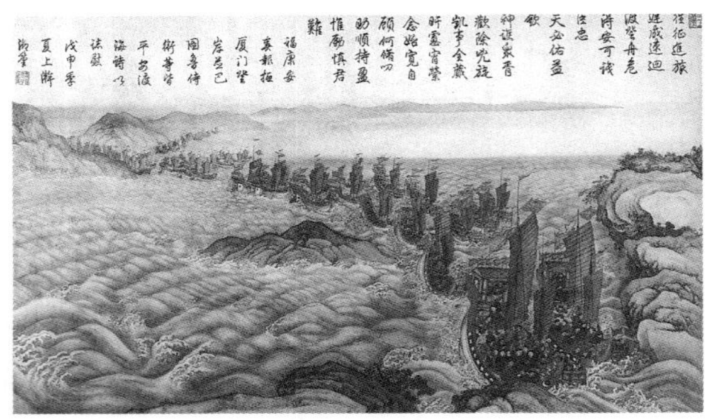

图6–17 （上、下）平定台湾战图

（五）伊兰泰和西洋楼铜版画

中国最早的铜版画是在康熙年间，意大利传教士马国贤奉皇命制作的避暑山庄铜版画[4]。乾隆对于西洋楼非常满意，1781年（清乾隆四十六年）下旨将西洋楼建筑刻为铜版画二十幅永久保存，经过5年时间，于1786年（清乾隆五十一年）刻成。圆明园西洋楼建筑的雕刻图原版现藏法国艺术学院图书馆。[5]至于此套铜版画的作者，长久以来众说不一。许多文章都误以为“这二十张铜版画是郎世宁所画[6]”。也有人认为是“西洋人伊兰泰起稿”。还有一种观点认为身为郎世宁学生的中国画家绘制了这套铜版画。[7]

伊兰泰生平不详，但从档案资料中其名字的出现时间判断，其大约生活于康熙末年到乾隆年间。《养心殿选办处各作成做活计清档》记录中，在康熙时郎世宁14名徒弟中还没有伊兰泰的名字，说明当时可能伊兰泰还没有进入如意馆学画。伊兰泰至少从1738年（清乾隆三年）开始跟随郎世宁学画[8]，1752年（清乾隆十七年）《养心殿选办处各作成做活计清档》已记有“画画柏唐阿伊兰泰[9]”。伊兰泰参与过远瀛观明间顶棚周围大边起稿工作[10]，1788

①清代档案史料—圆明园 .p1412.

②陈设画样起草者中能找到名字的中国画家有萨木哈；西方画家有郎世宁、王致诚、艾启蒙、潘廷章、贺清泰；制作者有蒋友仁、杨自新、席澄源、纪文、汪洪达。

③Michèle Piirazzoli-t' Serstevens（毕雪梅）：Les Palais Européen Histoire et Legéndes （《圆明园：历史与传说》），载Le YuanMingYuan；deux d'eau et Palais Européens du XⅧe Siecleà La Cour de Chine（《圆明园》）。

④详见本书第十章。

⑤［法］伯德莱 . 清宫洋画家 .p209–210.

⑥有此说法的包括：童寯 . 长春园西洋建筑 . 圆明园资料集 .p56. 及圆明园3.p87. 实际上郎世宁早在1766年就已经逝世，不可能参与此项工作。

⑦杨伯达 . 清代院画 .p160. 认为满族院画家伊兰泰起稿西洋楼水法殿铜版画。见戴建新硕士论文 . 认为伊兰泰是起草西洋楼画稿的中国画家之一。［法］伯德莱 . 清宫洋画家 .p91、p92. 也认为耶稣会的学生们绘制了这套铜版画。［日］小野忠重 . 乾隆画院与铜版画 . 东西交流论坛 . 第二辑 .2001，p405. 这是中国人自己雕刻的铜版画中的最早的一套。

⑧见清档“乾隆三年十二月二十九日，郎世宁奉命为二等侍卫伊兰泰做的子母枚鹿及地景烘色”。转引自鞠德源 . 清宫廷画家郎世宁 . 故宫博物院院刊 .1988（2）：49.

⑨杨伯达 . 清代院画 . 提到“乾隆后期新补画画柏唐阿伊兰泰”，与上述提法有所矛盾。

⑩清代档案史料—圆明园 .p1579. 伊兰泰带领外雇六人画远瀛观明间顶棚周围大边。西洋人潘廷璋、贺清泰带领外雇二人明间顶棚中心人物起稿。

年（清乾隆五十三年）运用线法画创作《台湾战图》（图 6–17）[①]，是清宫廷中学习线法画“画画柏唐阿”中出类拔萃的人物。法国传教士晁俊秀（Francois Bourgeois）1786 年 10 月给巴黎图书馆印刷部主任德拉图[②]（Francoia L.F.Delatour)的信(并附一套西洋楼铜版画)中，称二十张铜版画是 1783 年郎世宁的两三个中国学生所绘，1786 年刻为铜版。清代《内务府造办处各作成做活计清档》明确记载“乾隆四十六年四月伊兰泰起谐奇趣图稿[③]”，所以可以肯定伊兰泰是西洋楼铜版画的起稿人之一。据记载：“只有王儒学一人尚可帮伊兰泰绘画。[④]”说明他是当时宫中除伊兰泰外唯一精通线法画的画家，所以王儒学[⑤]很可能也是起稿者之一。同时还有“乾隆四十七年如意馆画得西洋楼水法图第一至六张，交舒文刻铜版[⑥]”之记载，由此可知制作铜版画的是中国人而不是西洋传教士。[⑦]

从现存的二十张西洋楼铜版画来看，每张铜版画风格各异，水平也参差不齐，说明很可能是画家多人参与了此套铜版画创作。目前已知谐奇趣图稿为伊兰泰所为，从图 6–18（a）和图 6–18（b）两张谐奇趣铜版画分析，这两张铜版画的风格也不尽相同。图 6–18（a）树的画法保持了自然形态；图 6–18（b）树的画法有两种：一种是几何形态的，一种是自然形态的。图 6–18（a）具有中国山水画式的近实远虚；图 6–16（b）似乎这种特性不太明显，其透视也没有图 6–16（a）准确。是否可以这样大胆推断，谐奇趣图稿本身也是伊兰泰和其助手或者其他画家共同参与完成的。因为清代档案中，多处都记载有因为时间紧张恐画稿完

图 6–18（a）　谐奇趣南面

图 6–18（b）　谐奇趣北面

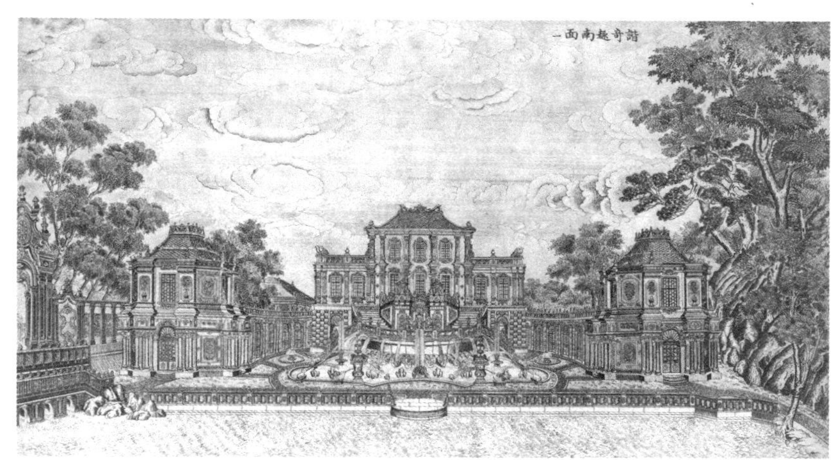

①杨伯达．清代院画．p76．乾隆五十三年由伊兰泰画《台湾战图》一份，选中 10 帧。

②德拉图（1728–1807），著有《关于中国建筑园林的论述》一书。

③清代档案史料－圆明园，p1562．

④内务府造办处各作成做活计清档，乾隆四十七年五月舒文奉旨查可画远瀛观棚项之人奏，“远瀛观殿内明间棚顶中心系西洋人绘画，周围大边系伊兰泰起稿，其余画画柏唐阿俱未能深明线法，染画西洋颜色，只有王儒学一人尚可帮伊兰泰绘画。诚应加添人役赶办，但新挑之人一时不得好手，即粗知绘画于此项线法活计亦可不能熟谙，尚需学习，而在内行走又应常川赏给钱粮米石，不惟徒滋靡费，亦且于各项绘画转致耽延。奴才现在寻觅的画画人十数人，令其各画斗方一张，试其手艺，今挑得八名，看其所画尚可应役，酌拟于此八名内选二名，随西洋人画顶棚中心人物、衣纹、底景，其余六名随伊兰泰绘画周围花边，按日记其工次，可于九月初间告竣，糊饰贴落，即可次第画周围各次间顶棚。”见清代档案史料－圆明园．p1578．

⑤杨伯达．清代院画．p65．记有“雍正朝柏唐阿王幼学”。

⑥清代档案史料－圆明园．p1562．

⑦铜版画约产生于 15 世纪的西方，很可能在 16 世纪就传到中国，但多为宗教画，木刻版。

不成，而外雇帮手的事例。[①]而整套铜版画“云”的画法也不尽相同。

（六）风格特点探析

西洋楼在中国的出现，有以下几个原因：第一，在当时的历史条件下，无疑中国皇帝乾隆对西式建筑的喜爱决定了西洋楼在中国的出现。第二，当时的宫中有能胜任此项工作的传教士。第三，在宫中已有传到中国的有关西式建筑的知识的书籍、图片。[②]

西洋楼园区，在总图布置上主要采用西方传统的几何构图，但局部又采用了中国式自然式布局。西洋楼尽管摹自法国凡尔赛宫，但其布局比起纯粹的法国古典主义园林来更接近意大利花园。法国园林脱胎于意大利园林，其基本要素是意大利式的，但它的规模更大，主轴更突出，更加几何化、人工化，地势平坦，宫殿占统率地位，注意推敲整体比例和各段之间的关系，以便一览无余地欣赏总体。意大利园林的情趣介于法国古典主义园林和英国自然风景园之间。也许是因为意大利园林自然些，较接近中国的审美观，也许因为主要设计师郎世宁是意大利人，西洋楼的布局带有许多意大利特征：用地规模不大；主要建筑的轴线就是花园的轴线；地势不大但有起伏变化；主轴线以山头做对景；水作为园林的主题，并以动态为主；道路笔直成直角；水池、树木、花坛成双布置。中国古典园林，即使是皇家园林也不需要像法国古典主义园林那样，用轴线的无限来象征皇权的无限，用高度的几何化象征征服自然的巨大力量。于是，意大利园林被巧妙地与中国园林布局特征结合，形成了西洋楼独具特色的布局。

西洋楼建筑无疑属于西式宫殿。[③]方豪先生认为，圆明园西洋楼遗迹所反映出的“若干门窗之形状，颇使人一望而知为仿波洛米尼”，“其他部分多类十六世纪末之热那亚王宫”，“壁间花饰，亦有纯然抄袭十八世纪法国之雕刻术者”，“所有岩石形、贝壳形、花叶形之雕饰及壁炉、方形柱等，则又极似路易十四时代之作风”，“圆明园西洋建筑之图式固极自由，而不囿于一式[④]”。但正如德拉图[⑤]说：很难从西式现有的建筑词汇中找到合适的术语来形容传教士们在中国时所称呼的“西式建筑”。[⑥]事实上，这种西式风格已本土化，所以很难确切说明它属于哪种类型——大体上属于西方文艺复兴后期巴洛克风格，但在细部和装饰方面也吸取了许多中国的手法。如，图6–16远瀛观正面，两根雕刻异常精美的石柱安放在中式须弥座之上，石柱浮雕和门额正中也布满了卷草纹图案。图6–8(a)

---

①见上页注释④。

②详见本书第四章。有传教士从西方带来的书籍，路易十四、路易十五给乾隆的书籍、铜版画等赠品。

③从本世纪初伊始，中外许多学者就试图对其风格作出具体的判断。认为其属于巴洛克风格的有德拉图（Francois L. P. Dolatour）的关于中国建筑园林的论述（Essais sur L' Architecture des Chinois，1803年）；奚仑（Osvald Siren）的《中国花园》（Gardens ofChina，1927年）；兰卡斯特（Clay Lanecaster）的《圆明园欧式宫殿》（The European Palaces of YuanMingYuan，1948年）。认为其属于洛可可风格的有旦贝（E. Danby）的《圆明园》（The Garden of Perfect Brightness，1926年）；德茂兰（Georges Soulie de Morant）的《中国艺术史》（Histoire de L' art Chinois，1928年）；向达（觉明）《圆明园遗物文献之展览》（1931年）；童寯《北京长春园西洋建筑》（1980年）；何重义，一代名园——圆明园（1990年）。陈植在其《圆明园洋式建筑和庭园的考证》（1958年）中提出：西洋楼是“不纯粹的巴洛克”，“中国哥特式”。近期的研究多认为西洋楼是多种风格的混合，如张复合《圆明园‘西洋楼’与中国近代建筑》（1988年）认为，西洋楼是巴洛克和洛可可风格；毕雪梅（Michè le Pirazzoli–t' Serstevens）在《朗世宁和乾隆皇帝的欧式宫殿的研究》中（A Plurdisciplinary Research on Castieloine and the Emperor Ch' ien–lung's European Palaces，1989年）认为它具有巴洛克、古典主义、洛可可的特征。

④方豪．中西交通史．

⑤最早关注西洋楼风格问题的人。

⑥Daniel Rabreau et Marie–Raphael Paupe，Un Style Origmal ou les Goutes Remus.

图 6-19 乾隆帝八旬万寿图卷

海宴堂西面，两侧均有中式屋顶式样，是中国式琉璃瓦构造。图 6-15（b）线法山也有一座六角形小亭，采用的是中式亭顶，每侧却有西式三角壁框。甚至有的建筑还有伊斯兰建筑的痕迹，譬如谐奇趣。总之，西洋楼是一座以巴洛克风格为主的充满异国情调的“集锦式园林”。

（七）影响

西洋楼首次在中国皇家园林出现，对后来的中国建筑、特别是园林建筑的设计产生了深远的影响。

首先，圆明园西式建筑的许多细部做法后来成为宫廷西式建筑的标准，皇家园林做法中出现了西式建筑术语，西式建筑某些做法已有一定的法式，如《圆明园工程则例》中就有“界西洋索子锦”（即天花板上绘西洋图案）、“西洋如意栏杆”、“西洋墙”及“西洋拨浪”（即Plan）等西式建筑做法。

其次，这些做法也传播到民间。在清代末年盛行于北京的一些西式店面、西式装修和西式公共建筑，大都仿自圆明园的西洋楼，以至民间俗称西式建筑为“西洋楼式”或“圆明园式”。[①]新近出版的《清史图典》一书中刊登的绘画图像为研究清代西式建筑提供了丰富的资料。从图 6-19《乾隆帝八旬万寿图卷》中可看出，清代西式建筑在中国的影响远远比人们长期以来想象的要多得多。另外，在北京恭王府及四合院民宅出现的西洋门、颐和园的石舫（1905 年）和北京万牲园（现北京动物园前身）大门（1906 年），都有西洋楼影响的痕迹。

西洋楼的影响同时扩展到全国各地，清代画家陈枚等的画作《清明上河图》（图 6-20）中就有西式建筑出现，既印证了西式建筑已从皇家园林走向民间都市，也说明了西式建筑在中国的普及，中国人已接受了西式建筑观念。扬州等地出现了许多具有西式因素的私家园林[②]，江南现存明清园林中仍可见到西洋楼（图 6-21）、彩色玻璃（图 6-22）、铸铁栏杆（图 6-23）等。而且，当时很多做法已规范化。如乾隆年间李斗的《扬州画舫录》的《工段营造录》中就有和《圆明园工程则例》相同的西式建筑术语及做法。

第三，20 世纪初，在皇家园林中再次出现海晏堂。中海海晏堂建于 1901 年（清光绪二十七年），是清代最著名的建筑世家——样式

①中国建筑总览 · 北京篇 .P5-6.
②详见本章后部。

图 6-20 清明上河图卷

图 6-21 扬州何园中的西洋楼

图 6-22 江南园林建筑的彩色玻璃

图 6-23 扬州何园中的铸铁栏杆

雷的第六代传人雷廷昌的作品。不仅和圆明园海晏堂名字相同，而且其建造过程、建筑式样、内部陈设也和西洋楼颇为相似。慈禧决定在原仪銮殿旧址建造完全西式的海晏堂，专作接见、宴请外国女宾之所，令工部根据她的旨意制作模型，几经修改，最后由她敲定。海晏堂的规模、样式、尺寸、做法在清代档案《中海修建海晏堂仿俄馆等工丈做法清册》中有详细规定：由一座三间西式楼、两山拐角西式楼、两座点景西式楼、仿俄馆西式楼等组成。所有建筑均为西式玻璃门窗，饰以西式花卉。堂前水池一座，池内摆十二属相铜兽，池中古花瓶一座，池前两边西式石幢两座[①]，几乎和圆明园海晏堂一模一样。国家图书馆收藏的题为《谨拟集灵囿内添修洋式点景楼座亭台房间等图样》（《集灵囿图样》）的样式雷画样（图 6-24），说明光绪年间慈禧太后已经有了仿建海晏堂的意图。中海海晏堂内的装饰、家具、陈设也完全采用西式，由“慈禧亲自选定路易十五式，由原驻法公使裕庚的太太向巴黎购买[②]”。从现有的样式雷图档可知，海晏堂的门窗、隔断、楼梯栏杆、围屏宝座也均为“西式”或“全雕刻西式花”（图 6-25）。

此外，其他皇家园林中也出现过一些西式因素。如静寄山庄[③]后宫“层岩飞翠”西路有西洋门一座（图 6-26、图 27），与周围中式园林建筑有机结合，成为乾隆造园特点之一，反映了乾隆皇帝的集大成的理想。颐和园也造有西洋门。

① 中国第一历史档案馆．财务类．9756 项和 9866 项．

② 德龄．清宫二年记．

③ 位于天津蓟县盘山南麓的静寄山庄又名盘山行宫，1744 年（清乾隆九年）始建，历时十年建成，是清代鼎盛时期由乾隆皇帝精心经营的园林杰作。不计列为山庄“外景”的盘山的绝大部分既有名胜，山庄本身占地约 $2km^2$，相当于避暑山庄的 2/5，成为清代北京以外规模仅次于承德避暑山庄的第二大皇家行宫园林。见朱蕾硕士论文。

二、江南私家园林

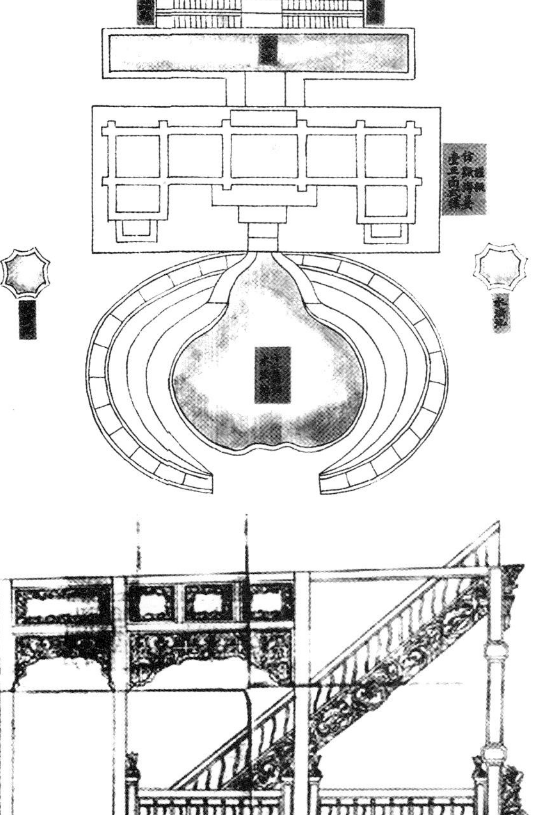

图 6–24　样式雷图档——谨拟仿照海晏堂平面试样

明末清初，传教士及商人主要是通过沿海一带进入中国的，江南沿海一带作为对外窗口，首先受到外来文化的影响。另一方面，外来文化通过沿海地区进入中国宫廷，宫廷文化作为中国的主流文化反过来又影响其他地区。

江南私家园林所受的西方影响，实物已很少，而有文字可考的要数扬州了。扬州地处江淮地区的中心，位于运河与长江的交汇点上，而且“商贾如织”。扬州很早就熟悉西方文化，早在唐代，就有波斯和大食（即今伊朗和阿拉伯一带）的“胡商”来此开店，杜甫有“商胡离别下扬州”的诗句。唐代伊斯兰教、元代基督教先后传入扬州，元代甚至在扬州的地方官中有“也里可温人[①]”，据说马可 · 波罗也曾当过扬州的地方官。明末清初，传教士利玛窦就是从扬州乘船顺大运河北上进京的。1623 年（明天启三年），传教士艾儒略（G.Aleni）的《职方外纪》[②]就在扬州附近的杭州出版，书中有对意大利城市、建筑、教堂的描述，对当时文化中心的扬州也是有影响的。[③]

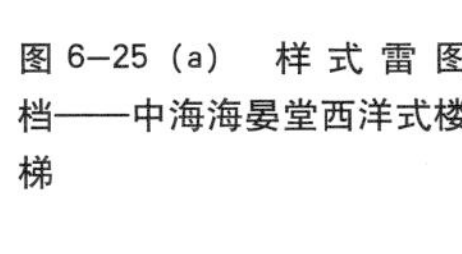

图 6–25 (a)　样式雷图档——中海海晏堂西洋式楼梯

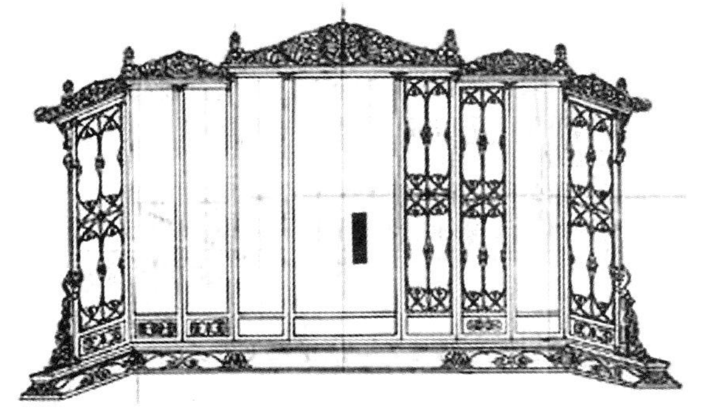

图 6–25 (b)　样式雷图档——中海海晏堂西洋式围屏

至迟在公元前 150 多年，扬州就有了规模较大的园林式建筑。[④]尤其是在唐代，全国园林首推扬州，曾有“扬州侨寄衣冠及工商等，多侵衢造宅，行旅拥弊[⑤]”的记载。在市井相连的“春风十里扬州路”上，园林占有很大比重。乾隆年间，中国园林建筑的发展达到了高峰。那时的扬州，手工业、商业、交通运输特别是盐业十分发达，加上乾隆的六次南巡，迅速造成了扬州表面的繁荣和兴旺。[⑥]清代扬州园林，便是在这样的情况下很快兴盛起来的。无怪乎当

①“也里可温人”，系指来自西方基督教国家的人。《至顺镇江志》中记载，也里可温人鲁合台做过潭州路兼扬州达鲁花赤。
②《职方外纪》，1623 年刊印，五卷本，是中国第一部由中文写成的世界地理著作，由李之藻、杨廷筠、叶向高为之作序。
③许明龙．中西文化交流先驱 .p33.
④许凤仪等．扬州史话 .p171.
⑤（后晋）刘桌等．旧唐书．杜亚传．
⑥（清）李斗．扬州画舫录 .p1．出版说明。

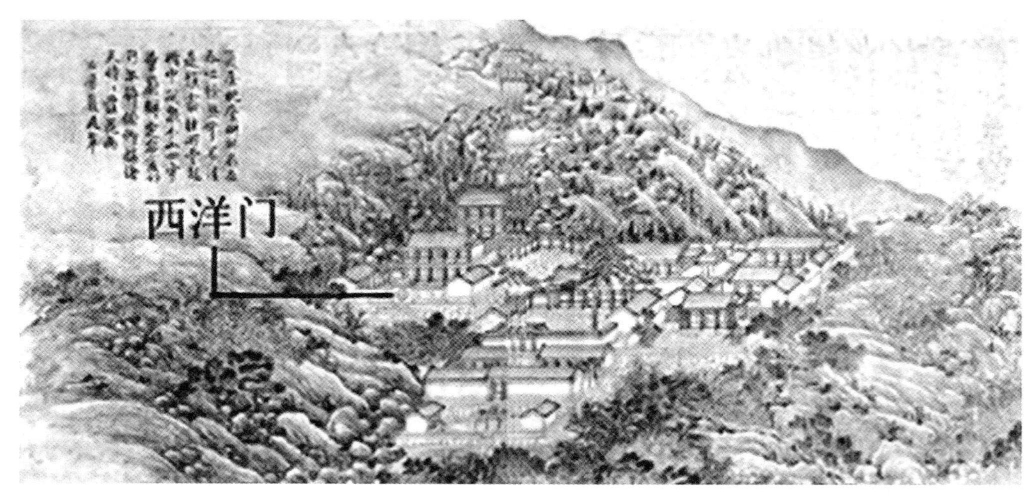

图 6–26　静寄山庄后宫"层岩飞翠"西路西洋门位置图

图 6–27　"层岩飞翠"中西洋门

时有人对江南名城这样评论："杭州以湖山胜，苏州以市肆胜，扬州以园亭胜，三者鼎峙，不可轩轾。[①]"

《扬州画舫录》[②]记录了乾隆第一次南巡时所造园林，其中多处提到扬州园林中的西洋建筑、水法、绘画等，在一定程度上反映了当时扬州园林所受的西方影响。[③]关于这一情况，童寯先生、向达先生都注意到了，陈志华先生[④]还专门写过此类文章。这时期扬州所受的西方影响主要表现在手法上及技术上，园林布局并没有被改变，依然是中国传统的自由式布局。

（一）产生的原因

1. 文化氛围的宽松

首先，从当时国际大环境来看，国际间的文化交流增加。明末清初，传教士东来，为源出于古希腊、古罗马的西方文明与古老的中华文明之间搭起了一座桥梁。

其次，从当时国内环境来看，从统治者方面来说，对西学等外来文化，采取的是宽容态度，尤其是康熙和乾隆皇帝，对西学甚为推崇，如分别由康熙、乾隆敕辑的大型官修类书及丛书《古今图书集成》、《四库全书》，大量收录了西方的科学技术及西方传教士的著述。[⑤]而对内，满清以少数民族入主中原后，清政府对国内文化采取两方面政策：一方面，采取文化高压政策，

①（清）李斗．扬州画舫录．P151．引刘大观语。刘大观，字松岚，山东邱县拔贡生，工诗善书，官广西知县。

②扬州画舫录，为清代李斗（又字北有，江苏仪征县人）所著。该书涉及范围相当广泛，诸如扬州的城市区划、运河沿革、工艺、商业、园林、古迹、风俗、戏曲以及文人轶事等各方面的情况。按城市分区，依次叙述，共分十六卷，加上后附的"工段营造之制和画舫之名"二卷，总计十八卷。其中所记园林，多比较简略，虽不是一部记园林的专著，但足以了解当时扬州园林的概况。据该书作者自序，该书写作年代是 1764 ～ 1795 年之间（清乾隆二十九～乾隆六十年）。

③当时扬州园林也吸收了其他外来文化。如［清］李斗．扬州画舫录．p148．记水明楼时，说其"图志谓仿西域形制"。

④陈志华．清初扬州园林中的欧洲影响．建筑师（28）．

⑤详见本书第七章。

严厉打击汉族人民的反清事件，比如兴文字狱；但另一方面，采取怀柔政策，大力提倡汉文化，拉拢知识分子，如组织官员、士人修《明史》以及乾隆时代扬州八怪的诞生与存在，都从侧面说明当时文化氛围还是较为宽松的。

最后，当时的知识分子，对西学的态度也是冷静的、不卑不亢的。从李斗的描述中也可看出，当时士人阶层对西洋之物并没有大惊小怪，而是采取接纳的态度，甚至还有些许推崇。当然，士人阶层的这种态度与当时皇帝的态度也有很大关系，所谓“上有好者，下必甚焉”。当时的西学已在社会上蔚然成风，那么，在造园中出现西式因素就成为理所当然的了。

2. 地理位置的特殊

由于扬州特殊的地理位置，使它成为首先接受西方文明的窗口。

3. 扬州经济的发达

园林是上层建筑的上层。[①]造园艺术要显现得更完美，它总要在文化上更加精致、生活更加闲逸的时候才能达到高潮。[②]扬州，自隋唐以来，就逐渐成为中国东南沿海的经济、文化中心，到了清代中叶，随着手工业、商业和交通运输、特别是盐业的发展，更加繁荣起来。扬州商贾如云，富甲天下，尤其是盐商，其富裕程度在小说《红楼梦》中可略见一斑。空前富裕的人们往往有追求时髦的心理，当时扬州的园林，有相当一部分是盐商建造的。

4. 商人们为了“迎銮”，追求合于“帝意”的心理

扬州盐商的富源是封建国家的专卖制度，他们与封建政府之间，就形成一种依赖关系。盐商们为了表示对封建政府的感恩戴德，千方百计取悦于封建帝王。每当清政府要赈济灾荒、兴办水利土木工程、镇压农民起义和采取军事行动之时，盐商们都积极捐银报效，支持封建政府。有人统计，从 1733 年（清雍正十一年）至 1804 年（清嘉庆九年），这 72 年中，扬州盐商报效政府的款项，达到白银 2600 多万两。盐商们竭忠尽力，报效朝廷，赢得了帝王的欢心。在政治上，他们多次受到加恩封赏，赐给职衔，提升级别。乾隆帝南巡时，曾多次经过扬州，盐商们慷慨解囊，曲意奉承。盐商江春因“急公报效”，曾先后被赐予内务府奉宸御卿、布政使衔，并赏戴孔雀翎。[③]在《扬州画舫录》卷十三提到的扬州白塔，解释为迎合乾隆“仿京师万岁山塔式[④]”。据说，盐商江春为了让乾隆帝高兴，在大虹园中一夜赶修成一座白塔。乾隆帝为之感叹说：“盐商之财力伟哉！”还有盐商“一夜造成三仙池[⑤]”、“一夕造成三贤祠[⑥]”之说。

（二）园林中的西式建筑因素

1. 空间

（1）《扬州画舫录》卷十四“石壁流淙”园

“静照轩东隅，有门狭束而入，得一屋一间，可容二三人。壁间挂梅花道人山水长幅，推之则门也。门中又得屋一间，窗外多风竹声，中有小飞罩，罩中小棹，信手摸之而开。入竹间阁子，一窗翠雨，着须而凝。中置圆几，半嵌壁中，移几而入，虚室渐小，设竹榻。榻旁一架古书，缥缃零乱，近视之，乃西洋画也。由画中入，步步幽邃，扉开月入，纸响风来。中置小座，游人可憩。旁有小书橱，开之则门也。门中石径逶迤，小水清浅，短墙横绝，溪水遥闻，

①童寯．中国园林对东西方的影响．建筑师（16）：14．
②窦武．意大利造园艺术．建筑史论文集（8）：119．
③张连生．扬州盐商为什么从嘉庆走向衰落．p74．
④（清）李斗．扬州画舫录．p307．
⑤清稗类钞．第二册．园林类．第二十四册．豪奢类．
⑥汤捷南．国朝遗事记闻．第一册．

似墙外当有佳境，而莫自入也。向导者指画其际，有门自开。麓险之石，穿池而出，长廊架其上，额曰水竹居。阶上小池半亩，泉如溅珠，高可逾屋，溪曲引流，随云而去。池旁石洞逼仄，可接楼西山翠，而游者终未深入也。[①]"

1）分析 1——空间出人意料与关捩机括

静照轩东部[②]共 7 重门分成 6 个空间，即"狭门—梅花道人山水长幅门—小棹门—半嵌壁中圆儿门—西洋画（竹榻古书架画）门—小书橱门—透视画门"，几个空间，个个引人入胜，出人意料。"罩中小棹"、"半嵌壁中圆儿"、"向导者指画其际，有门自开"的画，一定是装了机械装置，这种出人意料与关捩机括做法很可能来源于西欧园林手法。13 世纪法国海斯丹府邸（Chateau de Hesdin）园林，主要建筑物里的"然廊"和另外的一亭一轩中，安装着大量机械装置，能叫游览的人"大吃一惊"，有人踩到一个隐秘的机括，就会有水从什么地方喷出来，淋一身湿；翻开一本弥撒书，就会有一股黑烟冒起……这种机械装置，后来在西欧风行。显然，上述"水竹居"构思与这种手法是有联系的，只不过在构思上更符合中国人的思维习惯，在具体做法上更为含蓄、自然。

2）分析 2——用透视法绘画来延伸扩大空间

上述有两处描述西洋透视画，其写实水平是很高的，可以以假乱真，也就是说其透视很准确。第一处，"榻旁一架古书，缥缃零乱"，走近看，"乃西洋画也。"之后，过"小书橱门"，来到另一空间，又有一透视[③]画门："似墙外当有佳境，而莫自入也。"这种手法源于西方巴洛克形式。用绘画扩大空间或表现虚幻空间是巴洛克表现手法之一。巴洛克艺术形式是 17、18 世纪流行于西方与拉丁美洲大部分地区的一种艺术倾向，表现为戏剧性、豪华与夸张。其产生背景很复杂，反映教皇的空前富裕，有追求感官的享受和卖弄财富的趋向，这一点与当时富甲天下的盐商还是有共同之处的。

乾隆第一次南巡是在 1751 年（清乾隆十六年），大致与北京长春园西洋建筑的建造同时。北京长春园西洋楼的建造，主要是由当时在京的西方传教士完成的；而在扬州，主要是中国人自己设计的。在《扬州画舫录》卷二中，李斗记述了通西洋画法的画家张恕，虽泰西人无能出其右。[④]钱塘人丁允泰之女丁瑜，也是守其家学，学习西洋烘染法的。还有祖传五代学习西法描绘肖像的丁氏家族。[⑤]

（2）《扬州画舫录》卷十二"荷浦熏风"园中"怡性堂"

"前建敞厅五楹，上赐名怡性堂，堂左构子舍，仿泰西营造法。……左靠山仿效西洋人制法，前设栏楯，构深屋。望之如数十百千层，一旋一折，目炫足惟。惟闻钟聲。令人依声而转。盖室之中设自鸣钟，屋一折则钟一鸣。关捩与折相应，外画山河海屿、海洋、道路。对面设影灯，用玻璃镜取屋内所画影。上开天窗盈尺，合天光云影相摩荡。兼以日月之光射之，晶耀艳伦，更点宣石如车箱侧立。[⑥]"

1）分析 1——丰富的空间

"西洋制法"的深屋及自鸣钟很可能来自意

①（清）李斗．扬州画舫录．p333.
②也有可能是七个相连的小建筑，总之，七个空间有门相连。
③关于透视详见本书第七章。
④（清）李斗．扬州画舫录．p49．"张恕，字近仁，工泰西画法，自近而远，由大及小，毫厘皆准法则，虽泰西人无能出其右。"
⑤（清）李斗．扬州画舫录．p46．"丹阳丁皋（?－1761），字鹤洲，居甘泉，精于是技。撰《传真心领》两卷。分三停五部。先从匡廓画起。以为肖与否。皆系于是。次及阴阳虚实之法。次及天庭两颧。目光海口。鼻准眉耳。各有定法。部位定。次及染法。次及上血色法。终之以提神。又申言旁侧俯仰之理。及胜法朽法。皆备焉。"
⑥（清）李斗．扬州画舫录．p268－270.

大利。[①]意大利园林的极盛时期是在16世纪下半叶到17世纪上半叶，多造在山地上，以山修筑几层平台，平台前有雕饰栏杆和各种喷泉、雕刻、流水等的组合。那座被称作“深屋”的建筑物，使人产生“如数十百千层”的幻觉，以及室内用玻璃镜作装饰应该是巴洛克式建筑[②]的特征。这好比是把一连串厅堂的门设在一条线上，看过去空间层次很多[③]。至于这座建筑物的结构已很难考证了。

2)分析2——用关捩控制钟声，引导人转折，也非常类似巴洛克的做法

自鸣钟是源于西洋之物，但它的制造，很可能是当地人所为。卷十一中，李斗曾记述一名精于制自鸣钟之人：“汪大黉，字斗张，号损之，歙县人，工历书，精于制自鸣钟。[④]”可见，当时扬州已有自己的制钟人，西洋各种技法已深入扬州民间。

2．玻璃房

据清史料记载，1725年（清雍正二年），圆明园后殿仙楼下做双圆玻璃窗，此为圆明园首次使用玻璃的记载。[⑤]

《扬州画舫录》中有好几处描述园林中的玻璃房，卷十二关于澄碧堂有下列描述：

“涟漪阁之北，厅事二。一曰：澄碧；一曰：光霁。平地用阁楼之制，由阁尾下靠山房一直十六间。左右皆用窗棂，下用文砖亚次。阁尾三级，下第一层三间。中设疏寮阁间。由两旁门出第二层三间，中设方门。出第三层五间为澄碧堂。盖西洋人好碧，广州十三行有碧堂，其间皆以连房广厦，蔽日透月为工。是堂效其制，故名澄碧[⑥]。”

卷七中，“砚池染翰[⑦]”：

“有柳深读书处、毂雨轩、风漪阁诸胜。”此园囿两处写玻璃房，在柳深读书堂的堂前“构玻璃房”。其次，在风漪阁，“最东小屋虚廊在丛竹间。更幽邃不可思拟。阁后曲室广厦。轩敞华丽。窗棂皆置玻璃。大至数尺。不隔纤翳。窗外点宣石山数十丈。赐名澄空宇匾额。[⑧]”

1）分析1——中国在建筑上使用玻璃[⑨]，无疑是受了西方的影响

首先，我国生产平板玻璃的时间较短，所以在建筑上大规模应用玻璃不可能太早。

其次，在西方，玻璃在建筑上应用远比中国早。

再次，《扬州画舫录》中所述玻璃房，相关细节已很难考证，不过，从李斗描述的“大至数尺，不隔纤翳”来看，玻璃质地较好、强度较高。从当时国内技术来看，直到1887年（清光绪十三年）之前，中国始终没有生产平板玻璃的能力，所以可断定，在这以前的平板玻璃属舶来品。从李斗“西洋人好碧”的描述中也可看出，在当时人看来，是西洋人喜欢用玻璃。反过来说，就可以这样理解，是西洋人首先在建筑上使用了玻璃。

最后，康乾时期，离扬州很近的广州是对外贸易港口，输入了不少西方玻璃，人称“洋玻璃”。从当时盐商的经济实力及生活的奢华程度来看，购买进口洋玻璃来建造房屋也是合情

①陈志华．清初扬州园林中的欧洲影响．建筑师（28）：122.
②巴洛克，其背景比较复杂，是继欧洲文艺复兴以后出现的，它的特征之一就是注重空间的丰富。
③陈志华．清初扬州园林中的欧洲影响．p122.
④（清）李斗．扬州画舫录．p282.
⑤见本章前文表6-1。
⑥（清）李斗．扬州画舫录．p285.
⑦一名南园，乾隆赐名九峰园。所谓九峰，并不是指九座山峰，是指园中有九奇石。
⑧（清）李斗．扬州画舫录．p168.
⑨详见本书第七章。

合理的。《红楼梦》中有多处关于玻璃窗的描述[①]，可见当时玻璃的普及程度。

2）分析2——几处玻璃房的形式，澄碧堂的形式，作者描述得很清楚自不必说，那么后两处的玻璃房到底是什么形式

据袁枚《随园诗话》，园中房屋多以各色玻璃窗为炫奇夺目之物。"蔚满天"皆蓝玻璃，"水精域"镶白玻璃，"绿净轩"皆绿玻璃，"兼山红雪"饰紫玻璃，甚至像教堂一样嵌五色玻璃，谓"玻璃世界[②]"。

总之，玻璃房的产生是受西方影响，扬州玻璃房所用玻璃是进口的。

（三）关于水法和水嬉

乾隆年间，不仅宫廷中大规模的兴造"水法"[③]，而且民间也开始兴造"水法"。当时在扬州城，最为有名的水法要数"石壁流淙"了。

"石壁流淙"，又名徐园，1765年（清乾隆三十年），乾隆赐名"水竹居"，是一座以水法为主的园林。[④]"轩后复构套房。诡制不可思拟。所谓水竹居也。[⑤]"

"是园。辇巧石，磊奇石，潴泉水，飞出巅崖峻壁，而成碧淀红涔，此石壁流淙之胜也。先是土山蜿蜒，由半山亭曲径逶迤至此。忽森然突怒而出，平如刀削，削如剑利，襞积缝纫，淙嵌洑岨，如新篁出箨，匹练悬空，挂岸盘溪，披苔裂石，激射柔滑，令湖水全活。故名曰：淙。淙者，众水攒出，鸣湍叠濑，喷若雷风，四面丛流也。[⑥]"

其出奇制胜的喷泉做法是比较明显的巴洛克手法了。此水法的设计人就是当时"石壁流淙"园主徐赞侯的子孙——徐履安，"有诡气，善弄水。幼与群儿争浴河畔。能水面吹花。长于海船进洋，篙蓬成绝技。"而水法的做法是"以锡为筒一百四十有二伏地下，上置木桶高三尺，以罗罩之。水由锡筒中行至口，口七孔。孔中细丝盘转千余层，其户轴织具、桔槔辘轳、关捩弩牙诸法，由机而生。使水出高与檐齐，如趵突泉。即今水竹居也。[⑦]"

至于水嬉，卷十三，"韩园"：

"常演窟儡子，高二尺，有臂无足，底平，下安枸卯枸。用竹板承之，设方水池，贮水令满。取鱼虾萍藻实其中，隔以沙障，运机之人在障内游移转动。金鳌退食笔记载水嬉，此其类也。[⑧]"

此外，沈复在《浮生六记》中记皖城王氏园云："观其结构，作重台叠馆之法……其立脚全用砖石为之，承重处仿照西洋立柱法。[⑨]"可见，在18世纪的中国，西式建筑做法不仅为人广知，而且已在私家园林中多处被效仿运用。

（四）扬州私家园林中受西方影响的特点

1．园主人大部分是富甲天下的盐商及"官商"

扬州私家园林中园主人大部分是富甲天下的盐商及"官商"，如"四桥烟雨园[⑩]"主人黄履暹，家中行二，开"青芝堂药铺，城中疾病

①详见本书第七章。
②（清）袁起．随园图说．袁祖志．随园琐记．
③详见本章前文。
④朱江．扬州园林评赏录．p65．扬州历代的园林，按其布局可分为：以山石为主的园林；以花木为主的园林；以楼阁为主的园林；以水法为主的园林。［清］李斗．扬州画舫录．p331．也说，"石壁流淙，以水石胜也。"
⑤（清）李斗．扬州画舫录．p331．
⑥（清）李斗．扬州画舫录．p331-332．
⑦（清）李斗．扬州画舫录．p334．
⑧（清）李斗．扬州画舫录．p297．
⑨（清）沈复．浮生六记．
⑩一名黄园．乾隆皇帝赐名"趣园"．

赖之”，想必是一个很大的药铺，刻有《圣济总录》、《叶氏指南》[①]。其弟黄履昊“由刑部官至武汉黄德道”，黄氏一家即是商官。

2. 西式因素比较零碎

从整体上看，这些园还是中国式的，其中的西式因素只是作为全园的点缀，所以扬州园林所受的西方影响都比较零碎，主要限于在内容上和手法上。

3. 西式因素已不自觉本土化

因为出现了本土设计师，所以很多方面已不自觉本土化了。由元迄清，扬州的诗人、文士是很多的，特别是清代，扬州出现了更大的文化繁荣。就拿园林来说，当时对园林设计颇有研究的人很多，有相当一部分是士人、达官贵人。如“四桥烟雨园”园主黄氏兄弟就是致力于园林的有心人，李斗曾记述黄氏兄弟：“好构名园，尝以千金购得秘书一卷，为造制宫室之法。故每一造作，虽淹博之才，亦不能考其所处。[②]”当年黄氏[③]兄弟购得一本什么样的秘书，已很难考证了，但秘书里应该有西式做法，因为是非传统做法，故“虽淹博之才，亦不能考其所处”。上文提到的石壁流淙的园主徐氏之子孙徐履安是设计水法的能手，当然还有善西画的行家。总之，当年园林中的西洋画、水法、自鸣钟以及西式建筑，很可能出自于当地人之手，至少是部分出自于当地人，这些西洋之物就不自觉地本土化了。

三、中国引进西方植物

明清时期移植到中国的植物，现知道的有玉米、椰树、椴树、香草等。据最早到过中国福建的西班牙传教士厄拉达记载，1757 年（清乾隆二十二年）之前在福建就已栽种玉米。[④]西方植物中，以蔬菜传入中国为多。中国人俗称的带“洋”字的菜，有些就是来自西方。清初画家吴历[⑤]著《三余集》，内有西菜诗一首——注说“传自大西种[⑥]。”

1754 年（清乾隆十九年），乾隆帝欲扩大御花园，法国传教士汤执中进呈西方菜蔬花卉种子，他因之被乾隆帝喜欢，得以在皇宫工作。[⑦]乾隆来西洋楼游赏时，曾询问“那些外来的品种[⑧]”。1756 年（清乾隆二十一年），画家奉旨绘制宫廷内洋菊 36 种，画谱后记品名、形状而成《洋菊谱》，这些洋菊可能通过汤执中从法国传来。[⑨]而邹一桂在其书序言中也说：“本人力所接触，以洋名实出中国，余既绘图赋以长篇，乃为兹谱以备考焉。花名为 36 种。[⑩]”

---

①（清）李斗．扬州画舫录．p290．

②（清）李斗．扬州画舫录．p282．

③黄氏本来是徽州歙县潭渡人，寓居扬州，兄弟 4 人，以盐策起家，当地人称“四元宝”。

④周一良．中外文化交流史．p853．

⑤字渔山，耶稣会会士，后晋司铎职。

⑥方豪．中西交通史．p797．

⑦Aloysius Pfister：Notices biographiques et bibliographiques sur les Jesuites de I’ an cienne mission de Chine 1552–1773，p1796。

⑧Michèle Pirazzoli–t’Sertevens（毕雪梅），A Pluridisciplinary Research on Castigloine and the Emperor ch’ien–lung’s European palace，引自蒋友仁 1767 年信，载 National Palace Museum Bulletin，Vol.26，1989，台北。

⑨［日］天野元之助．中国古农书考． p300–301．

⑩（清）邹一桂撰．洋菊谱．主要有银佛座、金佛座、宫花锦、锦贝红、蜜荷花、紫丝莲、檀心晕、雪莲台、雨鹃红、绒锦心、佛手黄、泳金轮、粉翕儿，锦 红、月华秋、红玉环、昭容紫、银丝针、秋月白、海红莲、万点红、青心玉、锦麟祥、金赤带、鹭鸶管、朝阳素、金缕衣、紫金鱼、坠红丝、金凤羽。

相关细节还需进一步考证，但有一点是可以肯定的，洋菊当指大丽菊、天竺菊等。菊花原产于我国，据考，“菊花”一名，最早见于《周官》，在2500年前的《礼记月令篇》中就有“季秋之月，鞠有黄华”的记载。1688年（清康熙二十七年），荷兰商人从我国引种菊花到西方栽培，1689年（清康熙二十八年），荷兰作家白里尼曾有《伟大的东方名花——菊花》一书。18世纪中叶，法国路易·比尔塔又将我国的大花菊花品种带到法国。①

在中国的植物中，有些原产地在美洲，是通过传教士传来的。如菠萝，16世纪末由到澳门的葡萄牙传教士传入我国。番荔枝，1699年（清康熙三十八年），由耶稣会士进献康熙帝。②金鸡纳霜，即奎宁，1692年（清康熙三十一年），康熙帝染疟疾，法国传教士张诚、白晋献上奎宁，使康熙帝病愈，此药因此受到重视，用作原料的金鸡纳树遂得以在中国栽种。③而我国现在广泛种植的大花生，则是在同治年间由美国基督教圣公会传教士传入的。

①姚毓璆．菊花．p1-7.
②[英] 傅路德．Early New World Influences on China, Vol., No.4, 1936.
③[英] 傅路德．Early New World Influences on China, Vol., No.4, 1936.

第七章 建筑其他方面

明末清初，西方科学技术文化以空前的规模被介绍到中国，对中国产生了巨大而深远的影响。这是因为：

1）从明末到清初，几位中国皇帝都不同程度地对西学感兴趣，明崇祯皇帝曾采纳传教士毕方济[①]富国强兵的政策。[②]清朝前期，康熙、乾隆两位皇帝对西学更是推崇备至，康熙皇帝还亲自向传教士学习天文、数学。[③]

2）从万历年间开始，中国知识界对西方传入的科学知识一直比较重视[④]，徐光启就曾在其“试验三法”中，将引进西学放在首位，主张：

“尽召有名陪臣使至京师，乃择内外臣僚数人，同译西来经传。凡事天、爱人之说，格物穷理之说，治国平天下之术，下及历算、医药、农田、水利等兴利除害之事，一一成书，钦命廷臣共定其是非。[⑤]”

梅文鼎[⑥]也认为，“法有可采，何论东西，理所当明，何分新旧。[⑦]”

3）渴望在中国传播上帝福音的耶稣会士也从追求和羡慕西洋奇器玩具和西洋科学技术的中国人，尤其是中国皇帝、官员、士人身上，看到了西洋技艺和西洋学术的巨大威力。[⑧]从康熙朝至乾隆朝，葡萄牙国王、西班牙国王、法国路易十四、罗马教皇等，都曾专门选派学识渊博和技艺高超的耶稣会士来华[⑨]，企图通过这种方式和途径，争取清廷放宽教禁，以便为在中国传教创造良好的条件。来华传教士中有著名的数学家、天文学家、地理学家、内外科医生、音乐家、画家、钟表机械专家、珐琅专家、建筑专家等。在中国学者的帮助和配合下，传教士们先后著译了大量“西学”汉籍。其内容涉及天文、历算、地理、机械以及宗教等方面，对于中国学术的发展产生了极大的影响。

在建筑领域，因受西方影响，建筑技术、建筑材料、建筑装饰、建筑师队伍、建筑画等方面都发生了一些变化。

一、建筑技术

明末清初，一些西方机械学、力学原理及应用这些原理制造的“奇器”开始在中国书籍中出现，有些甚至被应用到建筑实践中。以下结合《古今图书集成》、《四库全书》中相关记载，进行论述。

（一）《古今图书集成》与《四库全书》

《古今图书集成》集康熙以前古今图书之大成，收录自秦汉至清代的图书[⑩]，是我国现存的

①毕方济（Francois Sambiasi，1582–1649年）字今梁。1582年（明万历十年），生于意大利那波利港。1613年（明万历四十一年）来京。精通文学数理，在华曾奉命进行天文观测，参与修订历法，也是最早将望远镜及其用途介绍到中国的人之一（还有阳玛诺教士）。所著各书如下：《灵言蠡勺》二卷、《睡答》一卷、《画答》一卷、《坤舆全图》。

②后因明朝灭亡，没有任何结果。

③详见本书第三章。

④有两种不同的态度，另一种是以杨光先为代表的少数人，在反对天主教的同时也反对传教士带来的科学知识。

⑤（清）黄伯禄．正教奉褒．第一册．p10–12.

⑥梅文鼎（1633–1721），字定九，号勿庵，安徽宣城人，是清初被誉为“历算第一名家”的民间天文、数学家，他毕生致力于阐发西学要旨，表彰中学精华，对于整个清代的学术思想都有一定的影响。刘钝．清初历算大师梅文鼎．p52.

⑦（清）梅文鼎．堑堵测量．兼济堂纂刻梅勿菴先生历算全书．卷二．

⑧鞠德源．清代耶稣会士与西洋奇器．故宫博物院院刊，1989（1）：3–16.

⑨有时是应中国皇帝的邀请来华，如后文提到的郎世宁等画家。

⑩曹英．《古今图书集成》文献学价值评析．中医药学刊，2001（1）：141–142. 白玉霞．《古今图书集成》成书略考．内蒙古民族师范学报，2000（4）：81–83.

一部规模最大[①]、内容最丰富[②]、分类详细、编排系统、体例完备、便于检索的完整类书[③]，也是当时世界上最大的、收罗最广博的、容量最丰富的一部古代百科全书，在中国文献学发展史上，有重要地位。由陈梦雷撰。[④]其中附有精美图表约6264幅，"凡花草树木、鸟虫鱼兽、器物用具、楼台亭阁皆有图形其状，凡名山大川、省府县治均有图冠于首"。《古今图书集成》中收录了西方科学技术及西方传教士的著述，而且由于它的发行，进一步扩大了西学在中国、尤其是在士人中的影响。目前，此书大约有五个版本[⑤]，初版传世的约有十二部。[⑥]此外，国外还编制了一些《古今图书集成》的专用工具书。[⑦]其中大量收录了当时传教士带入中国的西方科学技术知识。

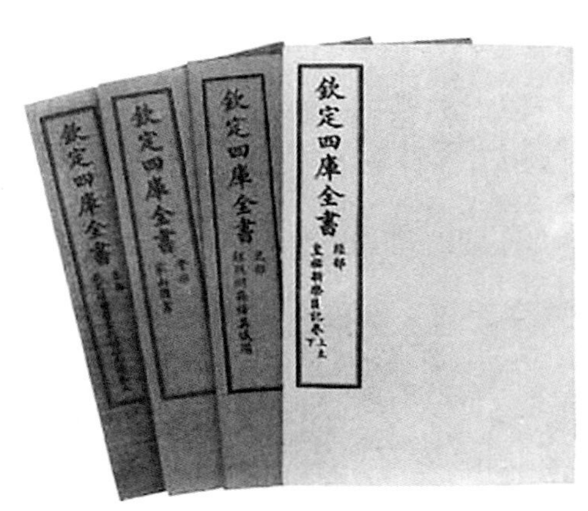

图7–1 《钦定四库全书》

《四库全书》（图7–1）是在乾隆皇帝指示和监督[⑧]下完成的一部大型官修丛书，其内容基本包括先秦至清初的重要文献典籍。纪昀、陆锡熊、孙士毅为总纂官，陆费墀为总校官，下设纂修官、分校官及监造官等360余人。还征募抄写人员3800余人，要求"字画工整"，必须"如期就事"。《四库全书》收书3503种，79337卷，36304册。1781～1784年（清乾隆四十六年～乾隆四十九年）完成。[⑨]1789年（清乾隆五十五年），正式颁发《四库全书》。

《四库全书》从开始撰写到最后成书，都是

① 正文一万卷，目录四十卷，共计10040卷，约一亿六千万字，分订5020册，装522函。

② 该书内容包括经史、天文、地理，及至山川草木、百工制造、海西秘法等。

③ 《古今图书集成》多将原书整部或整篇、整段地抄入，并注明书名、篇名、作者，便于查找原始资料。该类书为汇编、典、部三级目录，类分为"历象汇编"、"方舆汇编"、"明伦汇编"、"博物汇编"、"理学汇编"、"经济汇编"六个汇编，每个汇编之下分若干个典，每典之下分若干个部，共32典，6109部。

④ 陈梦雷，字则震，号省斋，福建人。清顺治七年（1650年）生人。19岁（清康熙九年）中进士官翰林编修。从康熙四十年十月开始至康熙四十五年四月初稿完成，之后又继续整理10年，康熙五十五年进呈。康熙皇帝赐名《古今图书集成》。

⑤ 杨玉良．《古今图书集成》考证拾零．故宫博物院院刊，1985（1）：35．初版是在雍正四年（1728年），三年时间印了六十四部，分贮于宫廷及皇帝行宫，并赐给一些大臣们。所印六十四部经过二百多年的辗转周折，现存无多。之后又陆续出了四个版本。一个是光绪十年点石斋铅印版。再一个是1934年，上海中华书局缩微影印本。1959年，人民卫生出版社根据该版本出版了铅印本，为现今通行本。1986年，中华书局与巴蜀书社将此版重印。

⑥ 北京故宫图书馆存一部（原存盘山行宫"静寄山庄"），台湾故宫三部（原存文渊阁、乾清宫、皇极殿），北京图书馆（原存文津阁）、上海图书馆、杭州图书馆、浙江范氏天一阁、南浔嘉业堂各存一部。此外，英国伦敦、法国巴黎、德国柏林也各有一部。

⑦ 如英人翟理斯（L · Giles）将此书编入英文《中国百科全书字母索引》即《古今图书集成索引》，英国瓦伯尔编《古今图书集成方舆汇编索引》，日本文部省编《古今图书集成分类目录》等。

⑧ 由《四库全书简目》所附《圣谕》一卷中看到从乾隆三十七年到四十六年间，就下达了二十几道圣旨，随时纠正编撰中不合意的地方。乾隆三十七年（1772年）正月初四，乾隆降旨在全国购访群书，将历代书籍进行了一次全面审查、评论和总结，并采用了赏罚分明的征书办法，鼓励百姓呈献图书。几年之内，各省进献图书达1.3万余种，民间许多善本、孤本以及许多珍贵典籍都聚往北京，使国家藏书迅速增多。又见（清）永瑢等撰《四库全书总目》的出版说明。

⑨ 乾隆四十六年（1781年）第一部缮写完毕，藏于文华殿后文渊阁（现藏台北故宫博物院）；乾隆四十七年（1782年）完成第二部，存放于沈阳奉天行宫文溯阁（原藏辽宁省图书馆，现由甘肃省图书馆保管）；乾隆四十八年（1783年）完成第三部，存于圆明园文源阁（被英法联军侵略者焚毁）；乾隆四十九年（1784年）完成第四部，存于热河避暑山庄文津阁（现藏北京国家图书馆）。

在乾隆皇帝的直接控制下进行的，所谓："每进一编，必经亲览，宏纲巨目，悉禀天裁。"

这就决定了它必然要通过书籍的进退取舍以及书目提要、分类排列乃至议论评介等方式，来直接间接地反映一代学术风尚以及统治者的意愿要求，表露出鲜明的政治思想倾向。乾隆皇帝在钦定《四库全书》时，并没有完全将"西学"抛弃。《四库全书》共收录西方传教士的著述 24 种，其中列入"著录书"的有 11 种，列入"存目书"的有 13 种。除收录了西士译述外，也收录了部分中国学者介绍"西术"、推崇"西学"及至"西学"影响的著述。[①]《四库全书》对"西学"书籍中实用科学方面的著述，微词不多，且时有赞誉。如《四库全书总目》中这样评价西学：

"案欧逻巴人天文推算之密，工匠制作之巧，实逾前古，其议论夸诈迂怪，亦为异端之尤。国朝节取其技能，而禁传其学术，具存探意。[②]"

这实际上也是当时最高统治者——乾隆的思想，说明当时"西学"在中国的传播较为广泛。

由于当时出版的六十四部《古今图书集成》、分藏在各地的七部《四库全书》在社会中的传播，进一步扩大了"西学"在中国社会、尤其是士人中的影响，为西方科技在中国的应用作了理论上的准备。

（二）关于远西奇器

《远西奇器图说录最》为中国第一部力学、机械工程学书籍，由耶稣会士邓玉函口授，王徵译绘[③]，1627 年（明天启七年）刻于北京。[④]至清，先后被收入《古今图书集成 · 经济汇编 · 考工典》卷二百四十九及《四库全书 · 子部》。《四库全书提要》曾对《远西奇器图说录最》的务实切用原则有高度评价：

"……且书中所载，皆裨益民生之具。其法至便，而其用至博，录而存之，因未尝不可备一家之学也。[⑤]"

《远西奇器图说录最》[⑥]所依据的底本作者，该书卷一介绍："一名未多，一名西门。又有绘图刻传者，一名耕田，一名刺墨里。"据北堂图书馆长 Verhaeren，H. 考证[⑦]，西门即 A Simon Stevin（1548–1620），第一、二卷多采自西门《数学札记》下册（1608）；未多乃指 Vitruvius，公元前 1 世纪罗马大建筑家维特鲁威，第二卷还采自未多《建筑十书》，而《建筑十书》早在 1616 年已由金尼阁神父从

---

①（清）永瑢等．四库全书总目．p7．又据王永华．西学在《四库全书》中的反映．p31–33．

②四库全书总目．卷一二五．子部杂家类存目。当然这实际上反映了当时皇帝乾隆的思想。

③王徵（1571–1644），字良甫，号葵心，陕西泾阳人。万历二十二年（1594 年）举人，九上公车不遇，著书力田，自制自行车、自转磨、虹吸、鹤饮、刻漏、水、连弩、代耕、输壶诸器。年五十二，受洗入天主教。李约瑟称他为"中国第一个近代工程师"。此前与传教士金尼阁合著《西儒耳目资》，为第一部研究用罗马字为汉字注音的著作。

④方豪．中西交通史．p747．此书出版后被多次翻印，先是在崇祯六年由金陵人武位中刊印。清道光年间钱熙祚于 1844 年又将之收在《守山阁丛书》。

⑤（清）永瑢等．四库全书总目提要．子部 · 谱录类．

⑥全书分绪论、第一卷重解、第二卷器解、第三卷力解等几部分。在《序》之后，有《凡例》九则，指出治机械学必修重学、穷理格物之学、度学、数学、视学等七科，列出《泰西水法》、《几何原本》、《同文算指》、《自鸣钟说》等 18 种参考书。此书出版后被多次翻印，先是在崇祯六年由金陵人武位中刊印，至清，又收入康熙时刊行的《古今图书集成 · 考工典》卷二百四十九及乾隆时编成的《四库全书 · 子部》。道光年间钱熙祚于 1844 年又将之收在《守山阁丛书》。

⑦转引自张柏春，王徵与邓玉函《远西奇器图说录最》新探．自然辩证法通讯，1996（1）：p45–51．另据方豪．中西交通史．p750．也持同样观点。而另据 Joseph Needham，Science and Ci-vilisation in China，vol.4，Part Ⅱ，Mechanical Engineering，Cambridge University Press，1965，p211–225，认为味多是指意大利人 Vittorio Zonca．（1569–1602）。并推断，《奇器图说》的大部分内容取自 Jacques Besson．《数学和机械工具博览》（Theatre de Instruments Mathematiques et Mecaniques，1578），Faustus Verantius．《新机器》（ Machinae Novae，1615），Agostino Ramelli 的《论各种工艺机械工艺》，Vittorio Zonca．的《机器和建筑的新天地》（Novo Teatro di Machini e Edificii，1607&1621）等。

图 7–2　水铳——防火、救火工具

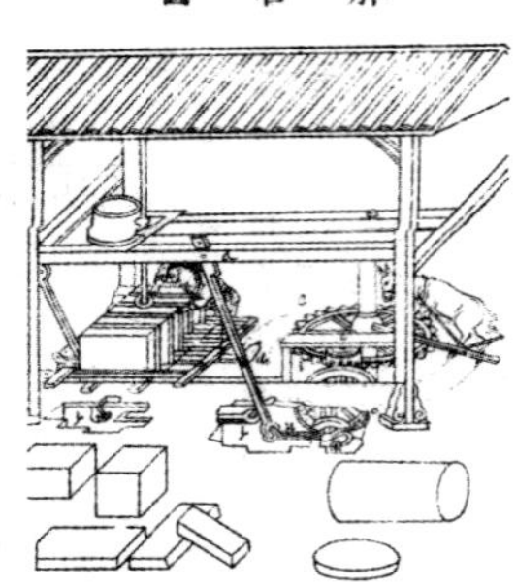

图 7–3　解石图

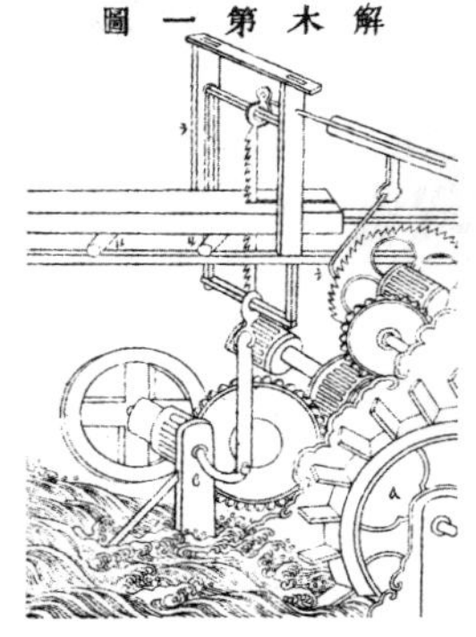

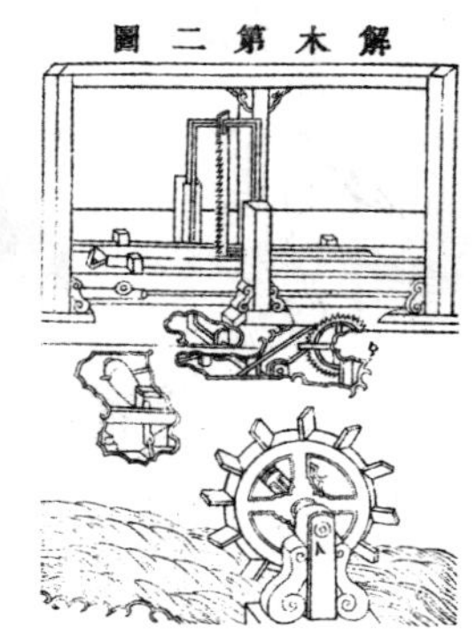

图 7–4　解木图

图 7–5　起重第四、五、六图

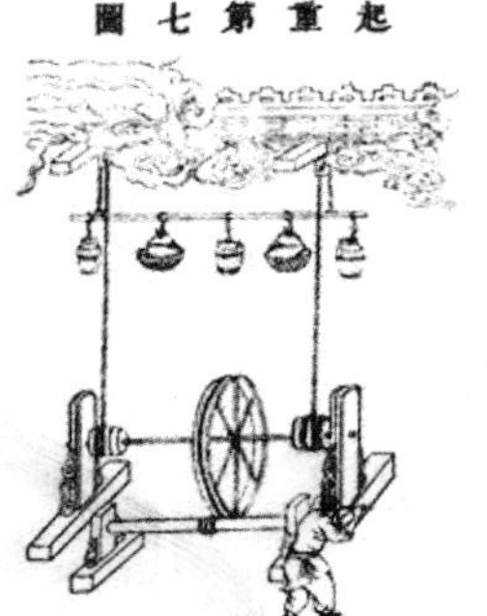

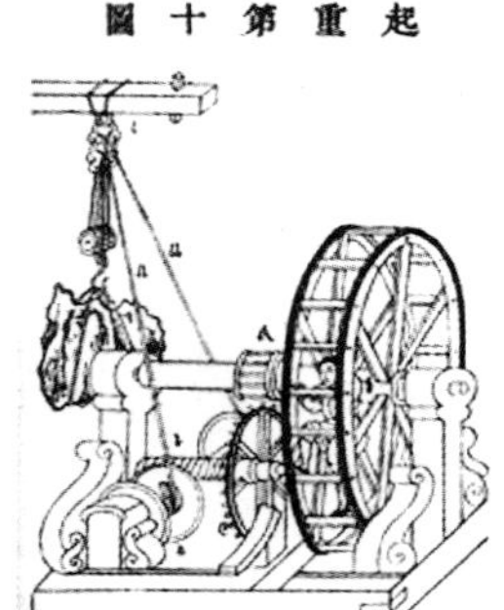

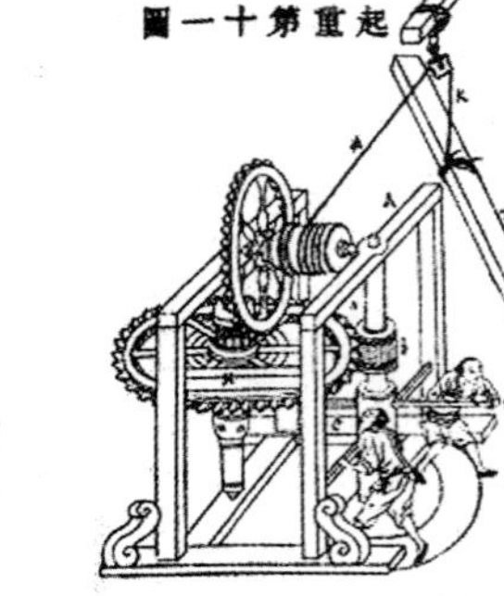

图 7–6　起重第七、十、十一图

西方带回中国[1]；刺墨里即 Agostino Ramelli (1531–1590)，意大利工程师，第三卷多采自《论各种工艺机械》，(Le Diverse e Artificiose Machine del Capitano，1588)；耕田即 C. Agricola (1494–1555)，德国矿冶学家，第三卷很少部分采自耕田《矿冶全书》(De Re Metallica，Libri X Ⅱ，1556)。当时西方一些较为著名的科学人物及其著作已传入中国，为中国人所知，在绪论中就第一次提到了亚而几墨得（即阿基米德）。该书第三卷有 54 种图说，介绍一些机械构造、工作原理、选材与制作、安装及使用方法等。其中与建筑有关的有如下几种：

建筑防火器具——水铳（图 7–2），是活塞式压力水泵装置。水铳作为救火工具，尤其是对于中国传统木建筑防火、救火，非常实用，据说已在我国广泛使用。王徵曾这样描述：

“可以减火，可以御火，可以防火，乃新有之器，……有此器则五、六人可代数百人之用，又不空费一滴之水，不拘多高多远，皆可立到，有似大雨喷空，无处不沾，不但可减已焰之火，仍可预阻未燃之火……凡城邑村坊覆处，蓄树立也，楹柱也，织小穿也。[2]”

解石（图 7–3）、解木（图 7–4）等在建筑施工上均很有用途。此外，还介绍了起重（图 7–5、图 7–6）、引重（图 7–7）。其中，起重部分包括人力起重机械及以人踏滑行轮为动力；引重图的原理与起重差不多，所不同的是，它是沿水平方向牵引重物。1623 年(明天启三年)，艾儒略[3]与杨廷筠合撰的《职方外纪》是中国第一部世界地理著作，被收入《四库全书 . 史部 · 地理类》。该书提到推重机这种机械，只

① [英] M. 苏立文 . 东西方美术的交流 .p50–51.

② 古今图书集成 · 经济汇编 · 考工典 . 卷二四九奇器部第 800 册 .p43–44.

③ 艾儒略，字思及，意大利人。1610 年（明万历三十八年）到澳门，1613 年（明万历四十一年）到北京，先后在陕西、山西、杭州、福建等地传教，著作甚丰，被誉为“西来孔子”。

要操作者一举手，就可把原来用千万匹牛马骆驼都搬不动的大船推下海去。[①]方以智[②]著《物理小识》，该书被收入《四库全书·子部·杂家类》，书中也涉及了西方物理学、机械的诸多方面知识。如在卷八中，介绍了西方螺旋起重机并指出利用这种机械可省力：

“以刚（钢）铁作蠡丝旋，旋入软铁方基中，既成，二物牡牝相合，左旋则入，右旋则出，乃以承重物内容。先左旋，则缩之，向右旋则伸之，其渐长处实之以楔，如累加则起矣。”

1664年（清康熙三年），南怀仁[③]（图7–8）著成《灵台仪象志》，1674年（康熙十三年）《新制灵台仪象志》出版。《灵台仪象志》被收入《古今图书集成·历象汇编·历法典》。书中也有相关介绍（图7–9～图7–13），其中主要参考了第谷的《机械学重建的天文学》[④]。南氏写此文的目的，在仪象志弁言中说得很清楚，其目的之一就是便于推广[⑤]。

“诸仪象有作之法，有安之法，并有所为坚固与其轻重之理，为数甚繁，有若河瀵而无极难累牍，莫盖也，故非绘图以明之，而又从而推广之，则何以得其解邪？”

南怀仁在施工仪象仪器时就运用了书中的方法，仪器及其零部件较重，“莫便”用滑轮和绞车合用运输（图7–14、图7–15）：

“用滑车之法而运动仪器，其便有二：省人力一也，仪象不致于损伤二也……[⑥]”

书中还谈到用滑轮和绞车将仪器零部件提升、牵引到高处的原理及具体方法。

根据一些文献中的零星记载，当时这些工

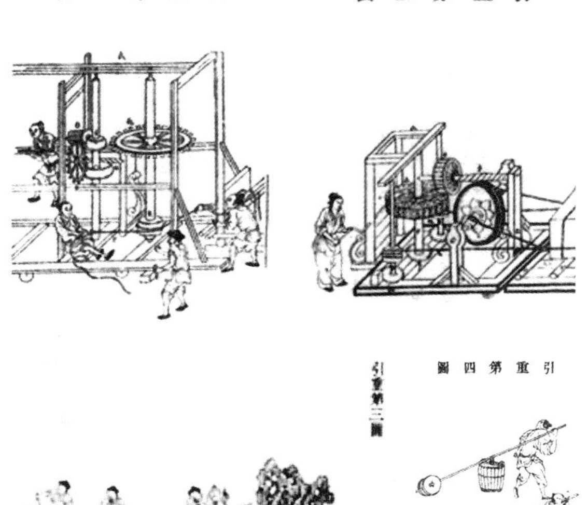

图7–7 引重图

图7–8 南怀仁画像

① [意] 艾儒略．职方外纪校释．p87.

② 方以智（1611—1671）是明清之际的著名学者，思想家，曾向毕方济、汤若望等传教士学习西学，也是中国古代自然科学哲学的批判总结者，启蒙思潮的代表人物。

③ 南怀仁（Verbiest，F.，1623–1687），比利时人，1641年（明崇祯十四年）入耶稣会，1658年（清顺治十五年）7月来华。在天文历法、气象学以及力学、热力学等多方面作出贡献。

④ 见 Tycho Brahe，Astronomia Instauratae Mechanica，Norimbergae，Apud L.Hvlsivm，1602.

⑤ 南怀仁，灵台仪象志，古今图书集成4·历象汇编·历法典．p3859.

⑥ 古今图书集成4·历象汇编·历法典．p3839.

图 7–9 力的平衡与用蜗轮蜗杆牵动重物

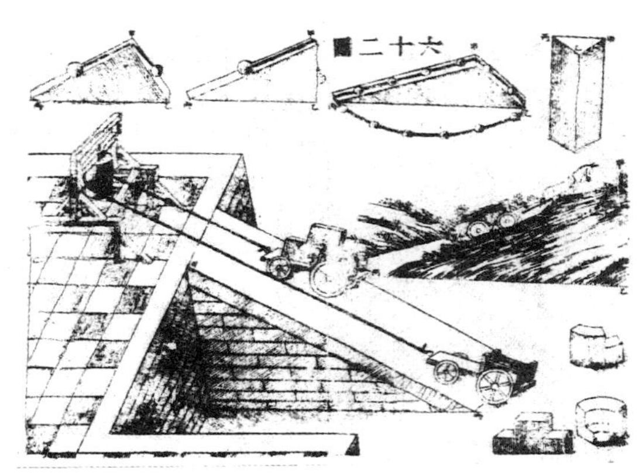

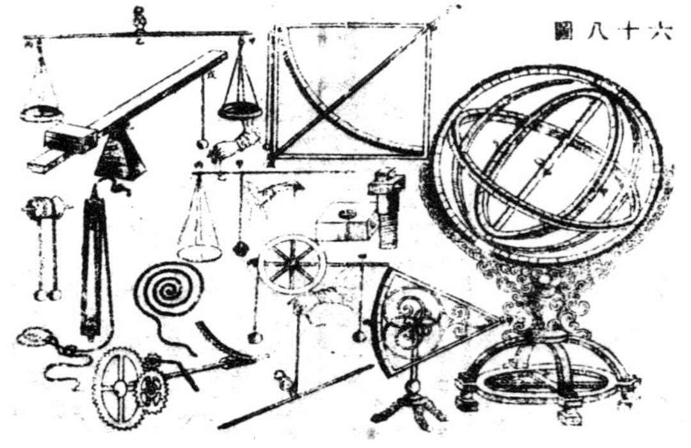

图 7–10 天平、杠杆与第谷赤道浑仪

图 7–11 杠杆平衡原理

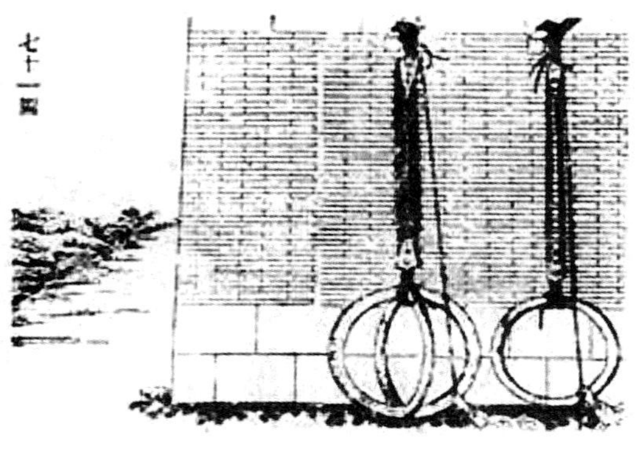

图 7–12 定滑轮组提升重物

具已被应用到建筑施工实践当中了。1661 年（清顺治十八年），汤若望和南怀仁“把一口比爱尔福特大钟还要大的钟成功地安装在北京城内的钟楼顶上。……为这项工程特制一架机器，动员了几千名劳力①”。可以推断，那架特制的机器一定是应用了某些上述的力学与机械学原理来制成的。1670 年（清康熙九年），为顺治修陵时，南怀仁利用滑轮省力原理引巨石过卢沟桥。② 1682 年（清康熙二十一年），南怀仁被清廷任命为工部右侍郎，主管国家建筑工程。曾参与过北京紫禁城御花园、孝陵、景陵等工程③，在这些大型官式建筑施工过程中，上述工具一定被反复使用过。笔者在国家图书馆样式雷图档中就发现过绞车，由此可推断，当时类似工具一定被使用过（图 7–16）。

（三）泰西水法

1612 年（明万历四十年），由徐光启作序、熊三拔④著的《泰西水法》在北京印行。至清代，《泰西水法》又被收在《古今图书集成 · 经济汇编 · 考工典》及《四库全书》中。《四库全书总目》对《泰西水法》称赞说：

“西洋之学、以测量步算为第一，而奇器次

① [法] 布罗代尔 .15 至 18 世纪的物质文明、经济和资本主义（第一卷）.p651.
② 南怀仁 . 熙朝定案 . 中国科学院自然科学史抄本 . 曹增友 . 传教士与中国科学 .p133–134.
③ 沈福伟 . 中西文化交流史 .p380. 方豪 . 中国天主教史人物传 · 1 册 .p174.
④ 熊三拔（1575–1620），字有纲，1606 年来华的意大利籍耶稣会士。

图 7-13　成倍省力的动滑轮组

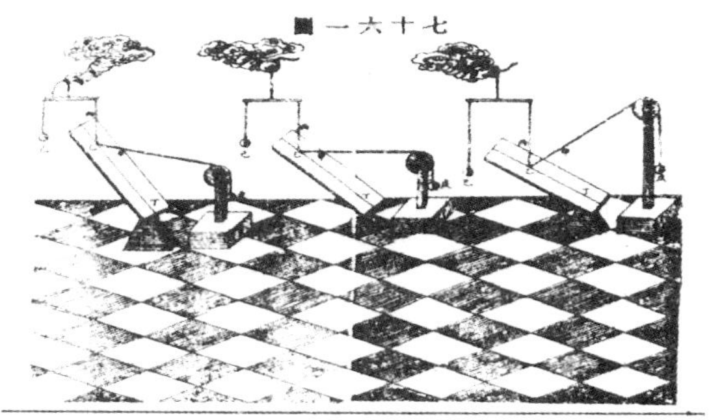

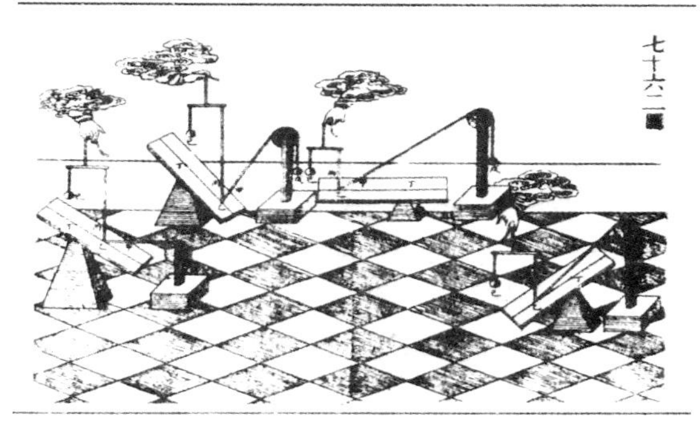

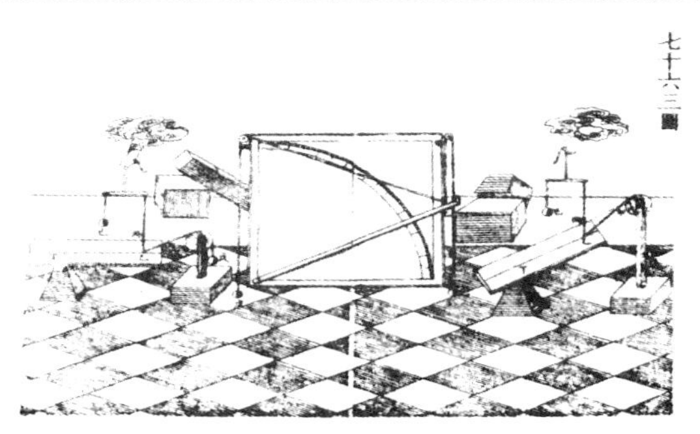

图 7-14　滑轮与绞车省力示意

之。奇器之中，水法尤切于民用。[①]”

《泰西水法》中介绍的西方水力机械有三种：龙尾车、玉衡车和恒升车。清代汤若望府第、扬州园林、圆明园中均有水法的实际应用。

明万历年间，紫禁城御花园堆秀山的水法使用的是非机械喷泉。清康熙年间改为机械水法，很可能是当时在华传教士所为。[②]清初，南堂西侧汤若望宅中就已经出现了水法：

“西侧通微教师汤若望第也。内建亭池台榭，式仿西洋，极其工巧。[③]”

“太观堂，有浑天仪图、旋玑玉衡图、瀚海万国图；及今台，在堂东，极高，上悬自鸣钟磬、铜壶、滴漏、时辰等牌……玩澜亭，两旁有小池，左池水上高三四尺，右池水四道，上喷高四五尺。左右另筑小方窑，设机巧，水四散喷注，以灌竹木。[④]”

最早在圆明园采用西式机械水法的是水木明瑟，以龙尾车推动风扇转动[⑤]。

乾隆年间，不仅宫廷中大规模地兴造“水法”，而且民间也开始兴造“水法[⑥]”。

另外，《古今图书集成》中还有自动旋转书

①四库全书总目．卷一零二．子部农家类．

②李明在《中国现状新志》曾提到传教士为皇帝做水法，很可能指此处，推测制造者为南怀仁。

③方豪．中西交通史．p933．

④（清）黄表．远游略．转引自方豪．中西交通史，p933-934．

⑤说见上章。

⑥（清）李斗．扬州画舫录．p331．当时在扬州城，最为有名的水法要数“石壁流淙”。“石壁流淙”，又名徐园，乾隆三十年，赐名“水竹居”，是一座以水法为主的园林。

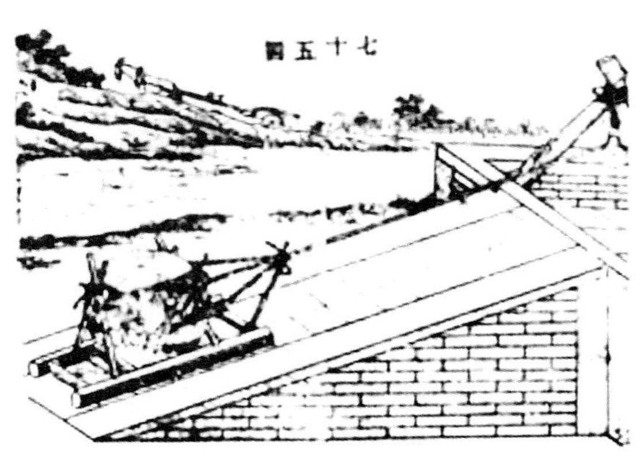

图 7–15　用滑车以便运动

架这样的家具，在任何角度书都是水平的（图7–17）。[①]

二、建筑师、建筑画及建筑装饰的变化

（一）建筑师队伍的多样化

我国古代很早就有建筑师这一行业，如战国的“工师”、汉代的“大匠”。[②]到了明清，由于中西文化的交流，更产生了各种各样的建筑师，丰富了中国建筑师队伍，增加了建筑类型，在一定程度上改变了国人的建筑观念。

首先，在中国沿海一带产生了外国商人建筑师，这些商人为了长期居留中国，在沿海一带“筑室建屋”，无意之中将西方建筑形象带到中国。这些“商人建筑师”虽然没有留下姓名，但他们作为一个群体，以其大批作品逐渐影响了沿海一带中国人的居住观念。[③]

其次，是产生了传教士建筑师。传教士、尤其是耶稣会士，在中西文化交流中，起到了巨大的作用，是商人们所无法比拟的。很多传教士博学多才，本身懂建筑、美术的不乏其人，如利玛窦、汤若望、马国贤、郎世宁、王致诚等。其中，郎世宁除为清帝作画，还培养了一批中国油画家，甚至还创造了新体画——“线法画[④]”。在建筑上，传教士们在很大程度上改变、丰富了宫廷中的装饰陈设。举世闻名的圆明园西洋楼就是传教士设计的。[⑤]同时，传教士建筑师还在各地设计建造了教堂等基督教建筑。[⑥]

再次，在中国沿海一带出现早期设计西式建筑的建筑师及仿西洋绘画的画师，这些画师的作品被用在建筑装饰上，在一定程度上改变了中国传统的装饰风格。[⑦]《扬州画舫录》中有多处相关记载：“四桥烟雨园”园主黄氏兄弟、“水竹居”中水法设计人徐履安、擅西画的张恕、丁瑜等。[⑧]随马戛尔尼使团访华的斯当东也记述：“广州工人模仿的本事很高。他们能制造和修理钟表，模仿西洋油画和水彩画。[⑨]”但这些

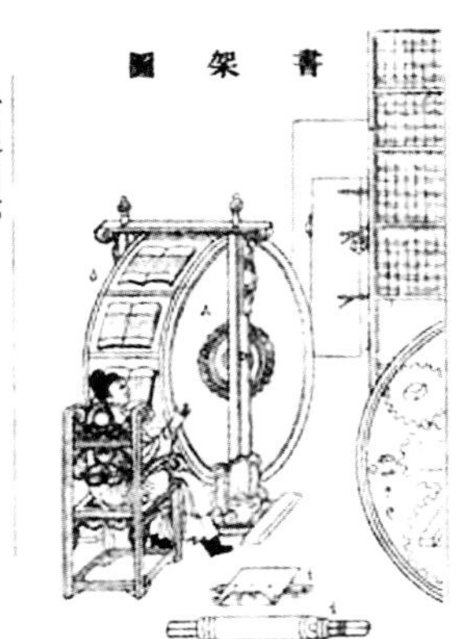

图 7–16　（左）运输天体仪和浑天仪的情景

图 7–17　（右）书架图

①引自古今图书集成 · 经济汇编 · 考工典 . 卷二四九奇器部 . 第 800 册 .p42.
②林宣 . 中国古代建筑工匠的地位和作用 . p185.
③详见本书第四、第五章。
④详见本章后文。
⑤详见第六章。
⑥详见第五章。
⑦详见第六章。
⑧详见第六章。
⑨[英] 斯当东 . 英史谒见乾隆纪实 .p503.

并没有形成气候，由于种种原因，西方风格的绘画，没有能在中国推广开来，所以日后中国建筑及绘画一直在按自己的轨道走，西方影响并没有形成主流。

最后，中国宫廷文化与西方的交流，尤其是中国皇帝的审美情趣，促使清代皇家建筑师——样式雷家族产生变化，雷氏家族也开始参与设计西式建筑（图 7-18）。第四代样式雷——雷家玺主持设计乾隆八旬万寿庆典自圆明园至皇宫沿路设景，包括亭台殿阁、西洋楼房（图 6-19，图 7-19、图 7-20）、假山石洞、小桥流水、演剧戏台等百处。现中国国家图书馆所藏十余幅[①]西洋楼平面及立面样式雷图（图 7-21），是道光年间的测绘图[②]，成为今天研究西洋楼的重要资料。光绪年间，雷氏家族第六代传人——雷廷昌，设计了西式建筑——中海海晏堂。[③]同时，皇家园林做法中也出现了西式建筑术语，如《圆明园工程则例》中就有“西洋索子锦”（即天花板上绘西洋图案）、“西洋如意栏杆”、“西洋踏跺级石”、“西洋墙”及“西洋拨浪”（即 Plan）等西式建筑做法，说明西式建筑在当时已有一定的法式，很便于建造施工。这些固定做法也传播到民间，使西洋楼的影响扩展到各地。乾隆年间，李斗著《扬州画舫录》之《工段营造录》[④]中就有和《圆明园工程则例》相同的西式建筑术语。

（二）西方透视学的传入

明末清初，西方透视学[⑤]传入中国，不仅对中国绘画风格产生了影响，而且对中国整个社会审美时尚以致中国建筑产生了影响：乾隆皇帝不仅建造了著名的西洋楼，而且大量运用西洋透视法绘画作品来装饰自己的宫殿，在一定程度上改变了皇家室内装饰风格。服务于中国皇家的建筑世家——样式雷，不仅开始运用西

图 7-18 （上）“样式雷”西式建筑作品

图 7-19 （下）乾隆八旬万寿图卷

① 十幅图分别是西洋门立样 1 张、谐奇趣全图 3 张、长春园西洋水法图 1 卷、黄花阵全图 3 张、远瀛观 2 张、线法墙 2 张。

② 据左图，海晏堂四题 .p262. 当时奉慈禧太后旨对长春园西洋楼进行的详细测绘。

③ 左图，海晏堂四题 .p262.

④（清）李斗 . 扬州画舫录 .p393-424.

⑤ 潘耀昌 . 西洋透视和中国界画 – 两种透视法的比较 . 新美术，1986（4）：11. 西方透视研究发端于古希腊，到文艺复兴时代完善。

洋透视法来作建筑表现图，而且在设计建筑立面时，在立面上运用绘制透视画的方法来扩大空间。民间也出现了类似情况，很多透视画、甚至西方题材的透视画走入平常百姓家中。

图 7-20 （上）乾隆八旬万寿图卷

图 7-21 （下）"样式雷"西洋门立样

1. 传播过程

中国现存最早的透视油画是于福建发现的《木美人》（图 7-22），其制作年代大致约为 15 世纪（约明代中叶）。[①] 16 世纪末（明末），意大利耶稣会士利玛窦携西洋透视画来到中国，向人谈及西洋画画理。[②]此后，传教士源源不断地从西方带来了用透视法画成的绘画作品，包括单行的版画和书籍插图等。这些画作不仅很快在中国一定范围内流传开来，而且有的甚至被改为木刻画刊行，在 1605 年（明万历三十三年）出版的明代四大墨谱之一的《程氏墨苑》中，就收入了 4 张这样的图画（图 4-5）。在 1629 年（明崇祯二年），由李之藻作序、毕方济撰写的《睡画二答》刊行，书中解释了绘画透视法，其中也谈到了一些透视法则。[③]到清初，意大利传教士利类思在觐见时曾向康熙皇帝展示过透视画。[④]法国传教士白晋等向康熙呈送了法王路易十四的礼物，其中就有一幅描绘凡尔赛宫的铜版透视画（图 6-11）。[⑤]苏州画家张宏（1577-1652 后）的创作受到西方美术作品的影响，以他在 1639 年的作品《越地十景图》（图 7-23），与 16 世纪在德国出版并传入中国的《世界城镇图集》（Civitates Orbis Terrarum）中的一幅图相比（图 7-24），其绘画方式受到

①秦长安．现存中国最早之油画．美术史论，1985（4）：76.《木美人》．"木美人"面部却酷肖西方人，取西洋古典油画技法描绘。

②国朝画征录．"明时有利玛窦者，西洋欧罗巴国人，通中国语，来南都，居正阳门西营中，画其教主，作妇人抱一小儿，为天主像，神气圆满，彩色鲜丽可爱。尝曰：'中国只能画阳面，故无凹凸，吾国兼画阴阳，故四面皆圆满也。'"（明）顾起元．客座赘语．利马窦，西洋欧罗巴国人也。面皙、虬须，深目而睛黄如猫。通中国语。来南京，居正阳门西营中，自言其国以崇奉天主为道；天主者，制匠天地万物者也。所画天主，乃一小儿，一妇人抱之，曰天母。画以铜版为帧，而涂五采于上，其貌如生。身与臂手俨然隐起帧上，脸之凹凸处正视与生人不殊。人问画何以致此？答曰："'中国画但画阳不画阴，故看之人面躯正平，不凹凸相，吾国画兼阴与阳写之，故面有高下，而手臂皆轮圆耳。凡人之面正迎阳，则皆明而白；若侧立则向明一边者白，其不向明一边者眼耳鼻口凹处，皆有暗相，吾国之写像者解此法用之，故能使画像与生人无异也。'"

③［英］M· 苏立文．东西方美术的交流．p54．又见 Needham J，et al. Science and civilization in China，Vol.4:3.，p111-112。

④Needham J，et al. Science and Civilization in China，Vol.4:3.，p111-112。

⑤Durand A，Thiriez，1993. Engraving the emperor of China' s Eurpean Palaces. Biblion：the Bulletin of the New York Public Library，(1/2)

的西方透视法的影响就明显显露出来。[①]1700年（清康熙三十九年），意大利世俗画家热拉弟尼[②]应邀来华并进入中国宫廷为康熙皇帝服务，在华期间，曾承担北京北堂的装饰，还可能与卫嘉禄在宫中训练出了中国第一批掌握西方绘画知识的中国画家。意大利人波索（Andrea Pozzo）的透视学著作《建筑的透视画法》传入中国后，1729年（清雍正七年），年希尧的中国第一部透视学著作《视学》出版。在宫廷中出现了焦秉贞等这样对后世影响很大的集中西绘画为一体的画家。郎世宁于1715年（清康熙五十四年）抵华，侍奉清宫廷，与中国画家一起形成“海西派”绘画，且迅速推广于中土。[③]至迟到乾隆年间，在中国南方，已较为普遍出现用西方透视学作画的国人画家。[④]

2. 原因

人类历史在进入大航海时代以来，世界上很多地方，除中国之外，美洲、非洲以及印度等都与西方有过接触，但为什么只有中国接受西方透视学理论并且发展了透视画？文化交流当中，所谓两种异质文化交流、碰撞、融合，一定是以原有文化为基础的，在此前没有足够准备是不可能接受的。

（1）外因

西方几何学的传入提供了理论基石。

1607年（明万历三十五年），著名意大利传教士利玛窦和中国学者徐光启合译的数学名著《几何原本》出版。无论是从公理化的理论体系还是从知识框架上来说，欧几里得几何都是透视学和画法几何的最重要的基石，在《译几何原本引》中，徐光启就曾指出了几何学对于绘画的作用。[⑤]事实上，欧几里得几何及几何光学在西方透视学的产生中扮演着极为重要的角色。在图示再现中，不同的对象之间有“近大远小”，处理实际上是简单容易的，因为这也只是涉及大小的变化，而无需对形状作出改变。但将近大远小原则用于再现同一物体的各个部分时，就必然会导致平行线的汇聚，从而造成“变形”。这是对物体本身形状所作出的一种根本性的改变，有赖于几何知识。因此，这种画法不可能自发地产生，只能是教育和训练的结果，而且与特定的文化环境有联系。[⑥]在没有欧几里得几何这一重要基石的前提下，透视法当然不可能从天而降，这也就是长期以来，中国为什么没有发展系统的图学理论的原因。

年希尧在其《视学》序言中明确指出透视学原理“又非泰西所有而中土所无者[⑦]”。但是，遗憾的是，中国始终没有此方面的系统理论，包括对透视学的理论方面作出自己的总结与提高，更没有一本这方面的专著，很重要的原因在于，中国绘画始终没有与数学、特别是几何学结合起来。而在西方，数学首先是信仰，是一种理性追求，其次才是计算的工具。由于西方科学技术定量化的传统，因而数学在西方科

①关于中国画家所受西方影响，参见美国的中国学家高居翰的研究，本文的引述转自Kao Mayching，European influences in Chinese art.

②莫小也．十七～十八世纪传教士与西画东渐．p193．热拉弟尼，以绘画特长进入中国宫廷服务，为皇室成员画肖像，可能还向中国人传授过透视画法。赫德逊．欧洲与中国．p248．

③莫小也．十七～十八世纪传教士与西画东渐．p228。

④详见第六章。

⑤《几何原本引》，徐光启执笔，以利玛窦名义写成，以此将西方绘画中应用几何透视原理的方法首次介绍到中国：“其一察目视势，以远近正邪高下之差，照物状可画立圆、立方之度数于平版之上，可远测物度及真形。画小，使目视大；画近，使目视远；画圆，使目视球。画像，有坳突，画室，有明暗也。”转引自林金水．利玛窦和中国．p259。

⑥阿恩海姆．艺术与视知觉．

⑦年希尧．视学．序言．

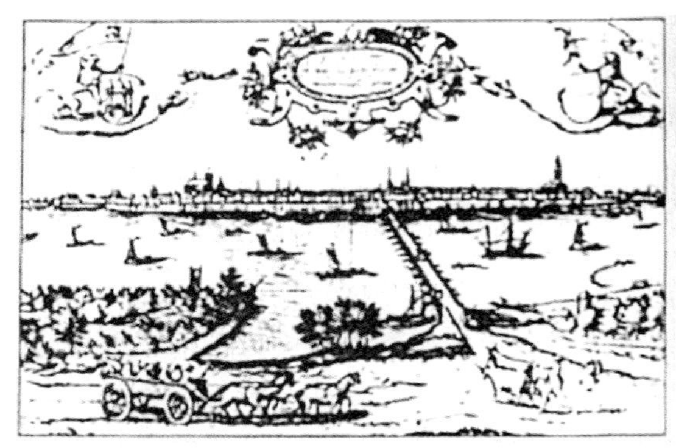

图 7-22 （上左）15 世纪油画《木美人》

图 7-23 （上右）（明）张宏，越地十景之一，1639 年

图 7-24 世界城镇图集的插图

学技术的发展中发挥了巨大的作用，取得了特殊的地位，甚至被誉为科学的女皇。同时，西方古代哲学与自然科学的密切关系，也反映在数学与美学和艺术的关系上。古希腊人就将数学看作追求美的工具，他们认为“利用数学就能认识到宇宙中的美、和谐、简单、明确及秩序”。中国实用理性的哲学精神，在科学文化中体现为实用的性格。虽然先秦时期在光学、力学、几何学的逻辑抽象方面已有初步成就，但在中国古代，数学往往被视为解决具体问题的计算工具。从《九章算术》以来，数学著作长期基本上按“九章”的模式发展，大都是解决具体问题。正因为中国古代数学是从解决问题出发，而不是从推理论证出发，所以与中国古代代数方面取得的成就相反，中国古代几何学并不发达，没能产生欧几里得几何那样的理论和方法。[①]

（2）内因

第一，中国在各种图示法，包括正投影、轴测、透视等的应用方面有其久远的历史和较高的水平。在绘画实践中，敦煌的盛唐时期的壁画中，平行透视是屡见不鲜的。宋代李诫所著《营造法式》一书中的插图也常见平行透视的画法。中国甚至发展出了专门以建筑为题材的应用透视画法的绘画——界画，这在世界上是绝无仅有的。

第二，统治阶级的爱好与提倡。明清的统治阶级，诸如几个皇帝对西方艺术品一直采取肯定态度，甚至参与了某些绘画的创作，促进了“线法画”的诞生。

万历皇帝在 1601 年（明万历二十九年）第一次见到利玛窦敬献的耶稣受难十字架雕像时，大吃一惊，被西方艺术品的写实效果深深震撼。[②]

康熙皇帝也对西画采取肯定态度，对焦秉贞的中西合一新画风的作品，大加赞扬，钦命

① 中国古代的几何学大部分都与勾股定理有关，是以勾股为中心的：或用勾股定理去解决各种问题，或对它本身进行种种研究。这种研究又推广到“勾股数”方面，取得不少成果。不过这都是以数值计算为主的。“勾股法”甚至成为几何的同义语。如邹一桂说“西洋人善勾股”，即是指西方人将几何知识用于绘画。引自吴葱论文。

② 利玛窦札记 .p282-283.“当皇帝看到耶稣受难十字架时，他惊奇的站在那里高声说道：‘这才是活神仙。’……皇帝似乎从惊奇变得害怕看见这些雕像，他不敢和这些雕像目光相对……皇帝亲自向雕像表示敬意，并让人在它们面前焚香和其他香料。”

其作《耕织图》并亲自题词。[①]

乾隆皇帝很欣赏郎世宁等西方画家作品的写实逼真，其御制诗中多次表达了这种赏识，如：“凹凸丹青法，流传自海西。[②]”“我知其理不能写，爰命世宁神笔传。[③]”“著色精细入毫末。[④]”“写真世宁擅，绘我少年时。[⑤]”等等。

第三，中国明末清初士人对实用科学的关心。“当他们第一次看到西方油画与铜版画时，对西方人运用透视学与明暗法所表现的写实主义发生了极大的兴趣。[⑥]”

（三）中国透视画——界画

界画是由建筑图样和以建筑为背景的绘画形式合流而成的。具体地，界画[⑦]是指以宫室、楼台、屋宇等建筑物为题材的绘画，有时也包括一些舟车和室内家具陈设等题材。一般以建筑为主体，以山水为背景，以人物舟车等为点缀。作为绘画题材、技法或画科，这种建筑题材画自魏晋以来分别被称为台榭、台阁、屋木、宫阁、宫室、层楼、楼台、宫阙、台苑，约从元代开始通称界画。中国界画采用“散点透视”（平行透视），即画面上并没有一个固定不变的视点，而是根据作画人需要随时变换视点。[⑧]

中国古代界画起源很早，早在商周即已初具规定了，据《史记》记载，秦始皇灭六国时，“每破诸侯，写放（仿）其宫室，作之咸阳北版上。”可见，当时的建筑工匠们在营建宫殿时，已经有了能将各种不同形式、风格的建筑，准确地描摹下来，并进行再创造的能力。到魏晋南北朝时，界画作为一种绘画技法，已开始普遍使用。隋代出现了展子虔[⑨]、郑法士、董伯仁等专擅人物外兼长楼阁的名家。汉代有汉武帝的《甘泉宫图》、《汉麟阁图》等作品。[⑩]目前可见到的汉朝表现建筑的作品，有陆续发掘出来的汉墓室壁画和汉画像砖。界画到了唐代，出现了新的繁荣，现存唐人的《宫苑图》，可谓早期界画的实例。唐张彦远[⑪]在《历代名画记》中云：“台阁、树石，车舆、器物，无生动之可拟，无气韵之可侔，直要位置向背而已。”唐朱景玄有“陆探微屋木居第一[⑫]”的评价；东晋顾恺之[⑬]论画，亦有“台榭一定器耳，难成而易好，不待迁想妙得也[⑭]”之说，顾本人的作品也有《水阁会棋图》、《洛神赋图卷》等，其中《洛

①赵尔巽等．清史稿 · 传46．p13911．“参用西洋画法，剖析分刌，量度阴阳向背，分别明暗，远视之，人畜、花木、屋宇皆植立而形圆，圣主嘉之，命绘耕织图四十六幅，镌版印赐臣工。”[清] 胡敬．国朝院画录卷上．康熙亲自为焦秉贞《池上篇》题词：“古人尝赞画者日落笔成蝇，曰寸人豆马，曰画家四圣，曰虎头三绝，往往不已。焦秉贞素按七政之躔度，五形之远近，所以危峰叠嶂中，分咫尺之万里，岂止于手握双笔，故书而记之。”

②清高宗御制诗二集．卷一．准噶尔所进大宛马名之曰如意总命郎世宁为图而系之诗．

③清高宗御制诗二集．卷四．龙马歌题郎世宁所画．

④清高宗御制诗三集．卷三一．命金廷标模李公麟五马图法画爱乌罕四骏图因前叠韵作歌．

⑤（清）胡敬．国朝院画录卷上要．郎世宁条．

⑥参见 Michael Sullivan：The Chinese Response to Western Art，载 Art International 24，nos．3–4 （November–December 1980）：8–31．

⑦“界画”一词最早见于北宋郭若虚．画见闻志 · 叙制作楷模（卷一）．原义非指画科之名：“今之画者，多用直尺，就界画分成科棋，笔迹繁杂无壮丽闲雅之意。”元代汤垕．画鉴．文中有“世俗论画，必曰有十三科，山水打头，界画打底”之语，是“界画”作为画科名称在文献中首次正式出现。另据辞海：“界画”又可解释为一种作画技法，以界笔直尺引线而得名。

⑧聂崇正．清代的宫廷绘画和画家．故宫博物院藏清代宫廷绘画．p23．

⑨展子虔是隋代具有重大影响的画家，他擅长人物、山水艺术，被称为“唐画之祖”。

⑩（唐）张彦远．历代名画记．

⑪张彦远（约815–约875），字爱宾，河东（今山西永济）人。

⑫（唐）朱景玄撰．唐朝名画录．

⑬顾恺之（346–407），字长康，小字虎头。江苏无锡人。与南朝的陆探微、张僧繇，在画史上被推为“六朝三杰”。对后世的绘画发展，产生深远的影响。著有《画论》、《魏晋胜流画赞》、《画云台山记》等。

⑭（唐）张彦远．历代名画记 · 顾恺之画论（卷五）．

神赋图卷》中的龙舟是迄今所见最早使用界画技法的卷轴画作品。六朝时，画家宗炳，就在其《山水画序》中说过："张绡素以远应，则昆阆之形可围于方寸之内，竖划三寸，当千仞之高，横墨数尺，体百里之迥。"又说："去之稍阔，则其见弥小。" 齐（南朝）谢赫提出的绘画"六法"中的"应物象形"、"随类赋彩"[①]两法就是古希腊人所说的"模仿自然"，它要求画家睁眼看清客观对象的形状、颜色，在画面上把它准确地再现出来。宋代绘画达到了鼎盛，界画在这一时期登上了发展的高峰。[②]一方面是因为统治阶级的提倡；另一方面是建筑技术的成熟与建筑艺术发展的完善。[③]如喻皓的《木经》和李诫的《营造法式》，总结了唐朝以来的营造经验，对建筑构件的标准化、各工种的操作方法和工料的结算，都作了较为严密的规定。宋代"写实"画讲究"石分三面"，试图表示光影明暗关系，同时对"透视"颇加关注，甚至达到了西方绘画早期的"远景缩短法"（Foeshortening）的水平。[④]事实上，中国古代界画的发展水平比一般人想象的高得多，界画中的"折算无亏"，反映界画技法已发展到定量化水平。[⑤]宋人笔下的建筑不止是"求诸绳墨"的工整，而且有些作品达到了所谓"折算无亏"的程度。[⑥]《清明上河图》就是北宋张择端[⑦]的界画，细致地描绘了北宋时期汴京的都市风光，真实地反映了中国北宋时期的都市生活，是中国美术史上现实主义的杰作（图 7–25）。

图 7–25 中国界画（宋）张择端 清明上河图（部分）

沈括在《梦溪笔谈》卷十七中有一段话：

"李成[⑧]画山上亭馆楼塔之类，皆仰画飞檐，其说以谓自下望上，如人平地望塔檐间，见其榱桷．此论非也。大都山水之法，盖以大观小，如人观假山耳。若同真山之法，以下望上，只合见一重山，岂可重重悉见？兼不应见其溪谷间事。又如屋舍，亦不见其中庭及后巷中事．若人在东立，则山西便合是远境；人在西立，则山东却合是远境。似此如何成画？李君盖不

---

①谢赫在其《古画品录》序中就提出了绘画的"六法"，即气韵生动；骨法用笔；应物象形；随类赋彩；经营位置；传移模写。成为后世绘画艺术的指导原理。

②宋代代表官方意志的《宣和画谱》中，界画被排在"画谱十门"之三，仅次于道释、人物，在山水、花鸟之上。时统治阶级认为宫室台榭与民庐邑屋的区别，是"圣人立以制度"。界画因为能够准确生动地表现这种事实，而备受统治阶级提倡。另据徐书城．宋代绘画史．p3–4．宋代在发展 "写实"画的同时，以苏轼、米芾等人倡导的"写意"文人画也开始兴起。转引陈传席．中国绘画美学史．p297．

③李泽厚．中国古代思想史论．李泽厚十年集．3 卷（上）．p229．在北宋，中国科技正达到它空前的发展水平，对客观实物的认识一般都进入对规律的寻求阶段，宋人重"理"，几乎是一大特色，无论对哲学、政治、诗歌、艺术以及自然事物都是如此。

④徐书城．宋代绘画史．p120．

⑤吴葱博士论文．p80–82．

⑥（宋）郭若虚．图画见闻志卷一．叙制作楷模："画屋木者，折算无亏，笔画匀壮，一去百斜。"
（宋）文莹．玉壶清话．卷二．"郭忠恕画殿阁重复之状，梓人较之，毫厘无差。"（宋）刘道醇．圣朝名画评．卷三．屋木门·神品．"忠恕尤能丹青，为屋木楼观，一时之绝也。上折下算，一斜百随，咸取砖木诸匠本法，略不相背。" 郭忠恕（？ –977），字恕先，一字国宝，洛阳人，能文善书，学识渊博，尤其在改进和发展界画楼阁的技法上获得了杰出的成就，所以在绘画史上有"界画之祖"的称誉。

⑦张择端，字正道，北宋东武（今山东诸城）人，曾在翰林图画院供职。

⑧李成（919–967），字咸熙，北宋初年的山水画大家。

知以大观小之法，其间折高折远，自有妙理，岂在掀屋角也。”

这里涉及的“以大观小”和“仰画飞檐”，是两种再现自然山水及自然环境建筑群体的典型方法。所谓“仰画飞檐”，就是，以一种投影成像的再现概念再现外物，对应着以相对静止的方式观照外物的倾向；相反，“以大观小”的态度，则是以俯临鸟瞰式的再现概念来再现外物，对应着“身即山川而取之”的“流观”的观照方式。这种“以大观小”之法，应用于建筑的再现即成为平行法，这在中国古代建筑再现中一直居于主流。

到了元代以后，由于文人画进一步兴起，开始出现对界画的贬抑。绘画的审美更趋向于诗境的追求，写意成了新的特征，界画这种工整、缜密的风格自然受到排斥。尽管如此，一些画家还是给予了界画较为客观的评价[①]，而且在界画创作上还有王振鹏、夏永、李容瑾等数人独撑局面。明代界画全面衰退，总体来说水平不高。但明代的文人画家文征明[②]也毫无偏见地给予界画以应有的地位。

清代的界画在康、雍、乾时期各种不同的绘画思想、表现形式、艺术风格的激烈竞争中，在江苏扬州地区得到发展，并形成了历史上的另一个高峰（图 7–26）。

（四）一代先师焦秉贞与《耕织图》

西方透视学传入中国后，在中国产生了一定影响，先后有多人开始使用西方透视法从事绘画活动。其中，早期焦秉贞对后世影响很大。

焦秉贞[③]，山东济宁人，康熙年间(1662 ~ 1722年)，任官“钦天监五官正”。擅画人物，亦工山水、楼宇、花卉，通测算。供奉内廷，画法以传统工笔重彩为主，并参酌西法，讲求明暗远近，创院体画新风。张庚《国朝画征录》说他“工人物，其位置之自近而远，由大及小，不爽毫毛，盖西洋法也[④]”。（清）胡敬《国朝院画录》也说他“参用海西法”，又说：“海西法善于绘影，剖析分刌，以量度阴阳向背，斜正长短，就其影之所著，而设色分浓淡明暗焉。故远视则人畜、花木、屋宇皆植立而形圆，以至照有天光，蒸为云气，穷深极远，均粲布于寸缣尺楮之中。”

图 7–26 乾隆赐宴图

焦秉贞学习透视有几个有利条件：第一，“通测算”，其有数学功底，有可能还造诣很深。第二，明末清初，来华传教士不少人都在钦天监任职，焦秉贞也在钦天监任职。由于工作关系，焦秉贞和西方传教士接触比较多，逐渐将西方透视画法与我国古代绘画艺术、界画技法融

①（元）汤垕．画鉴．世俗论画，必曰画有十三科，山水打头，界画打底，故人以界画为易事。不知方圆曲直，高狭低昂，远近凹凸，工拙纤丽；梓人匠氏有不能尽其妙者。况笔墨规尺，运思于缣楮之上，求其法度准绳，此为至难。

②文征明（1470–1559），原名璧，字征明，后以征明为名，改字征仲，号衡山居士，长洲（今江苏吴县）人。是明代苏州文坛画界继沈周而起的又一中心人物，擅长山水、人物和花卉，以山水画成就最高。

③王伯敏等．132 名中国画画家．p347–349．中国古代画家辞典．p687．赵尔巽等．清史稿 · 传 46.p13911．张庚．国朝画征录，百年美术文库．p16．

④张庚，国朝画征录．

图 7–27　焦秉贞《御制耕织图》之一（共 44 幅）

于一体。[①]焦秉贞曾仔细临摹了波索《建筑透视图》[②]。第三，当时皇帝的支持与提倡。第四，康熙时期，西方传教士以画学供奉内廷，也为焦秉贞学习运用西画提供了便利条件。[③]

焦秉贞的画，以 1696 年（清康熙三十五年）刊印的《耕织图》[④]（图 7–27）最为著名且影响最大，是中国宫廷中发现的较早应用透视法的绘画作品。焦秉贞的画超越了《程氏墨苑》中对西方绘画的简单复制，是将西方透视观念融合于本土艺术的一次成功尝试。

焦秉贞的弟子冷枚，代表作为《避暑山庄图》。《避暑山庄图》继承了古代界画的传统手法，同时师法焦秉贞中西相参的画法，规矩严整，笔墨熟练利落，色彩鲜丽。是运用西法透视、明暗，又不机械搬用的成功例证。[⑤]

这些创作，奠定了焦冷画风在宫廷画院中的地位，对后世产生了很大影响。需要指出的是，它的成熟远早于郎世宁，并且与郎世宁在乾隆朝形成的“海西法”有所不同。[⑥]焦冷画风是以西洋画法画中国画，即以中法为主体而参用西法，焦、冷在画中的透视处理，只是在中国传统的正面平行法的基础上，与西方透视的一种融合；而郎世宁后来在宫内教授的“线法画”，是用西洋画法画西洋画，即以西法为主而参用中法，其透视处理才符合透视的“原义”，更显“正宗”。

单就绘画再现的外在特点而言，中国画与西方绘画再现相比，存在两点差异：一是中国画没能在自己的土壤中发展出西方形式和意义上的透视法（Perspective），二是没有出现明暗对比法（Chiaroscuro）。[⑦]张庚在《国朝画征录》中谈到明代利玛窦携来的西方天主教绘画具阴阳凹凸、彩色鲜丽的特点时说：

“焦氏得其意而变通之，然非雅赏也，好古者所不取。”

---

①(清)胡敬．国朝画院录．“秉贞职守灵台，深明测算，会悟有得，取西法而变通之……”陈金陵．焦秉贞．清代人物传稿．上编．第七卷．p400—405．时焦秉贞任钦天监五官正，虽为从六品官，但有机会与南怀仁等西方传教士接触，似参与绘制天文仪器与时宪历的《春牛图》，逐渐将西方透视画法与我国古代绘画艺术、界画技法融于一体。胡敬（1769–1845），仁和（今杭州）人，嘉庆十年进士，官翰林院编修。

②[英] M· 苏立文．明清时期中国人对西方艺术的反应．东西交流论坛．p321．笔者推断，这里指前文《建筑的透视画法》。

③[英] 赫德逊．欧洲与中国．p248，认为热拉弟尼和 Belleville 是焦秉贞的老师。

④南宋时楼王寿曾绘有耕织图，清圣祖康熙为了宣扬自己的贤明政绩，还将印好的作品赏赐臣工，布扬四海。“清圣祖康熙三十五年（1696 年），命秉贞仿楼图重绘。”朱圭、梅裕凤刻，图绘耕与织四十六幅，耕织各占其半。乾隆时又曾命冷枚陈枚各绘耕织图一册，冷陈两家之作，未闻雕版，唯焦氏所绘四十六幅曾镂版以赐群臣，合之后来翻刻，传世版本不下十余种，就可以睹往昔画院之盛也。

⑤《避暑山庄图》画康熙帝离宫承德避暑山庄全景。承德避暑山庄是清政府在平定与沙俄相勾结的准噶尔部上层贵族噶尔丹叛乱后，于康熙四十二年（1703）开始兴建，四年后初步完工。康熙和乾隆每年都有一段时间住在这里，围猎比武，接见少数民族上层人物。这些活动对维护民族团结、国家统一和抵御外来侵略起到了积极作用。

⑥杨伯达．清代康、雍、乾院画艺术．清代院画．p61．

⑦吴葱博士论文．p149．

邹一桂[①]在其画论《小山画谱》中提到西洋绘画时也说：

“西洋人善勾股法，故其绘画于阴阳、远近不差锱黍，所画人物、屋树，皆有日影。其所用颜色与笔，与中华绝异。布影由阔而狭，以三角量之。画宫室于墙壁，令人几欲走进。学者能参用一二，亦具醒法。但笔法全无，虽工亦匠，故不入画品。”

这里的“阴阳远近”指的正是西方的“明暗对照法”和“透视法”的应用。而这两个特点是中国绘画中所没有的。[②]邹一桂与张庚对西洋绘画的反应，可以说代表了当时相当一部分中国人初见西方艺术作品时的心态。焦秉贞这种中西结合的人物风俗画，虽曾在当时宫廷中风行一时，但颇受部分士人的鄙视，不为文人雅士所欣赏。颇有中国传统艺术修养的乾隆皇帝在称赞郎世宁“写真无过其右者[③]”的同时，也认为郎体在神韵风采上尚逊中国画一筹。翰林院编修胡敬《国朝院画录》中，直言郎世宁新体画的特点和弱点，其评论体现出中国传统画于“神”与“形”的审美标准。[④]

无独存偶，下面两段话是西方人对中国绘画艺术的评价。利玛窦曾这样评价中国绘画艺术：

“中国人非常喜好绘画，但技术不能与欧洲人相比；至于雕刻与铸工，更不如西方，虽然他们这类东西很多，如他们用石头或青铜做的人物、动物，以及庙里的佛像，佛像前放的庞大钟磬、香炉等物。他们这类技术不高明的原因，我想是因为与外国毫无接触，以供他们参考。若论中国人的才气与手指之灵巧，不会输给任何民族。[⑤]”

另一名传教士李明这样评价中国的绘画：

“除了漆器及瓷器以外，中国人也用绘画装饰他们的房间。尽管他们也勤于学习绘画，但他们并不擅长这种艺术，因为他们不讲究透视法。[⑥]”

上述现象恰恰说明中西方的审美趋向的根本不同与巨大差异。

（五）年希尧及其《视学》

年希尧（1671–1738，清康熙十年－乾隆三年），清代制瓷家、画家，字允恭。一作名允恭，字希尧。广宁（今辽宁北镇）人，隶汉军镶黄旗。自幼聪颖好学，博览群书，对百科技艺很感兴趣，在数学、音韵学、医药学和绘画方面都有造诣。由笔帖式累官广东巡抚、工部右侍郎，1726年（清雍正四年）任内务府总管，督理淮安板闸关税务及景德镇御窑厂窑务，至1735年（清雍正十三年）削职。尤精于巧制多种玲珑的仿古瓷器，后人称之为年窑。其窑多蛋青色，洁白莹素，兼有青彩、描银、暗花、玲珑诸种巧制仿古，无一不精。工画山水、花卉、翎毛。著有《古今画史》、《三万六千顷湖中画船录》、《雪桥诗话》、《绘境轩读书记》、《古瓷考略》。在数学方面，曾从西方测算中摘要印成《测算刀圭》三

---

①王伯敏等．132名中国画画家．p347-349．中国古代画家辞典．p508．邹一桂（1686–1772），字原褒，号小山，又号让卿，晚号二知老人。江苏无锡人。雍正五年（1727）进士，入翰林，改侍御。后官至内阁学士兼礼部侍郎。善工笔花卉，设色明净古艳，所作重粉点瓣，复以淡色笼染；有的设色清淡，晕染润滋。传世作品有《花卉册》、《水仙玉梅图》、《蒲塘佳色图》、《玉堂富贵图》、《白海棠图》、《荷花图》、《白梅山茶图》。著有《小山画谱》．《小山诗集》。

②西方的这种“写实”方法能把物象固有的“体积感”、“质感”，以及由人目至物象之间的“视距”造成的“透视”关系等十分忠实地描摹出来；但中国的写实画法却并不重视这些现象，中国的“写实”绘画中不去重视“透视”原则，而对于“光影”更是不屑一顾，“质量感”遂付阙如。

③（清）胡敬．国朝院画录卷上．郎世宁条．

④（清）胡敬．国朝院画录卷上．于安澜编画史丛书．

⑤利玛窦全集．第1册．p18．

⑥Op. cit. pp. 157, 159 (Letter to the Duchesse de Bouillon)，转引自赫德逊，欧洲与中国，p255。

卷，另编有《面体比例便览》、《对数广运》、《算法纂要总纲》等数学书籍。[①]

《视学》1729年（清雍正七年）初版、1735年（清雍正十三年）修订再版。年希尧在郎世宁来华前十年就已开始研究透视学，其后，又与郎世宁多次研讨[②]，于雍正七年出版了此书，书名为《视学精蕴》。后来又不断与郎世宁讨论，清雍正十三年进行了增补。再版时改书名为《视学》。再版的《视学》以大量例图和文字说明，讲述了多种透视作图方法，包括距点法、视线灭点法、利用基透视作立体的透视、利用透视网格作透视图等，还用大量篇幅和例图说明透视如何直接描绘落影，所涉及的透视包括平行透视、成角透视、斜透视、以水平面为画面的仰望平行透视等，例图中描绘的对象包括平面多边形、平面立体、圆、球、曲线回转面以及各式器皿、西式建筑的柱头和柱础、西式建筑内部视图等50余图（图4-13、图7-28）。[③]

图7-28 仰视圆屋顶画法

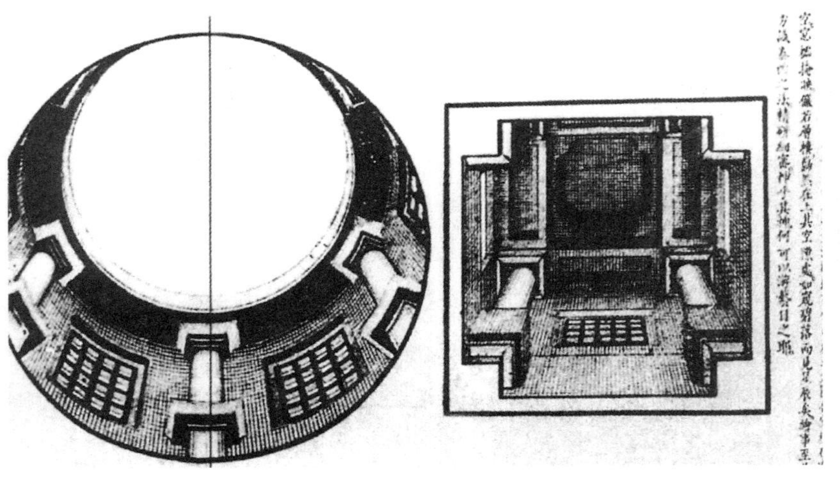

《视学》中的术语与现代通用术语对比　　表7-1

《视学》中的术语	现代通用术语	英文名称
地平线	基线	Grond line
视平线	视平线	Horizontal line
目	视 点	Point of sight
头 点	心 点	
乱 点	灭 点	
离 点	距 点	
光亮头点	即发光点的透视	
光离点	即发光点的基透视	

17～18世纪，正值历史上中西文化交流的黄金时期，出现了一批积极吸收西方科学技术的中国学者，《视学》正是这次文化交流的一个积极成果。《视学》是中国第一本专门介绍西方绘画透视学的专著，也是图学理论的第一个出版物。[④]大多数学者认为，《视学》是由波索的学生郎世宁携带到中国来的。[⑤]《视学》第一次提出了一套中文的透视学术语，其中有一些至今沿用（表7-1)。《视学》还阐述了多种不同的作图方法，多种例图，包括一点、两点和三点透视，能适应各种场合和各种对象的描绘，其作图方法沿用至今。

《视学》是中国人第一次接触西方透视学理论，虽没有明确证据表明《视学》对当时社会的影响，但从逻辑上也可判断出它的出现对同时代出现的“线法画”的发展一定起到过理论指导作用，该图版中有一幅是以年画为例的，由此也可推断透视画在民间的影响，甚至成为一时的社会风尚。

①年希尧，其生平见，中国美术家辞典.p193.

②再版序中就提到弁言称“曩日即留心视学，率尝任智殚究思，未得其端。迨后获与泰西郎学士数相晤对，即能以西法作中土绘事”。

③再版时又说《视学》“虽已公诸同好，终不免肤浅”；“近得数与郎先生讳石宁（即郎世宁）者，往复再四，研究其源流”，并“苦思力索，补缕五十余图，并为图说以附益之”。

④在戊戌变法前后，还曾出版一本介绍透视画法的书《画器图说》（王树村，中国古代民间通俗读物插图）。此后，中国人再次译介透视学著作，已是民国六年（1917年）的事了，当时商务印书馆出版了法国人雅尔孟·嘉择（AInland Cassagne）著的《透视学》，由沈良能译，可能是此类译著中最早的本子（刘汝醴.视学.中国最早的透视学著作）。

⑤当时传入中国的有一本意大利人波索（Andrea Pozzo）的透视学著作，建筑的透视画法（Perspectiva Pictorum et Architectorum，1693）。

由于历史的局限，《视学》也难免出现错误和瑕疵，比如两点透视就误将灭点当作了量点。[①]当然，当时的西方透视理论也并不完备，没有建立正确的普遍的灭点概念，整个画坛流行着“维尼奥拉透视偏见”[②]，透视作图实际上以“平视”的一点透视为正统典型构图，以距点法为核心内容。反观年希尧所说的“一点之理”，就明显受此影响：其两点透视作图也只是距点法的派生物而已，而“一点亦能生万物”的提法，则似乎更是似是而非的发挥。因此可以说，《视学》其实照搬了当时颇有影响的概念性错误，本身并没有多少创造性贡献，国内部分学者对此书的评价实在有些过誉。[③]

（六）线法画的诞生

西洋透视学传入中国后，在清代前期绘画中出现一个新的画科——“线法画”。[④]其方法是运用焦点透视法，绘制园林建筑与室内陈设，用中国传统笔墨结合西方油画透视法渲染而成。多用于廊庑室内的假门、镜背、屏风和墙壁等装饰，以扩大空间感和增加美观。[⑤]目前，在中国宫廷所发现的最早的运用西方透视学的油画作品是作于康熙年间的屏风画《桐荫仕女图》[⑥]（图7–29），作者可能是中国画家。[⑦]从此画可了解到，当时中国人对西方油画、透视等透视技法的掌握还不够熟练。

图 7–29　桐荫仕女图

1696 年（清康熙三十五年），焦秉贞[⑧]奉皇帝命画《耕织图》[⑨]（图 7–27），焦秉贞较准确地运用了西洋透视法。

作于 1767 年（清乾隆三十二年）的《京师生春诗意图》（见图 7–30）也运用了西洋焦点透视法，以鸟瞰的手法描绘了京师全貌。从正阳门大街到紫禁城、景山以及西苑、琼岛。

“线法画”和中国传统的界画，相同之处是都以表现建筑物为主，都是用两维平面再现三维空间景象，但在画法上又有很大的区别（图 7–31）。

线法画的诞生，第一，得益于西方透视学的传入。

① 见《视学》的第二十、二十一、二十二图。关于年希尧图版中的错误及其改正，参见许松照．年希尧和他的《视学》．许松照教授未发表手稿。

② Kitao TK. Prejudice in Perspective：a Study of Vignola's Perspective Treatise：The Ara Bulletin，1962，44(3)，p173–194.

③ 参见吴葱论文。如沈康身，界画、《视学》和透视学，不恰当地将《视学》与西方后世的研究文献相比较，并认为《视学》“所创各项成果有些是国外到以后才解决的，或是到以后才充实完善的”。这显然是不妥的，但该文也只是强调了《视学》在透视学上的成就。而更令人吃惊的是，在李迪，中国数学史简编中，《视学》竟被讹传为世界上第一部系统的画法几何著作，并被列为 18 世纪中国数学的重大成就。

④ 杨伯达．18 世纪中西文化交流对清代美术的影响．故宫博物院院刊．1998（4），p70．莫小也。17 ~ 18 世纪传教士与西画东渐．p165 中也提到，17 世纪初，中国宫廷已出现“海西派”画派。

⑤ 杨伯达．冷枚及其《避暑山庄图咏》．故宫博物院院刊，1979（1），p61 注释㉞。

⑥ 油画 · 屏风。另一面是康熙皇帝临写的董其昌书法。 董其昌（1555 – 1636），字玄宰，号思白，香光居士，华亭（今上海松江）人，中国明代画家、书法家、艺术理论家。

⑦ 聂崇正，从存世文物看清代宫廷中的中西美术交流．文物．1997（5），p78．聂崇正先生猜测可能出于焦秉贞之手。

⑧ 焦秉贞，字尔正。山东济宁人，清代画家，活动于康熙、雍正年间，颇得康熙帝的赏识。任职宫廷，官钦天监五官正。擅画人物、山水、楼观。风格带有西洋书画的影响。曾作《避暑山庄图》，并绘有《耕织图》，雕版行世。

⑨ 原题《御制耕织图》，康熙皇帝为了巩固统治，提倡鼓励农耕和纺织生产而下令绘制的。

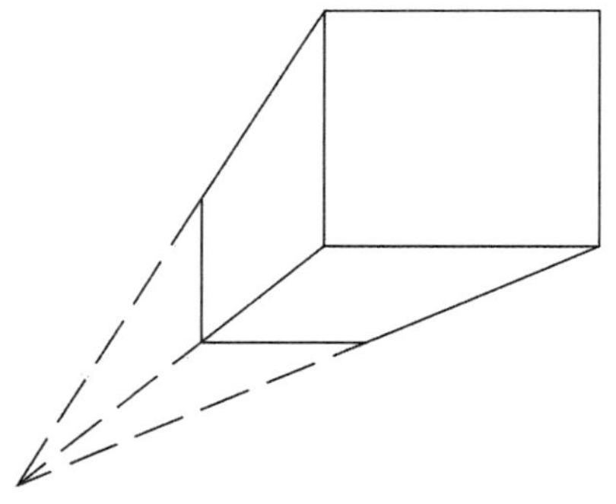

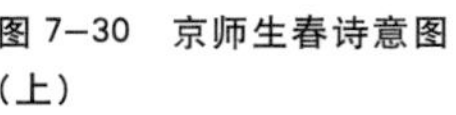

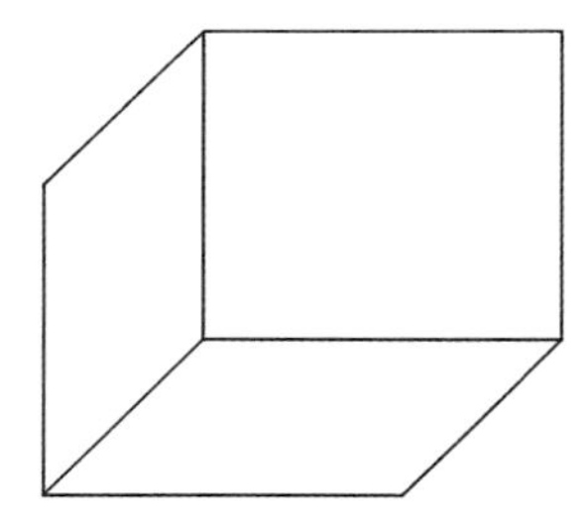

图 7–30 京师生春诗意图（上）

图 7–31 西洋绘画中焦点透视（左）与中国界画中平行透视（右）的区别示意（下）

第二，是 1715 年（清康熙五十四年）郎世宁[①]进入中国宫廷，成为新体画形成的关键人物。

第三，中国统治阶级的提倡。中国皇帝对新体画的形成也起到了举足轻重的作用。中国皇帝不仅提倡推崇，而且在很多方面参与了意见，甚至可以说参与了创作。这在建筑及绘画上表现得尤为显著。一般来说，都是传教士们先起草图稿，交皇帝过目后修改，然后方能正式实施。但是，这些皇帝绝不是盲目指挥，他们大多具有较高的文化艺术修养，并且热衷于不断学习，这使得他们下旨提出意见时显得较为合理而不唐突。如，1725 年（清雍正三年）《秋季流水档》中记载：七月初八日“奉旨万字房南一路六扇写字围屏之空白纸处着郎世宁二面各画隔扇，应画开掩处着其酌量”。雍正在圆明园中第一次使用西洋画装饰时就提出了中肯的意见：1726 年（清雍正四年），他命郎世宁仿西洋深远画（即透视画），看过草图后指出：“此样画得好，但后边几层太高，难走，层次亦太近。[②]”同年，在含韵斋装饰线法画时，他又让郎世宁“添画日影[③]”。可见，雍正不仅了解西洋透视，而且还有所偏爱，所以才会在自己喜爱的园林中使用西洋装饰，这一点也许与雍正七年年希尧出版《视学》亦有某种联系。1727 年（清雍正五年），正月初六日，传旨：“郎世宁画过的者尔得小狗虽好，但尾上毛甚短，其身亦小些，再着郎世宁照样画一张。”[④]雍正指明郎世宁在吸收法时不忘中法的思想，肯定对郎世宁的绘画作风直至审美心理产生影响。乾隆在给工部的上谕中也评论过王致诚的画风：“水彩画意趣深长，处处皆宜。王致诚虽工油画，惜水彩未惬朕意；苟习其法，定能拔萃超群也。愿即学之，至写真传影，则可用油画，朕备知

①郎世宁，意大利耶稣会士，字若瑟。1688 年（康熙二十九年）生于意大利米兰（Milano）市，1766 年（乾隆三十一年）卒于北京。1715 年来华，历奉中国清代康熙、雍正、乾隆三朝的宫廷画家，在华艺术活动达 51 年，在中西文化交流史上是一位具有代表性的历史人物，在中国绘画史上是一位独树一帜并具有卓越贡献的艺术大师。

②清代档案史料－圆明园 .p1174.

③杨伯达．郎世宁在清内廷的创作活动及其艺术成就．

④鞠德源．清宫廷画家郎世宁年谱－兼在华耶稣会士史事稽年 .p43.

之。[①]”1745年（清乾隆十年），乾隆皇帝旨：“着郎世宁将画上闪光去了。”又1758年（清乾隆二十三年），郎世宁奉命用白绢画《八骏马手卷》一卷，通高一尺，起稿呈览后奉旨：将第三匹改画正面的，其余准画。

第四，是众多中国画家的参与，最终在宫廷中形成线法画。继焦、冷之后，中国宫廷画坛中又出现了像伊兰泰[②]这样出色的画家。造办处内柏唐阿[③]随传教士学习并作助手，线法画在清宫内一直继续到清王朝垮台之日。

（七）后来之秀郎世宁

郎世宁，1688年7月19日生于意大利米兰，19岁加入耶稣会。受过系统的绘画训练，师从著名画家和透视学家波索（Andrea Pozzo），来华前已是颇有名望的画家，葡萄牙皇后也慕名请他为其子女画像。1715年（清康熙五十四年）11月22日抵达北京，由意大利传教士马国贤[④]引见，进谒康熙皇帝。从此，以画家身份服务于清廷五十余载，历经康、雍、乾三帝，适度地改变了西方油画的绘画技巧，创造出了为中国皇帝喜爱的中西画法相结合的折衷主义新形式，受到清帝的赏识与器重，在内廷享有极高的声誉。

1727年（清雍正五年），郎世宁画《聚瑞图》（图7−32），标志着郎世宁绘画技巧与艺术风格的变化与转折，也标志着中国新体画的初步形成。当然，郎世宁新体的酝酿、形成、发展等整个过程都是在中国皇帝的倡导、庇护、推动之下完成的，离开了中国皇帝的支持，郎世宁新体是不可能诞生的。郎体在内廷的推广、发展，也正反映了中国皇帝的绘画观、审美观。从另

图7−32　郎世宁《聚瑞图》

一角度看，郎氏新体的出现未必是郎世宁本心所愿，他是否满意他自己所创的新体画，固然无从稽考，不过，从王致诚给法国耶稣会的信函中透露出来的事实与情绪看，郎世宁新体也无非是屈从于清帝旨意的结果，而非乐为。西洋传教士画家的介入以及以郎世宁为代表的“新体画”的诞生，使清宫廷画创作呈现出一派百花争艳的景象。在康熙宫廷画院占据主要位置的焦、冷画派，是以西洋画法画中国画，而后来之秀的西方传教士画家郎世宁，则是以西洋画法画西洋画。

---

①方豪．中国天主教史人物传．引《乾隆上谕》．第3册．p94．

②详见第六章。因为在宫廷中，郎世宁不仅自己用线法画，而且在康熙皇帝的旨意下，为中国人传授线法画，使得线法画在宫廷之中后继有人。

③杨伯达．清代院画．p29．柏唐阿是满语，指满族内部社会地位极低、无品级的听差人。

④详见第十章。

郎世宁不仅是宫中最好的西方画家，也是最好的西方建筑师。他的老师波索在西方就以擅长将建筑与绘画融为一体、讲究透视效果而闻名。同时，郎世宁的祖国意大利又是文艺复兴运动的发源地，建筑名家、名作荟萃，他必然熟知当时盛行的建筑风格。据法国汉学家洛埃尔（G. R. Loehr）1936年查，郎世宁来华时携带的书籍中有维尼奥拉（Vignola）、斯卡莫齐（Scamozzi）、卡罗·方坦纳（Carlo Fontana）及波索等巴洛克艺术大师的著作。①有着深厚的西方艺术修养和知识的郎世宁，在乾隆皇帝的授意之下，不仅参与建造了著名的西洋楼，而且大量运用西洋透视法绘画作品来装饰宫殿，在一定程度上改变了皇家的室内装饰风格。郎世宁新体画中数量最大的则是室内装饰画，如西洋画、通景画、油画、线法画、水画、夜景画、天顶画等。②笔者翻阅有关档案记录③，从1723年（清雍正九年）开始直到1766年（清乾隆三十一年），关于装饰绘画活动可查的详细记录约160多项（表7–2），其中有部分是郎世宁与中国画家合作完成的。④

此外，郎世宁为北京耶稣会创作了宗教壁

郎世宁等人室内装饰画一览表 表7–2

序号	时间	地点	备注
1	1725年（雍正三年）	郎世宁万字房南一路六扇写字围屏之空白纸处两面画隔扇画	
2	1726年（雍正四年）	郎世宁圆明园四宜堂（四宜书屋）后穿堂的内隔断	照西洋夹纸深元画（即线法画）片六张
3	1726年（雍正四年）	郎世宁画圆明园田字房（即圆明园内的“澹泊宁静”）内花卉翎毛斗方十二张	
4	1728年（雍正六年）	郎世宁圆明园耕织轩处四方亭画画八幅，贴于白虎殿	西洋绢花
5	1728年（雍正六年）	郎世宁紫檀木边玻璃面安活轮子四套寿意吊屏画了内衬用的画片	
6	1728年（雍正六年）	郎世宁西峰秀色，西洋案画	
7	1729年（雍正七年）	郎世宁圆明园含韵斋（位于西峰秀色内）屋内宝座前面东西板墙画稿三张	
8	1729年（雍正七年）	郎世宁继续在白虎殿绘画，对其处墙壁、窗户俱找补糊纸	
9	1729年（雍正七年）	郎世宁奉命与苏培盛、戴临、吴璋一道为含韵斋殿内陈设的书格作装饰画和写字。郎世宁画得山水绢画二张	
10	1729年（雍正七年）	郎世宁“九洲清晏”东暖阁炕罩口、落地明罩的横披上北部莲花绢、南面玉堂富贵绢画各一张	其中富贵绢画与唐岱合画
11	1730年（雍正八年）	郎世宁四宜堂后新盖房处前二间屋内	窗内透视画
12	1732年（雍正十年）	郎世宁为余暇静室后圆光门画大画两张	
13	1736年（乾隆元年）	郎世宁为重华宫画通景油画二张	
14	1737年（乾隆二年）	郎世宁为畅春园皇太后常居坐落处画通景油画二张	
15	1737年（乾隆二年）	郎世宁为畅春园“寿萱春永”东次间仙楼、“东贴房”二处各画通景油画	
16	1737年（乾隆二年）	做圆明园九洲清宴围屏，其背面由新来画画人画，玻璃画由郎世宁画	
17	1738年（乾隆三年）	郎世宁保合太和（圆明园南湖之东偏南处）围屏画，画完	
18	1738年（乾隆三年）	郎世宁画圆斗方、海棠式斗方和海棠式横披	
19	1738年（乾隆三年）	郎世宁徒弟王幼学等为双鹤斋画油画格子	
20	1738年（乾隆三年）	郎世宁画莲花馆西洋楼下门帘子	与张为邦合画
21	1739年（乾隆四年）	郎世宁徒弟王幼学为保合、太和画油画。张为邦、王幼学奉命往“海色初霞”画隔扇门二扇	
22	1739年（乾隆四年）	郎世宁起画稿，由徒弟张为邦在“无私宝座”象牙席上画二面透画。王致诚奉命为“万方安和”挂屏画油画	

①朱龙华．从“丝绸之路”到马可·波罗．引George R. Loehr：Giuseppe Castiglione，Rome，1940，载周一良．中外文化交流史．现仍存于北京图书馆的仅有方坦纳和波索的著作。

②这类画大多都随着建筑的修整、改建而被毁，已无从了解其面貌，只有少数有纪念意义的或为皇帝所珍爱的贴落才被揭落下来裱成卷轴保存至今。

③在康熙朝的绘画活动，目前笔者还没有查到有关档案记录，无从得知具体情形。

④这里不包括年画等。见文献《清宫廷画家郎世宁年谱》、《清圣祖实录》、《清世祖实录》、《清高宗录》、《康熙与罗马使节关系文书》、方豪著《中国天主教史人物传》、徐泽宗编著《明清间耶稣会士译著提要》等。在康熙朝的绘画活动，目前笔者还没有查到有关档案记录，无从得知具体情形。

续表

序号	时间	地点	备注
23	1740 年（乾隆五年）	王幼学为“致松风开”画油画书格二张	
24	1741 年（乾隆六年）	清晖阁玻璃集锦围屏一架共六十八块，着郎世宁画油画，后改为画药兰架	
25	1741 年（乾隆六年）	郎世宁奉命往瀛台、澄怀堂、长春书屋画油画	郎世宁师徒五人
26	1741 年（乾隆六年）	郎世宁往静明园布一通景	与唐岱合画
27	1741 年（乾隆六年）	郎世宁奉命往瀛台、遐瞩楼兰室、虚舟三处画油画	
28	1742 年（乾隆七年）	郎世宁奉命为玉兰芬五更钟门上画西洋景油画	
29	1742 年（乾隆七年）	郎世宁等奉命为养斋宫前殿东暖阁画油画书格	
30	1742 年（乾隆七年）	命郎世宁为“汇芳书院”藻轩戏台画油画	
31	1742 年（乾隆七年）	建福宫敬胜斋西四间内，照半亩园糊绢，着郎世宁画藤萝	画样人卢鉴、姚文瀚奉命帮助郎世宁
32	1742 年（乾隆七年）	郎世宁、王致诚为建福宫小三卷房床罩内玻璃镜画油画花卉起	
33	1742 年（乾隆七年）	郎世宁等为“汇芳书院”画油画	
34	1743 年（乾隆八年）	郎世宁奉命为“九洲清晏”殿内画油画二张	
35	1743 年（乾隆八年）	王致诚奉命进如意馆、“方壶胜境”画玻璃画	
36	1743 年（乾隆八年）	王致诚奉命进“方壶胜境”画玻璃画	
37	1744 年（乾隆九年）	命唐岱、郎世宁照热河三十六景册页临仿，俱着色画	
38	1745 年（乾隆十年）	郎世宁为景阳宫后殿西间板墙画油画一张	
39	1745 年（乾隆十年）	王致诚为挂屏上玻璃画油画	
40	1745 年（乾隆十年）	命郎世宁为弘德殿东暖阁北墙上画画一张	
41	1745 年（乾隆十年）	郎世宁等奉命即往香山行宫为顶子起画稿	
42	1745 年（乾隆十年）	令郎世宁等重画重华宫油画	
43	1746 年（乾隆十一年）	命郎世宁为香山行宫响水房四面板墙连顶槅起西洋画稿	
44	1746 年（乾隆十一年）	命郎世宁及其徒弟王幼学等为西苑涵元殿北墙画通景大画一张，仙楼上画画一张	
45	1746 年（乾隆十一年）	命郎世宁等照养心殿画为“奉三无私”画通景大画二张	
46	1746 年（乾隆十一年）	命王致诚为建福宫屏风后二扇上画美人画二张	
47	1747 年（乾隆十二年）	郎世宁等奉命画香山“情赏为美”通景大画一幅	
48	1747 年（乾隆十二年）	郎世宁等奉命画养心殿东暖阁仙楼通景大画一幅	
49	1747 年（乾隆十二年）	王致诚为香山“情赏为美”圆光门上画美人一幅	
50	1747 年（乾隆十二年）	郎世宁为“思水斋”穿堂内壁子画通景画二幅	
51	1747 年（乾隆十二年）	郎世宁奉命为清晖阁仙楼画通景画一幅	
52	1747 年（乾隆十二年）	命郎世宁为长春园中所头层殿西墙上画通景画	
53	1747 年（乾隆十二年）	郎世宁为长春园思永斋走廊圆光门二面及棚顶柱子起画稿	
54	1748 年（乾隆十三年）	命郎世宁往寿康宫画画一幅	
55	1748 年（乾隆十三年）	命王致诚画美人画；命郎世宁为养心殿后殿三面墙棚顶起通景画稿	
56	1748 年（乾隆十三年）	郎世宁起得水法陈设鸽子纸样二张、龙凤瓶纸样一张	
57	1748 年（乾隆十三年）	郎世宁为“汇芳书院”眉月轩南进间南墙画通景画一幅	
58	1748 年（乾隆十三年）	郎世宁起“谐奇趣”正宝座背后照壁图纸样一张	
59	1748 年（乾隆十三年）	郎世宁奉命为丰泽园春藕斋东仙楼画通景画	
60	1748 年（乾隆十三年）	郎世宁为瀛台漱芳润殿内北墙配画起稿	着王幼学画
61	1749 年（乾隆十四年）	命郎世宁为畅春园蕊竹院起通景画稿	
62	1749 年（乾隆十四年）	郎世宁照长春园含经堂通景画意思为畅春园集凤轩起通景画稿	
63	1749 年（乾隆十四年）	郎世宁为盘山中所“澹怀堂”后殿起通景画稿	
64	1749 年（乾隆十四年）	命郎世宁画“怀清芬”山水通景画稿	
65	1749 年（乾隆十四年）	王幼学画瀛台兰室通景画，王致诚画背面通景稿	
66	1750 年（乾隆十五年）	郎世宁画“雨香馆”后抱厦通景画一张	
67	1750 年（乾隆十五年）	郎世宁画瀛台纯一斋通景画	
68	1750 年（乾隆十五年）	郎世宁、张为邦画观德殿大画	
69	1750 年（乾隆十五年）	命郎世宁画太和保合墙上通景画	
70	1750 年（乾隆十五年）	命西洋人为盘山行宫引胜轩连棚顶满画四面通景	
71	1750 年（乾隆十五年）	郎世宁画长春园水法房正殿花盖、靠被、坐褥，发往南边成做	
72	1750 年（乾隆十五年）	王致诚、王幼学画静宜园“云楼松坞”云庄殿通景画	

续表

序号	时间	地点	备注
73	1751年（乾隆十六年）	着郎世宁为永安寺半山房荡胎房画通景画，起稿呈览	
74	1751年（乾隆十六年）	命郎世宁为静宜园“烟霏蔚秀”仙楼上四面画通景画	
75	1751年（乾隆十六年）	命郎世宁画怡性轩四面墙通景画	
76	1751年（乾隆十六年）	郎世宁画得西洋法字陈设纸样，交西洋人杨自新、席澄源带领役匠在如意馆制作。又命郎世宁仿西洋铜版画手卷二卷款式，为长春园水法房大殿三间、东西梢间四间、游廊十八间、东西亭子二间、顶棚连墙，起通景画稿。后又命王致诚照稿放大	
77	1752年（乾隆十七年）	郎世宁画玻璃挂屏纸样一张	
78	1752年（乾隆十七年）	命郎世宁为淑清院日知阁南墙画通景画	
79	1753年（乾隆十八年）	命郎世宁为昭仁殿后虎坐起通景画稿	
80	1753年（乾隆十八年）	郎世宁奉命为水法殿西平台画西洋式香几	
81	1753年（乾隆十八年）	郎世宁奉命为两间房行宫画通景大画	
82	1753年（乾隆十八年）	命郎世宁为“慎修思永”鉴光楼上东进间南墙起稿画通景画	
83	1753年（乾隆十八年）	命郎世宁为含经堂西进间西墙画通景大画一幅	
84	1753年（乾隆十八年）	郎世宁为热河惠迪吉戏台画通景大画	
85	1753年（乾隆十八年）	郎世宁画西洋式玻璃灯纸样二张	
86	1753年（乾隆十八年）	郎世宁奉命照西洋铜版手卷二卷为长春园水法房大殿三间、东西间四间、游廊十八间、东西郎世宁画西洋式玻璃灯纸样二张。东西亭子二间，俱起通景画稿四张。奉旨；着王致诚放大稿	奉旨：着王致诚放大稿
87	1754年（乾隆十九年）	命郎世宁为昭仁殿南墙配画通景画	
88	1754年（乾隆十九年）	郎世宁奉命将张为邦从热河临来焦秉贞稿放大，起通景画稿。众徒弟们帮画	
89	1754年（乾隆十九年）	命郎世宁为永安寺看画廊里间连糊顶起稿画通景画，郎世宁起得四面墙曲尺影壁连糊顶通景画小稿呈览	奉旨：照样准画
90	1755年（乾隆二十年）	郎世宁为“慎修思永”鉴光楼东北间里南墙起画稿呈览	
91	1755年（乾隆二十年）	郎世宁为“杏花春馆”画通景棚顶。又命郎世宁为“谐奇趣”东游廊八方亭进间画棚顶	
92	1755年（乾隆二十年）	命郎世宁为热河“沧浪屿”东间北墙起通景大画稿二张	
93	1756年（乾隆二十一年）	郎世宁奉命往“九洲清晏”画画	
94	1756年（乾隆二十一年）	长春园“谐奇趣”东边，着郎世宁起西洋式花园地盘样稿呈览，准时交圆明园工程处成造	
95	1756年（乾隆二十一年）	郎世宁奉命将珊瑚人配做西洋式陈设一件，郎世宁画西洋陈设样四张	
96	1756年（乾隆二十一年）	命郎世宁、蒋友仁想法做水法陈设几件，又命郎世宁将玻璃时辰表、珐琅走兽等三十一件配做陈设，在水法上用	
97	1756年（乾隆二十一年）	郎世宁奉命为含经堂西所涵光室殿内围屏八扇画西洋水法人物花卉通景画一幅	
98	1756年（乾隆二十一年）	命席澄源做西洋式跑马中圈陈设一件	
99	1756年（乾隆二十一年）	命王幼学“乐安和”向西门画线法画	
100	1756年（乾隆二十一年）	张廷彦奉命在长春园全图上添画蒨园、“谐奇趣”及新添西洋水法，有不明白处问郎世宁画。此《长春园全图》至乾隆二十二年五月二十五日告竣	
101	1756年（乾隆二十一年）	郎世宁起得水法陈设鸽子纸样二张、龙凤瓶纸样一张，呈览，奉旨：着珐琅处做珐琅鸽子一对，掐丝珐琅龙凤瓶一件，其座子用紫檀木做	
102	1756年（乾隆二十一年）	丰泽园春藕斋大殿内东仙楼二间，着郎世宁画通景画	
103	1756年（乾隆二十一年）	瀛台漱芳润殿内北墙，着郎世宁照南面曲尺柱子通远景配画起稿，得时着王幼学画	
104	1756年（乾隆二十一年）	杏花春馆画得的棚顶，着郎世宁用绢画，周围托枋柱子俱画石纹。于二十二年四月二九日告成	
105	1756年（乾隆二十一年）	新建水法西洋楼各处棚顶墙壁，有应画处，俱着郎世宁起稿呈览	
106	1756年（乾隆二十一年）	郎世宁起得“谐奇趣”正宝座背后照壁纸样一张呈览。奉旨：着造办处照周围吊屏做法，做楠木花纹贴金，空白俱嵌玻璃	
107	1757年（乾隆二十二年）	瀛台听鸿楼西墙用郎世宁绢画《得胜图》一张，其向宽不足，着方琮用绢接补	
108	1757年（乾隆二十二年）	瀛台爱翠楼楼梯，着郎世宁仿岑华阁画	
109	1757年（乾隆二十二年）	郎世宁为新建水法西洋楼先画三间楼棚顶及周围墙壁上通景大画	
110	1757年（乾隆二十二年）	命郎世宁、余省、徐扬、金廷标为万寿山藻鉴堂围屏各画荷花二张	
111	1757年（乾隆二十二年）	奉宸苑卿郎世宁面奉旨：新建水法西洋楼铁门纸样一张，着交造办处枪炮处照花样成做，着西洋人杨自新指说	
112	1757年（乾隆二十二年）	将西洋水法陈设纸样八张，交粤海关成做陈设十六件	
113	1757年（乾隆二十二年）	养心殿后虎坐，着张为邦、方琮用绢画《百鹿图》	
114	1758年（乾隆二十三年）	命王致诚照静宜园白驼鹿画一幅，仍用旧胎骨换裱	
115	1758年（乾隆二十三年）	郎世宁奉命为“九洲清晏”画通景画四张	
116	1758年（乾隆二十三年）	郎世宁、金廷标为双鹤斋前殿西墙画大画一幅	
117	1758年（乾隆二十三年）	命郎世宁照“物外超然”后抱厦通景画为含经堂画通景画一幅	
118	1758年（乾隆二十三年）	命王致诚为澄虚榭仿朗世宁夜景横披画绢画一幅	

续表

序号	时间	地点	备注
119	1758年（乾隆二十三年）	郎世宁为涵雅斋西间，东间画天鹅横披白绢画一幅	
120	1758年（乾隆二十三年）	王致诚奉命为含经堂影壁画油画狮子、老虎	
121	1758年（乾隆二十三年）	郎世宁为宝相寺倒座楼上画天鹅白绢画斗方一张	
122	1758年（乾隆二十三年）	命郎世宁为思永斋东所楼下，照“汇芳书院”眉月轩西洋景样式，画西洋通景画。又命郎世宁将双鹤斋现有通景大画，改其式样，另画通景大画一份	
123	1758年（乾隆二十三年）	郎世宁等为瀛台宝月楼画西洋式壁子隔断线法画	
124	1758年（乾隆二十三年）	命郎世宁、方琮为瀛台听鸿楼下东墙画《丛薄行诗意图》	
125	1758年（乾隆二十三年）	郎世宁为画舫斋后金板墙画白绢画《大阅图》一幅	
126	1758年（乾隆二十三年）	王致诚画线法画一张	
127	1759年（乾隆二十四年）	命王致诚为五福堂遭风船景致绢画	
128	1759年（乾隆二十四年）	命郎世宁为五福堂桃花春一溪楼下南梢间板墙起通景画稿，急速就画	
129	1759年（乾隆二十四年）	王致诚为长春园澄观阁画门及盘山画门	
130	1759年（乾隆二十四年）	命郎世宁、金廷标合画天鹅入画一张，贴在宝相寺倒座楼上	
131	1759年（乾隆二十四年）	郎世宁“多稼轩”东梢间西墙起通景画稿	
132	1760年（乾隆二十五年）	郎世宁为新建水法西洋门内八方亭画西洋画，王致诚为新建水法三间楼上画绢画人物四幅	
133	1760年（乾隆二十五年）	王致诚为承光殿古籁堂画油画假门二张	
134	1760年（乾隆二十五年）	王致诚奉命为“蓬岛瑶台”宝座格后面油画门三扇画西洋水法风景油画并为紫檀木插屏一座另画油画一张	
135	1760年（乾隆二十五年）	郎世宁等为新建水法十一间楼后殿西洋式顶棚三间连墙窗户门画通景画	
136	1760年（乾隆二十五年）	命郎世宁为“万方安和”殿内画《黑猿大画》一幅，为同乐殿内画《洋猿猴》	两幅画上的树石俱由金廷标画
137	1760年（乾隆二十五年）	王致诚奉命为热河“夕佳楼”画西洋通景大画	
138	1761年（乾隆二十六年）	命张为邦、王幼学仿焦秉贞通景画稿画绢画	
139	1761年（乾隆二十六年）	命郎世宁为新建水法十一间楼下北明间二间、南明间二间，四面俱用苏州织来白毯子，照原来西洋毯子仿画	
140	1761年（乾隆二十六年）	命郎世宁为新建水法十一间楼明间内西进间周围墙连棚顶，起稿画通景画	
141	1761年（乾隆二十六年）	命王致诚为“谐奇趣”楼上西平台九屏风背后画堂画西洋油画，水画厄鲁特回子稿，交柏唐阿等画	
142	1761年（乾隆二十六年）	又郎世宁、艾启蒙奉命画油画四幅，做紫檀木西洋式挂屏四件	
143	1762年（乾隆二十七年）	命王致诚按热河九屏风纸样和五屏风纸样画异兽十四件，用黄杨木成做	
144	1762年（乾隆二十七年）	郎世宁为十一间楼起稿画西洋楼，顶棚、墙壁俱画西洋通景画	
145	1762年（乾隆二十七年）	郎世宁为“谐奇趣”东八方楼下檀木插屏画油画一张	
146	1762年（乾隆二十七年）	安德义为紫檀插屏画油画	
147	1762年（乾隆二十七年）	命王致诚为思永斋西楼拉门一道东面画美人画，西面着王幼学画书格一张	
148	1763年（乾隆二十八年）	郎世宁为思永斋东暖阁镶嵌罩配画格起稿，着王幼学用绢画； 王致诚为瀛台听鸿楼画西洋画一幅	
149	1763年（乾隆二十八年）	艾启蒙奉命修补“谐奇趣”大殿棚顶画；王致诚、王幼学为思永斋画通景绢画；朗世宁奉命画关防绢画	
150	1763年（乾隆二十八年）	艾启蒙、王幼学为涵雅斋起通景画稿，着于世烈等画油画	
151	1763年（乾隆二十八年）	郎世宁、方琮、王致诚、王幼学、姚文瀚、陆遵书等为“接秀山房”澄练楼绢画三幅	
152	1763年（乾隆二十八年）	艾启蒙、王幼学、方琮为“奉三无私”殿画线法通景画	
153	1764年（乾隆二十九年）	王致诚等为水法十一间楼画挂屏、门斗、窗户斗等	
154	1764年（乾隆二十九年）	王致诚奉命为瀛台日知阁殿内五屏风群板画宣纸异兽	
155	1764年（乾隆二十九年）	王致诚、王幼学为“澄虚榭”静香馆画支窗线法绢画一幅	
156	1764年（乾隆二十九年）	王致诚、王幼学为“蓬岛瑶台”两卷房西里间南墙起画稿	人物着金着标画，线法景着王致诚画绢画一幅
157	1764年（乾隆二十九年）	郎世宁为“玉玲珑馆”照殿西六间画线法景	
158	1764年（乾隆二十九年）	王致诚为“玉玲珑馆”后殿西墙线法画画面周围添画	
159	1765年（乾隆三十年）	太监胡世杰传旨：养心殴西暖阁三希堂向西画门，着金廷标起稿，郎世宁画脸，得时仍著金廷标画曲尺，南面着金廷标画人物，北面着杨大章间花卉，东西二面着方琮、王炳画山水。三希堂对宝座西墙，着金廷标画人物	
160	1765年（乾隆三十年）	太监如意传旨：“玉玲珑馆”鹤安斋东五间中间八方棚顶，照郎世宁小稿样准画，其花盆着画八样花，东五间殿前西梢间八方门着画油画	
161	1766年（乾隆三十一年）	粤海关呈进大驼钟一座，洋瓷人物乐钟一座，命席澄源收拾，得时交水法殿摆设	

画。如1721年（清康熙六十年），耶稣会东堂扩建，室内装饰则由郎世宁承担。他创作了《君士坦丁大帝作战图》和《得胜图》两幅壁画，并为耶稣会南堂圣约瑟学院大厅绘制了天花板画[①]，这对西方艺术走入宫廷起到了前导的作用。

在宫廷中，郎世宁不仅自己用线法画，而且在康熙皇帝的旨意下，为中国人传授线法画，使得线法画在宫廷之中后继有人。据雍正元年《养心殿造办处各作成做活计清档》记载，至康熙晚年，已有13名柏唐阿在郎世宁油画房学过油画和线法。[②]1723年（清雍正元年），留下其中的班达里沙、八十、孙威凤、王玠、葛曙、永泰等六人继续学习，后又补充王幼学（王玠之子）、戴恒、汤振基、戴正、戴越、张为（维）邦、丁观鹏。1736年（清乾隆元年），在郎世宁的众多徒弟中脱颖而出者有戴正、张为邦、丁观鹏、王幼学等四人，他们是清内廷第一批初步学习了油画和透视等西方绘画技巧的中国画家。1744年（清乾隆九年），张廷彦又在郎世宁处学习油画与线法画，与其父（张为邦）先后画了大批绢画。郎世宁逝世后，其创作方法为养心殿造办处画画人所继承。

总之，郎世宁不仅是西洋楼的主要设计者之一，也是新体画形成的关键人物，而且参与众多宫廷室内设计，参与创作宫廷室内装饰画与天顶画，在一定程度上改变了宫廷室内装饰风格。

（八）建筑的变化

西方透视学传入后，在中国统治阶级的大力提倡及西方传教士和中国画家的努力下，成为全社会的新的审美时尚。

乾隆皇帝不仅建造了著名的西洋楼，而且大量运用西洋透视法绘画作品来装饰自己的宫殿，在一定程度上改变了皇家室内装饰风格。圆明园扩建工程给郎世宁等人提供了发挥其创作才能的机会。首先，宫廷装饰画中大量采用透视画法。其次，宫廷室内装饰中出现了天顶画。[③]如果说设计西式建筑是传教士的“分外工作”的话，室内设计中通景画、天顶画的设计和绘制工作则是他们的特长。不过，他们这种特长的发挥建立在西方的艺术根源以及西式做法早些时候在中国的预热的基础上。[④]聂崇正先生曾经着重强调过如下史料记载：1）在郎世宁出生的那一年，一位意大利画家法拉·安德烈·波索开始在罗马依格那提欧教堂绘制天顶画《圣依格那提欧的崇拜》，在1700年最终完成。在这个作品里，他（指波索）使用了不可思议的透视法，使壁画延续了教堂的实体，造成实际上并不存在的上层楼，惟妙惟肖的幻梦。但这种真实感只存在于大厅中一个特定的视点，离开了视点，整个假的结构就好像要崩溃垮下来一样。2）波索也曾在郎世宁的家乡创作过教堂的装饰画，并著有《画家和建筑师的透视学》一书，该书1698年（清康熙三十七年）在罗马发行后，仅一两年就被送到了中国。[⑤]所以日后西方传教士运用视觉幻觉效果绘画手段创作，也是情理之中的。

利用透视技法绘制通景画[⑥]、天顶画的做法不仅在西洋楼中流行，在清代宫廷中的中国传

①杨伯达．郎世宁在清内廷的创作活动及其艺术成就．故宫博物院院刊．1988（2）：4．

②杨伯达．18世纪中西文化交流对清代美术的影响．故宫博物院院刊，1998（4）：70．

③天顶画在西方的教堂中是很常见的绘画品类。它是壁画的一种，画在建筑物天顶的部位，观者需要仰头才能欣赏。不过这里的天顶画与西方不同，体裁丝毫没有宗教含义，是画在平面的顶棚上，不是画在穹顶上，但透视技巧是与西方一脉相承的。

④大英世界艺术百科全书中文版·卷7.p167.转引自聂崇正．记故宫倦勤斋天顶画、全景画．故宫博物院院刊，1995（3）：22．

⑤苏立文．明清时期中国人对西方艺术的反应//东西交流论坛．第二辑．据笔者推断，这里《画家和建筑师的透视学》因为中西文译文的差异，实指前文《建筑的透视画法》。

⑥通景画是贴落画的一种，系先在纸、绢上作画，然后再贴于墙上，可以贴上落下。

统式样的建筑室内空间里，类似做法也十分盛行。如故宫倦勤斋①中的戏台周围通景画就采取上述手法。围绕戏台的西墙、北墙及顶棚上是一幅通景大画：

北墙的画面（图 7–33）是一庭院，院墙用斑竹纹篱笆搭建。墙上有一个月亮门，篱笆墙后一座丹柱黄瓦高阁隔篱相望，院内两只白鹤，一迎竹起舞，一低头觅食，喜鹊或空中翱翔，或憩于篱上。西墙上的图案比较简单，同样也画有一段斑竹搭架的院墙。墙后远山，山石高耸，树木成林。棚顶一片高大的藤萝架，串串藤萝下垂，绿叶覆盖，透过藤萝和花叶可见湛蓝的天空。

图 7–33 （上）倦勤斋北墙壁画

图 7–34 （下）故宫玉粹轩落地罩

这幅通景画的特点是画中的景色与室内装修融为一体，相映成趣。画中篱笆正与南面仿竹纹木质夹层篱笆相连，画中的月亮门与实景月亮门遥遥相对。这种布满整面墙壁的通景画手法一扫室内森严肃穆的气氛，将大自然移入室内，在室内开辟了一个新天地，使宫殿内豁然开朗，春光明媚。正如乾隆御制诗中所写：

“金乌度影迟花漏，
彩燕迎韶拂锦笺。
几闲因之勃吟兴，
也如春意渐和宣。”②

据档案记载，这幅画画于清乾隆三十九年，乾隆四十四年完工，是内务府如意馆画家绘制而成。③这种利用透视法绘制的装饰画，不仅具有装饰效果，还因此扩大了室内的空间感。故宫玉粹轩（图 7–34）、毓庆宫内的落地罩，就是在中空部分利用透视画贴落拓展了整个室内

① 倦勤斋位于故宫宁寿宫花园的最北部，倦勤斋的内檐装修从材料的选择到制作的手法都具有明显的江南风格。戏台位于倦勤斋西四间室内。

② 清高宗御制诗．四集．卷七七．题倦勤斋。

③ 张淑娴．倦勤斋建筑考略．故宫博物院院刊，2003（3）：56．认为王幼学、王儒学、伊兰泰、赵士恒、黄明询、陈玺等绘制而成（内务府奏销档，胶片 99，第 315 册）。聂崇正（聂崇正．故宫倦勤斋天顶画、全景画探究．区域与网络——近一千年来中国美术史研究国际学术研讨会论文集．台湾大学艺术史研究所，2001.）认为此作品出自郎世宁学生王幼学之手。转引自故宫博物院倦勤斋保护工作组．倦勤斋保护工作阶段报告——通景画部分．p128．事实上，据笔者现有资料看，除伊兰泰外，王幼学等人可能无此能力，参见第六章中伊兰泰和西洋楼铜版画。

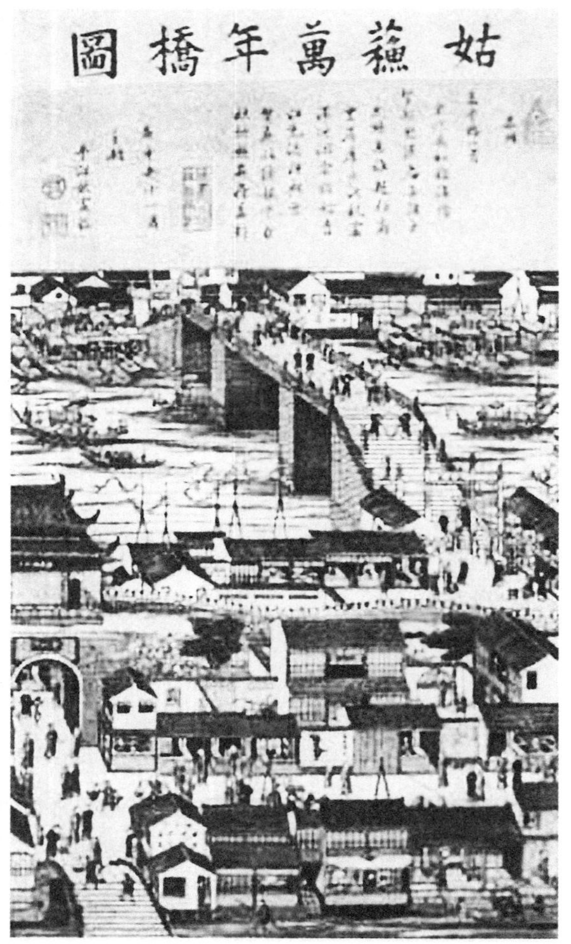

图 7–36 万年桥图

的空间。养心殿三希堂，也使用了这种将透视绘画渗入建筑的手法。透视甚至已影响到清代建筑表现图画法，笔者在国家图书馆查服务于清代皇家的建筑世家样式雷图档，发现其建筑表现图中已开始使用透视法（图 7–35），并且在立面设计图中，已有在立面上加绘透视画的方法来扩大空间的做法。

这种新的装饰风格，不仅在清内廷被继承沿用，而且在民间也出现了类似情况，《扬州画舫录》中几次提到当时扬州园林中用作装饰的透视壁画、西式家具等。还提到会画透视画的本土画师——曹重、张恕等人[①]，很多透视画以至西方题材的透视画走入平常百姓家中。雍正、乾隆年间，苏州地区受西洋影响的木版年画，一系列包括西方题材在内的大场景画面的出现，如西方歌剧院的形象（图 4–11）和火车头的形象进入中国人的住宅[②]。1740 年（清乾隆五年）苏州年画中出现了透视画法的《姑苏万年桥图》（图 7–36）。现存日本的当时中国绘画也反映了类似情况：西洋镜画[③]中有表现西式室内景的画

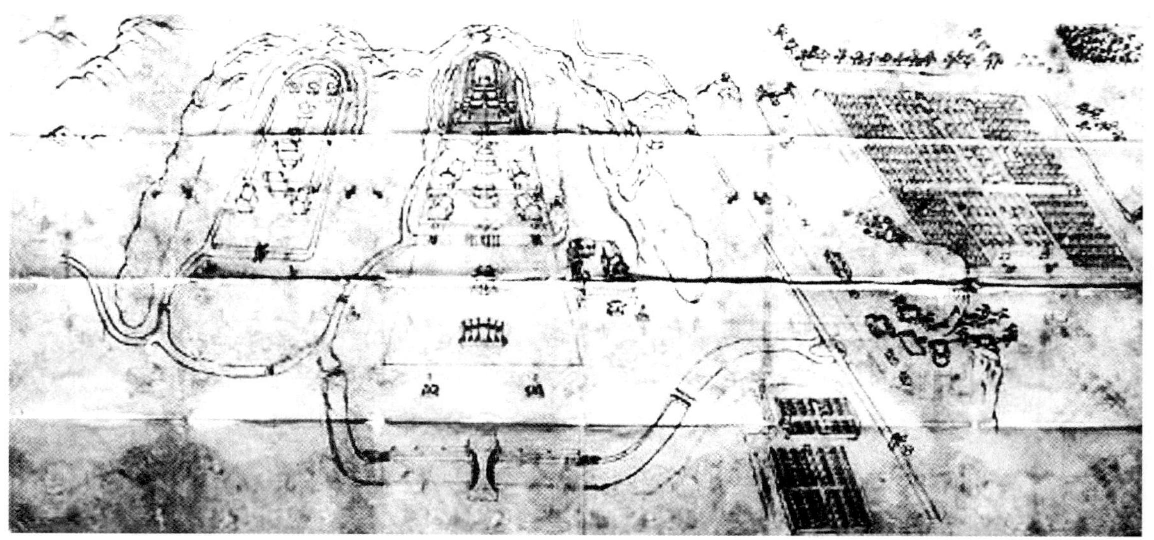

图 7–35 样式雷——惠陵鸟瞰图

①详见第六章。

②李约瑟．中国科学技术史．第五卷．化学及相关技术．p2583.

③西洋镜画，当时江南地区流行的西洋道具“透镜”的产物。李斗．扬州画舫录．曾这样描述：“江宁人造方圆木匣，中点花树鱼禽，怪神秘戏之类，外开圆孔，蒙以五色瑁玳，一目窥之，障小为大，谓之西洋镜。”

面。[①]《“中国洋风画”展》[②]一书中，也有《有洋房的街景》、《西洋风景图》、《西洋景色》、《西洋风楼阁图》等反映西方题材的作品。《扬州画舫录》中几次提到当时扬州园林中用作装饰的透视壁画、西式家具等。[③]山东泰山脚下岱庙主体建筑天贶殿内的《泰山神启跸回銮图》巨幅壁画，画面上的建筑即用线法画构图，兼融中西合璧的艺术风格。这些都说明，是时西洋异趣的影响已从宫廷波及于民间，成为新的社会审美时尚。

三、玻璃窗和玻璃制品使用

康乾时期，中西文化交流日益频繁，玻璃材料的交流是其中重要的组成部分。一方面，西方先进玻璃技术的传入促进了中国传统玻璃制造业进一步发展，到乾隆朝，玻璃制造业达到最高峰。[④]而另一方面，更为重要的是传教士和商人带来大量平板玻璃及其他玻璃制品，在宫廷建筑及上层人物的府第中，首次大量地应用平板透明玻璃窗取代传统带窗花的纸面窗，在一定程度上改变了中国传统的建筑外立面风格，大大改善了室内的采光效果。同时，室内陈设中大量出现玻璃日用品、玻璃饰品以及玻璃画等玻璃制品，在一定程度上改变了室内装饰风格。

（一）西方先进玻璃技术对中国传统玻璃制造业的影响

中国古玻璃起源很早，约在公元前 11 世纪（西周初或先周）。据文献记载与实物考古证明，与西方钠钙玻璃不同，中国自西周至汉代的古玻璃是铅钡玻璃[⑤]，因其质地脆弱且不耐高温，所以未能在人们日常生活中得到广泛应用。[⑥]

清代，玻璃生产工艺有了进一步的发展。民间的主要产地，北有淄川的颜神镇[⑦]（今博山县城，时称玻璃为琉璃），南有广州市。其中，颜神镇的生产规模和产量相当庞大。南北两地玻璃有着不同的历史背景和资源条件，分别形成了钠钙玻璃和钾钙玻璃两种不同的品种。南方广州的钠钙玻璃是受到了西方玻璃技术的影响，又发挥本地资源优势发展起来的。[⑧]南北这两处玻璃烧造业是当时民间玻璃业的骨干力量，它们与苏州、扬州、漳州以及云南等地玻璃手工艺共同组成民间玻璃工艺。而官造玻璃制造始于康熙朝，蚕池口玻璃厂就是专门制作御用玻璃的官方机构。1696 ~ 1700 年（清康熙三十五年～康熙三十九年），北京蚕池口玻璃厂建成。[⑨]1728 年（清雍正六年），玻璃厂移入圆明园六所，隶属造办处。[⑩]清宫玻璃厂综合了中国南北玻璃和西方玻璃的配方，在博山玻璃

---

①莫小也 .17 ~ 18 世纪传教士与西画东渐 .p283.

②日本町田市国际版画美术馆编 .“中国洋风画”展—明末清代的绘画、版画、插图书图录 .

③［清］李斗 . 扬州画舫录 .p268-270.p333.

④Yang Poda,” An Account of Qing Dynasty Glass Making”，p.133，乾隆时代（1736-1795），玻璃制造业很兴旺，在 1740 ~ 1759 年（乾隆五年～二十四年）达到了最高峰。

⑤杨伯达 . 西周至南北朝自制玻璃概述 . 故宫博物院院刊 .2003（9）：30。

⑥杨伯达 . 关于我国古玻璃史研究的几个问题 . 文物，1979（5）：76-78.

⑦古代中国北部的玻璃生产基地，又是山东省陶瓷生产重镇。

⑧杨伯达 . 清代玻璃配方及其化学成分的研究 . 故宫博物院院刊，1990（2）：25.

⑨大清会典事例 . 第 1214 卷 .p17.“三十五年奉旨设立玻璃厂，隶属于养心殿造办处，设兼管司一人……四十九年，设玻璃厂监造二人。”又据杨伯达 . 中国古代金银器玻璃器珐琅器概述 .p21. 清康熙三十五年（1696 年），内廷成立了玻璃厂，是奉玄烨之命创建的，后隶属内务府养心殿造办处，专门为皇室制造各种玻璃器。

⑩造办处是专门负责制造、承修和储存帝后及宫中需用各项器物的机构。

配方的基础之上，利用宫廷材料，以芒硝助熔剂，以硼砂提高耐热性，以砒霜澄清铁氧，成功地创造了新配方，使清代玻璃工艺达到了一个新的水平。①传教士纪里安（基列恩 · 斯顿夫 Kilian Stumpf）②及中国广东工匠程向贵、周俊等曾在此供职。③乾隆年间,传教士汤执中、纪文④等人传入了西欧玻璃制造技术。⑤清宫玻璃厂在乾隆中期以前用小窑烧造，在仿制西方玻璃时修建大窑，但产量都是比较少的，且始终没有生产平板玻璃。⑥

（二）康乾时期玻璃窗的使用和普及

在中国，琉璃与玻璃⑦作为建筑材料历史悠久，而且琉璃瓦及琉璃砖作为建筑材料在中国一直沿用至今。战国时已有在陶瓷外加釉烧制成彩色发亮的琉璃瓦，唐时已有琉璃嵌在窗户上的做法。唐时唐王曾有《琉璃窗赋》:

“窗户之丽者，有琉璃之制焉，洞澈而光凝秋水，虚明而色混晴烟。”

从文中描述可以判断，上文的“琉璃”并不是今天所说的琉璃制品，而是指一种有一定透明度的带色玻璃。

元代，宫廷建筑中曾使用过玻璃窗。据元代《马可 · 波罗游记》记载：

“皇宫大殿宏伟壮丽……窗上玻璃的装置，也极为精致，犹如透风的水晶。⑧”

明萧洵《元故宫遗录》也记录：

“新殿后有水晶二圆殿⑨，起于水中，通用玻璃饰，日光回彩，宛若水宫。⑩”

元代中国版图横跨欧亚大陆，元大都宫廷建筑的玻璃窗，很可能是当时西方哥特式建筑广泛使用的玻璃铅条窗隔向东方流传和影响的结果。根据当时世界上生产玻璃的情况判断，元大都宫苑建筑安装的玻璃不可能是透明无色的平板玻璃，而是杂色小片玻璃。

到了清代，随着中西文化交流日益频繁，宫廷建筑及部分上层人物的府第中，开始大量使用透明平板玻璃窗。事实上，早在 15 世纪，西方大量的公共建筑中已开始使用玻璃窗。到

①转引自 Yang Poda，An Account of Qing Dynasty Glass making.p.138，根据清朝造办处的档案，在乾隆五年至乾隆十八年，玻璃的原料有长石、硝石、硼砂、门砒霜和石英。又见 Shi Meiguang and Zhou Fu zheng，Some Chinese Glasses of the Qing dynasty. Jounal of Glass Studies，Coming，N.Y.，The Coming Museum of Glass，Vol. 35，1993，p105，汤执中的考察记载以及史美光和周福征（译音）近来所做的更多的化学分析。

②纪里安，字云风，德国人，1655 年 9 月 14 日生于巴伐利亚国之维尔坎城的赫尔比波利特斯，1691 年出发赴华。1694 年抵达澳门，1695 年至北京。康熙帝颇器重其才能，每次巡幸辄命之扈从，康熙四十九年至五十九年（1710 ~ 1720 年）间授钦天监正职。

③中国第一历史档案馆藏《造办处各作成做活计清档》，胶片 62 号。

④纪文在玻璃厂服务十七年，烧造了大型的仿西洋玻璃器两批共三十件。

⑤中国第一历史档案馆藏《清内务府养心殿造办处各作成活计清档》，编号 3399，乾隆五年（1740 年），西方传教士赵圣修（通晓历法）、鲁仲贤（能识律吕）、汤执中、纪文（能制玻璃）4 人到达黄埔，弘历准令进京。编号 3395，乾隆六年十一月初四日传旨新来西洋人纪文、党智忠、通史孙章 3 人在六所行走，每人照西洋人分例饭各赏给一份。六所位于圆明园，玻璃厂设于其中，又见杨伯达 . 中国古代金银器玻璃器珐琅器概述，纪文于乾隆年间在造办处玻璃厂建窑烧造仿西洋玻璃花、灯、缸、花挠和缠丝花浇以及笔筒。

⑥杨伯达 . 关于我国古玻璃史研究的几个问题 . 文物，1978（5），p78.“北魏时大月氏商人、两宋时的大食诸国、清代早中期的西欧传教士先后都将玻璃生产技术传授给我国工匠，对我国自产玻璃的制造起到了一定影响……”事实上，清朝后期的玻璃工艺却没有继续发展，推陈出新。至光绪新政引进西方玻璃烧造技术之后，方略有起色。直到清光绪十三年，清廷在实行新政的幌子下，由鲁督胡廷幹等在博山县东北设立玻璃公司，聘请 7 名德国技师制造玻璃，传播了西方平板玻璃的配方和技术。

⑦乾隆时期负责玻璃厂的法国传教士汤执中编 . 法汉词典 . 又养心殿造办处史料辑览（第一辑）雍正朝 . 玻璃一词，史称“随侯珠”、“五色玉”、“琉璃”。在清代，把高质量的西方水晶玻璃称为“玻璃”，而把本土常见的旧玻璃品种称为“琉璃”。

⑧马可 · 波罗游记 .p94.

⑨水晶殿俗名凉殿，是皇帝乘凉的地方。

⑩（明）萧洵 . 元故宫遗录 .

了15世纪60年代，玻璃窗已在英国的农家普及。[①]1576～1597年（明万历四年～万历二十五年），英国德比郡（Derbyshire）出现了玻璃房。[②]

查看有关档案资料可知，清代宫廷中，玻璃窗逐渐被大量使用并形成了自己的做法和特点。做法约有三种：一种称为“安玻璃窗户眼”，即在一整扇窗户的中心位置上，选取一两个窗格安装玻璃，其余的窗格仍旧糊窗纸。这种做法的显著特点是玻璃窗尺寸较小，在早期应用的较多。随着进口平板玻璃的逐渐增多，出现了“满安玻璃，碎邠成做”的做法，即把许多小块玻璃分装在一扇窗户的全部窗格上来取代原来的窗户纸。后来，又出现了整扇窗上去掉窗棂的“满用玻璃”做法。此外，还有在玻璃窗上画图案的做法。[③]值得指出的是，由于在传统建筑上采用了平板玻璃这种新材料，大片的玻璃逐渐取代传统纸窗，不仅改变了传统建筑外立面的虚实对比状况和立面局部尺度，而且大大加强了建筑的采光性能，是建筑上的一大进步，而玻璃画的普遍使用，在一定程度上改变了室内装饰风格。

康熙年间的内务府册中，畅春园已有安玻璃装修的记载。据《各作成做活记清档》，雍正年间最早安装玻璃的记载为雍正元年（1723年）十月初一日，有在养心殿后寝宫“穿堂北旁东西窗安玻璃两块[④]”谕旨的记录。

雍正年间，仅圆明园就有多处使用玻璃窗。1725年（雍正三年九月），圆明园后殿仙楼下做双圆玻璃窗，此为圆明园首次使用玻璃的记载。1728年（雍正六年），圆明园万字房瀑布仙楼、莲花馆内也安有玻璃窗，且莲花馆内玻璃窗画山水画。[⑤]之后，不断有使用玻璃窗的记载[⑥]，大都是“安玻璃窗户眼”的做法。且有乾隆帝还在未登基时的雍正年间所做诗文为证：

西洋奇货无不有，玻璃皎洁修且厚。
小院轩窗面面开，细细风棂突纱牖。
内外洞达称我心，虚明映物随所受。
风霾日射浑不觉，几筵朗澈无尘垢。
溪畔高枝宿鸟飞，门前小径行人走。
秋添潇洒看阶菊，春回消息凭庭柳。
一径入望尽分明，万家为呈妍与丑。
依稀对镜延清赏，裁诗可以铭座右。[⑦]

乾隆帝的玻璃诗至少说明两点：第一，至少后妃皇子住处已安玻璃窗，进一步佐证了在雍正年间宫中出现玻璃窗的事实。第二，说明了玻璃材料因其透光性好、明亮度佳而受到乾隆帝的喜爱和推崇，这也是日后乾隆年间玻璃更加普遍使用的原因之一。

雍正年间已经有安纱屉窗的记载。

“雍正四年六月十九日（木作），据圆明园来贴内称，太监王安传旨：着做蓬莱洲集锦玻璃窗上纱屉窗一件。[⑧]”

至乾隆年间，玻璃窗在建筑中的应用形成

①[法] 布罗代尔.15至18世纪的物质文明、经济和资本主义（第一卷）.p349.

②[美] 刘易斯·芒福德.城市发展史——起源、演变和前景.p216.译者注：“1576～1597年(万历四年～万历二十五年)，英国德比郡（Derbyshire）的哈德威克大厅（Hardwick Hall）就是玻璃比墙还多的玻璃房，由罗伯特·斯密森（Robert Smithson）设计，一座长方形三层楼房，两翼突出，四周全是玻璃，一层每扇有6块玻璃，二层每扇9块，三层每扇12块。”

③玻璃画，是指用油彩、水粉、国画颜料等在玻璃上绘制图画，利用玻璃的透明性在着彩的另一面欣赏，色彩鲜明强烈，具有喜庆气息。清乾隆、嘉庆时期，玻璃画在皇宫内及广州、沿海地区颇为流行。

④养心殿造办处史料辑览（第一辑）.雍正朝.

⑤清代档案史料—圆明园.p1170，1186，1179.

⑥清代档案史料—圆明园.p1204，P1206，p 1218，p1240.

⑦见清高宗御制诗.

⑧清代档案史料—圆明园.p1176.

新的特点：

1. 玻璃窗应用更加普遍

不仅在皇家建筑中应用更加频繁，而且在上层人物的府第中应用也较为普遍。

据笔者查看档案，乾隆朝的宫廷建筑装有玻璃窗的记载很多[①]，且做法越来越多样化。乾隆二十八年（1763 年）七月二十五日，工程总理处来文，查需安玻璃的一共就有近 20 块之多[②]，足见当时宫廷建筑中使用玻璃的广泛。同时，由于玻璃在宫中的大规模使用，使得当时玻璃供不应求。据乾隆二十八年（1763 年）九月二十二日记事录，造办处库贮大玻璃仅 5 块。[③]当时布达拉宫所使用的玻璃也是从其他地方拆来的。[④]

玻璃窗的普遍使用，从当时的一些文学作品中也可得到佐证。李斗《扬州画舫录》中就有好几处描述园林中的玻璃房。卷十二关于澄碧堂记述：

"涟漪阁之北，厅事二。一曰澄碧。一曰光霁。平地用阁楼之制。由阁尾下靠山房一直十六间。左右皆用窗棂。下用文砖亚次。阁尾三级。下第一层三间。中设疏寮阁间。由两旁门出第二层三间。中设方门。出第三层五间。为澄碧堂。盖西洋人好碧。广州十三行有碧堂。其间皆以连房广厦。蔽日透月为工。是堂效其制。故名澄碧。[⑤]"

卷七"砚池染翰"记述：有柳深读书堂、穀雨轩、风漪阁诸胜。此园囿两处写玻璃房，在柳深读书堂的堂前"构玻璃房"。其次，在风漪阁，"最东小屋虚廊在丛竹间。更幽邃不可思拟。阁后曲室广厦。轩敞华丽。窗棂皆置玻璃。大至数尺。不隔纤翳。窗外点宣石山数十丈。赐名澄空宇匾额。[⑥]"

从上述玻璃房"大至数尺，不隔纤翳"的描述来看，其安装玻璃尺度较大，可断定玻璃质地较好、强度较高。

成书于乾隆初年的《红楼梦》中也多处提及玻璃窗。

其七回，李纨住的房间安了玻璃窗：

"那周瑞家的又和智能儿唠叨了一会儿，便往凤姐处来。穿夹道从李纨后窗下过，隔着玻璃窗户，见李纨在炕上歪着睡觉呢。……"

其四十九回，宝玉住室也安有玻璃窗：

宝玉"一面忙起来揭起抽屉，从玻璃窗内往外一看，原来不是日光，竟是一夜的雪……"

其二十六回，怡红院丫头安着玻璃窗户眼：

①清代档案史料—圆明园 .p1277，p1278，p1293，p1439，p1391. 另外，在 p1518，p1538，p1541，p1542，p1544，p1547，p1548，p1568，p1571，p1586，p1593，p1594，p1630，p1632，p1637，p1643 多处有安玻璃的记载。p1424，p1448，p1455，p1464 ，p1478。

②清代档案史料—圆明园 .p1427."乾隆二十八年七月二十五日（记事录），奉三、倭、四、和四位大人谕，查得今各殿座前后檐支窗上需用玻璃，除乐安和前檐东次间支窗上玻璃一块，连窗边高三尺八寸，宽四尺五寸，现存无庸办理外，其乐安和东稍后金床上束面玻璃一块，宽五尺九寸一分，西面玻璃一块，宽二尺九寸二分，俱高六尺一寸一分连边。九洲清晏前檐西稍间支窗上需用玻璃六块，各高三尺，宽一尺二寸。后抱厦西稍间窗眼需用玻璃一块，长一尺五分，宽八寸五分。怡情书史后檐西次间支窗上需用玻璃二块，各高四尺一寸五分，宽三尺七寸，大边二寸五分。兰室前檐支窗上需用玻璃一块，高二尺八寸六分，宽一尺九寸六分，大边二寸五分。兰室窗上面西需用玻璃一块，宽六尺，南北需用玻璃二块，宽三尺三寸，俱高五尺五寸连边。通兰室廊门半腿插屏门一座。游廊上需用冰纹玻璃窗一扇。以上活计俱系造办处成造，著总理处转交造办处作速办理，其中有尺寸不符应需封槉邠安者，即面见本堂商酌。等谕。此件原文系奉总管交，著档房驳回毁讫。"

③清代档案史料—圆明园 .p1427.

④清代档案史料—圆明园 .p1497."乾隆三十六年四月二十日，布达拉庙佛格上玻璃安画片玻璃。因用量大，库贮玻璃不足，所以另一部分是拆下其他大殿玻璃灯上画片。"布达拉庙应该是指承德 . 普陀宗乘庙（小布达拉宫）。

⑤（清）李斗 . 扬州画舫录 .p285.

⑥（清）李斗 . 扬州画舫录 .p168. 砚池染翰，一名南园，乾隆赐名九峰园。所谓九峰，并不是指九座山峰，是指园中有九奇石。

"……忽听见窗外道：'姐姐在屋里没有？'红玉听见，在窗眼内往外一看，原来是本院的个小丫头名叫佳蕙的……"

书中的描写，印证了史料文献中所记录的情况，说明在清代的上层社会中，玻璃窗的使用已相当普遍。

2. 玻璃使用的成熟

玻璃作为新材料在建筑立面上的使用方式更加成熟，已能根据实际需要应用上文提到的三种玻璃窗做法，且玻璃窗能达到的尺寸也越来越大。这是由于，一方面，当时玻璃供应日益丰富。据档案记载，仅乾隆三十五年四月十三日，造办处藏有各式玻璃上百块，而且同年仅淳化轩新建宫殿一次就用去各种玻璃，包括玻璃镜在内有34块之多[①]；另一方面，此期间"玻璃"作为新建筑材料已能与建筑功能很好地结合，在建筑立面中的应用更加成熟，已能够根据不同需要安装各种尺寸的玻璃，这也符合新建筑材料应用的一般规律。这一点从一些档案记载中可以看出：

"乾隆四十二年七月二十六日，员外郎四德、五德来说，太监厄勒里传旨：玉玲珑馆澹然书屋西间窗户三扇，现安大玻璃一块、小玻璃二块，将小玻璃拆下换安大玻璃二块。东西窗户三扇，每扇上各添安小玻璃二块。钦此。[②]"

"乾隆三十七年五月十六日（记事录）接得圆明园知会一件内开，五月十三日五、和、刘奉旨：狮子林高台房西稍间西北面方窗两个满安玻璃，不必用大玻璃，着造办处查小块玻璃夠安。钦此。[③]"

同治拟重修圆明园时，样式雷制作的烫样上，有玻璃大方窗、扇面玻璃窗、玻璃三扇窗，而且都是在雕花木框中心安大玻璃。可见，当时的玻璃窗形式是非常丰富的。

（三）康乾时期的玻璃制品

清代，玻璃制品成为室内用具与陈设中的新宠，备受皇家珍爱。可以想象，大量玻璃制品用于室内，在一定程度上改变了室内装饰风格。

当时，宫廷中的玻璃制品来源有两个：一种是靠进口，一种是清宫廷造办处自己生产。17世纪后期，中国与西方的商业和外交往来频繁，西方的玻璃和珐琅器皿不断传入中国，玻璃制品被认为是最珍贵的贡品之一。据《熙朝定案》记载，康熙皇帝在康熙二十八年（1689年）二月南巡抵达杭州时，接受了传教士殷铎泽供奉的一个多彩玻璃球；另一位传教士也给康熙皇帝供奉了一个小型望远镜、一个梳妆镜和两个玻璃花瓶。[④]据说康熙对这些西方的玻璃礼物大加赞赏。

从文献和流传下来的珍贵玻璃实物可知，康熙朝已有单色玻璃[⑤]、珐琅彩玻璃[⑥]、套玻璃[⑦]、刻花玻璃、描金玻璃[⑧]等品种。[⑨]而且北京的御用作坊已经能够生产各种形制的器皿。1705年

---

①清代档案史料—圆明园 .p1472.

②清代档案史料—圆明园 .p1543.

③清代档案史料—圆明园，p1511.

④As cited Chang Lin-sheng, "Qing Enameled Glass", in Chinese Glass of the Qing Dynasty, 1644-1911: The Robert H. Claque Collection Phoenix Art Museum, Phonenix AZ. 1987, p.87.

⑤单色玻璃是指单一色彩的玻璃。

⑥又称"玻璃胎画珐琅"，是清代首创的玻璃制作工艺之一 。珐琅是一种绘烧于金属器、瓷器、玻璃器上的欧洲釉料，大约在康熙年间传入我国。

⑦又称"套料"，指由两种以上玻璃制成的器物，是清代玻璃制作工艺的创新。

⑧是指在玻璃表面描绘金色花纹而绘制成的器皿。

⑨张荣．清康熙御制玻璃．

图 7–37　故宫藏玻璃画

（清康熙四十四年），康熙皇帝曾赠教皇特使多罗一个御用的吹制画珐琅玻璃瓶。[①]从笔者目前查到的有关资料[②]断定：至少在雍正朝，玻璃器物已深入到皇室生活中，如日常生活用品、陈设品、文房用品、宗教用品。生活用品中不仅玻璃镜[③]、玻璃插屏非常常见，而且有了玻璃眼镜的记载[④]，雍正皇帝就曾配有眼镜。

“雍正元年十月二十一日（木作），总管太监张起麟持出玻璃竖吊屏一件。奉旨：交造办处收着。钦此。于三年六月十五日将玻璃竖吊屏一件配做得楠木边玻璃镜一件，郎中保德要去圆明园中用讫。[⑤]”

“雍正二年十一月十七日（杂活作），郎中保德交小玻璃吊镜一面，小玻璃灯一件。奉旨：著收拾完送至圆明园用。钦此。于本月二十五日收拾得小玻璃吊镜一面、灯一件，领催李三送至圆明园交郎中保德讫。[⑥]”

“雍正三年四月二十七日（木作），郎中保德查得：造办处库贮紫檀木玻璃插屏一座，玻璃长五尺，宽三尺三寸；玻璃镜一面，玻璃长三尺，宽二尺一寸五分，边厚五寸；广储司库贮玻璃一块，长三尺四寸五分，宽二尺三寸五分，玻璃镜一面，玻璃长三尺四寸，宽二尺四寸，边宽五寸二分。缮摺启知怡亲王，奉王谕：尔持去圆明园用。遵此。

于本日将玻璃镜四面交郎中保德持去圆明园用讫。[⑦]”

“雍正五年七月十八日（木作），据圆明园来帖内称，郎中海望奉旨：着照养心殿天长地久屋内城门的玻璃插屏样再做一插屏，安在万字房。钦此。

① APF：Scritture reiferite net Congress! Vol. 12. 344f. 27 April 1713. 罗马传信部档案馆，会议手稿，第 12 卷 .344f.1713 年 4 月 27 日。

② 目前笔者看到的档案始于雍正元年，没有康熙朝的记录。

③ 清代档案史料—圆明园 .p1221，p1228，p1238，p1237，p1239，p1240.

④ 清代档案史料—圆明园 .p1208.“雍正七年六月十四日（杂活作），据圆明园来帖内称，太监刘进义来说，首领太监王辅臣传旨：四宜堂如意床上安眼镜一副。钦此。于本日将二年备用上用茶晶眼镜一副交太监刘进义持去讫。”

⑤ 清代档案史料—圆明园 .p1164.

⑥ 清代档案史料—圆明园 .p1166.

⑦ 清代档案史料—圆明园 .p1167.

于九月二十三日做得紫檀木座玻璃插屏一座，郎中海望持去安在万字房讫。[①]"

乾隆时期，玻璃制品应用更加广泛，玻璃工艺的制造水平达到巅峰。

首先，是玻璃制品越来越精致[②]，而且西方显示阴影的技法和透视法已经用于中国玻璃制品本身的装饰——画珐琅玻璃器。这些以精美著称的画珐琅玻璃器是清朝御用玻璃制品最高水平的代表作之一。传教士郎世宁提供过一些玻璃设计图案。在造办处负责玻璃生产技术指导的耶稣会士纪文制作的雕花玻璃和珐琅器曾用于装饰北京的金銮殿。

其次，是这些玻璃制品应用越来越普遍，其中以玻璃镜子的使用最为普遍。[③]玻璃镜子的使用也深入到皇亲国戚当中，《红楼梦》中，刘姥姥就曾和镜子开了一个大玩笑。

乾隆时期，宫廷建筑中仅圆明园西洋楼就有很多玻璃陈设，如水法殿就先后藏有借光镜[④]、玻璃灯[⑤]、玻璃匣[⑥]、玻璃碗座、玻璃盖碗、玻璃台座[⑦]、西洋玻璃插屏[⑧]、玻璃水法座[⑨]等。其他宫廷建筑室内，也多处出现玻璃制品。[⑩]图 7-37 是乾隆时期采用花鸟、风景题材画的玻璃画。

总之，康乾时期，西方先进的玻璃制造技术传入中国，促进了中国传统玻璃制造业的发展。玻璃窗和玻璃制品的普遍使用对建筑外立面和室内装饰风格产生了影响。

①清代档案史料—圆明园 .p1184. 其他还记载有玻璃罩子、玻璃挂镜、玻璃时钟架，见 p1237，p1218，p1237。

②P. canille de Rochemonteix，*Joseph Amiot et les derniers survivants de mission francaise a Pekin*，1750−1795，Paris，1915，p79，这些中国制造的玻璃器皿优雅和精美的程度足以与从法国和英国寄来的洋货相媲美。

③清代档案史料—圆明园 .p1296，p1399，p1491.

④清代档案史料—圆明园 .p1468.

⑤清代档案史料—圆明园 .p1263，p1325，p1371.

⑥清代档案史料—圆明园 .p1379.

⑦清代档案史料—圆明园 .p1385.

⑧清代档案史料—圆明园 .p1444.

⑨清代档案史料—圆明园 .p1445.

⑩清代档案史料—圆明园 .p1262，p1283，p1349，p1461，p1464.

In all the world there be no better workman for building than the inhabitants China.（世界上再没有比中国居民更好的工匠了。）

——Galeote Pereira

The Chinese have their contrivances for everything.（中国创造了一切。）

——Domingo de Navarrete

下篇　中学西传中的西方建筑

第八章 西方人眼中的中国建筑

15世纪末是世界航海史上最辉煌的时代，非洲好望角的绕航、美洲的发现和欧亚航道的开通，直接促进了东西方的商业贸易和文化交流。[①]15、16世纪，西方发生了两件大事：地理的"新发现"与宗教改革运动。处在原始积累阶段的西方急切地向东方扩展，寻找和争夺东方黄金成为这种扩展的巨大源动力之一。1540年（明嘉靖十九年），教皇保罗三世批准耶稣会士来华传教。[②]这样，一批一批商人、探险家往来不绝于中西方之间；一批一批传教士，到遥远的中国传播"上帝福音"。他们中许多人留下了宝贵的记录："其所传播之中国文明，实予西方文艺复兴以物质的基础。[③]"同时，也为中国了解世界提供了直接的材料。其中，主要是耶稣会士们在中西方之间充当了具有特权的中间人。[④]一方面，他们适应中国人的需求，向中国人传播西方的科学和技术。另一方面，也向西方人介绍了辽阔的中华帝国。西方人眼中的中国，在很大程度上说，是耶稣会士眼中的中国。同时，中国皇帝、士人、教徒也起了重要作用。[⑤]

自利玛窦抵华（16世纪末）至钱德明去世（18世纪末），这段时期是中西文化交流的高潮期。忻剑飞总结了17、18世纪国外中国观的三大特点：一是立足于需要的基本肯定，二是囿于文化成见的批评态度，三是见仁见智的分歧意见。[⑥]这200年间，西方对中国有了进一步的了解。正如张西平先生所说，那是一个会通的时代，尽管有着虚幻，有着矫情，但双方是平等的，心态是平稳的。[⑦]就建筑来讲，大致可分以下四个时期。

一、16世纪末～17世纪初的滥觞期

16世纪，葡萄牙人和西班牙人捷足先登。他们从海路而来，最先接触的是中国相对发达的东南沿海一带，开始是将东南亚的华侨圈及澳门作为窗口。由于做生意或传教，对汉语和汉文化有一定的了解，成为16世纪最早到中国的西方人。在给友人的书信里，他们盛赞中国的城墙、街道、市场以及商店。[⑧]这时期，西方人对中国的了解多是通过输入的中国商品，如绘画、瓷器、漆器等以及商人或传教士的游记或书信，但多局限于走马观花式的、零星的描述。这些著者往往并没有真正到过中国，为了满足猎奇者的趣味，在他们的笔下，充斥着道听途说的传闻，或者把中国描绘为理想的大同世界，或者执其一端而对中国进行过苛的批评。

16世纪末，以利玛窦为首的耶稣会士来华，深入中国内地，开创了西方人真正了解中国的滥觞。

1582年（明万历十年），利玛窦协助范礼安（A.Valighnano）写《圣方济各·沙勿略传》中《论中国的奇迹》。其中提及皇宫和御花园。[⑨]"中国之伟大壮丽，肯定全世界无出其右。"对于中国的发现与了解，改变了西方人看世界

①张国刚．德国的汉学研究．p3．
②徐宗泽．中国天主教史概论．p165．
③朱谦之．中国思想对于欧洲文化之影响．民国丛书第一编．哲学·宗教类．前论．
④[法] 布罗斯．发现中国．p67．
⑤详见第二章。
⑥忻剑飞．世界的中国观．p138．
⑦张西平语。见徐海松清初士人与西学．总序．p7．
⑧详见第二章。
⑨[法] 裴化行．利玛窦评传．p62．林金水．利玛窦与中国．p11．

的方法。正如裴化行所说：“中国是一个文明昌盛之邦，有着与西方文化完全不同的文化，是西方文化前所不知的，而西方长期认为自己就是‘全世界’。[1]”

1585 年（明万历十三年），西班牙奥斯定会修士冈萨雷斯 · 德 · 门多萨[2]的《中华大帝国史》一书首版于罗马[3]，不久就有法文和英文译本（图 8−1）。其中多处描写中国的城市、建筑，甚至还提到了中国的长城[4]。说中国“房屋盖上多彩的釉瓦，而木结构很精良。街道修得很好，铺以石块，大路都建高[5]”。描述中国某地的官宅，说官宅的八根柱子，两人伸手臂合抱还相互碰不到。“我们估计柱子有六十英尺高，或多点少点不准。奇怪的是人们怎能把它们竖立到所在之地。柱上的房屋很高，用木头构筑，绘图并且涂金。一位征收该省赋税的官员住在里头，在别的省也有类似的房屋。这些房屋每座都单独围以墙垣，其中常种树并修建漂亮的花园，有中国人特别喜爱的各种水果，房屋附近也有水池，饲养供他们观赏的鱼。[6]”其中还有对北京的描述：“当地人（因为我没有见得它）说对直穿过它要走 7 天，绕它一圈要花 30 天。它有三道墙垣环绕，还有一条开阔的河，把它整个包围，可以说形成其内障。皇宫的富丽和构筑，据说有奇异的事物，图案采自同一国家的许多省份，不许外传。进入宫廷要经过七八道很坚固的门，有高大健壮的人在那里守卫。[7]”“城市很壮丽，特别在靠近城门的地方，大得出奇，用铁包盖。门房和楼塔建筑在高处，下面用砖和石头，和城墙相称；从城墙往上，建筑物用木头，其中有许多一层又一层有许多石头。他们城镇的坚固在于有高大的城池和壕堑，枪炮他们却没有。”描述漳州的街道与过街楼，“漳州的街道及我们看到的其他城市的，都很平坦，大而直，看来使人惊叹。他们的房屋用木头建造，屋基除外，那是安置石头的；街的两侧有波形瓦，也就是连续的廊子供商贩在下面行走，而街道宽到十五个人可以并排在上面骑行而不挤。当他们骑马时，他们必得从跨过街道的高牌楼下穿行，牌楼用木头建造，雕刻各式各样，盖的是细泥的瓦，……大士绅在他们家门处也有这些牌楼，尽管其中一些建造得不及其他的雄壮。[8]”事实上，同时代西方的城市杂乱无章，城市布局极其复杂，街道弯弯曲曲，连接方式往往出乎意料。[9]西方的城市卫生

图 8−1 《中华大帝国史》，1589 年的中国地图

①[法] 裴化行 . 利玛窦评传 .p63.

②即 Gonzales de Mendoza，他本人没到过中国或亚洲，其书是编写而成的。据译者何高济先生在中文译本《中华大帝国史》前言中说，他的资料多引自葡萄牙人克路士和西班牙人拉达。

③[西班牙] 门多萨撰 . 中华大帝国史 . 中文译者前言 .

④[西班牙] 门多萨撰 . 中华大帝国史 .p26.

⑤[西班牙] 门多萨撰 . 中华大帝国史 .p25.

⑥[西班牙] 门多萨撰 . 中华大帝国史 .p25.

⑦[西班牙] 门多萨撰 . 中华大帝国史 .p29.

⑧[西班牙] 门多萨撰 . 中华大帝国史 .p37.

⑨[法] 布罗代尔 .15 至 18 世纪的物质文明、经济和资本主义（第一卷）.p588.

也一直很差，直到“1788年，法国巴黎的人们一如既往地从窗口倾倒便壶，街道成了垃圾场。巴黎人长期习惯于杜依勒里宫花园‘一排紫衫树下大小便’[①]”。这部著作中还包括有关中华帝国的行政组织、中国人的衣着习俗和宗教的大量鲜为人知的资料，在当时激起了很大反响。[②]美国洛夫乔伊教授（A.O.Lovejoy）认为这篇报道导致法国散文大家蒙田（Montaigne，1533-1592）对中国政治制度的赞赏。[③]无独有偶，1604年（明万历三十二年），庞迪我（D.de Pantoja，1571-1618年）致古斯曼主教的长信[④]在西班牙的巴亚多利出版，有大量篇幅介绍中国皇宫的总体结构和中国城市的宏伟壮观。1607年（明万历三十五年）译成法文，1608年（明万历三十六年）译成德文和拉丁文。[⑤]

二、17世纪初～17世纪末的发展期

这个时期，因为大量传教士从沿海深入内地，长期生活在那里，甚至直至去世，与中国宫廷、士人、下层人民全面接触，所以他们对中国有更为深入的了解，记述更为翔实。虽没有专门针对建筑的研究著作，但在很多著作中已有对建筑的初步研究。有高度文化修养的耶稣会士向世俗的文化使者角色迈出了一大步，这些中国社会和文化的研究者，成为西方最早的汉学家。[⑥]当然，输入的中国商品为西方人进一步了解中国仍在起作用。而且因为“中国热”的加强，西方开始了部分建造中国式建筑的实践活动。

耶稣会士利玛窦深入内地，正确地选择了“科学传教”策略。因为耶稣会士遇到了一个高度文明的国家，利玛窦这种策略不急于追求接受皈依的信徒的数量，而是选择一条沟通双方文化，以减缓文化冲突与对立的道路，以达到传教的目的。正是“科学传教”策略促进了西方对中国的研究，也促使西方人对中国的进一步了解，使得对中国的研究因现实需求而发展很快。1615年，《利玛窦中国札记》出版，“它重新打开了通往中国的门户”[⑦]，为西方人研究认识中国的新起点。[⑧]《利玛窦中国札记》法文版译者贝西尔（G.Bessiere）在评价这部书时说：“它对西方的文学和科学、哲学和宗教等生活方面的影响，可能超过任何其他17世纪的历史著述。”它把孔夫子介绍给西方，把哥白尼和欧几里得介绍给中国。它开启了一个新世界，显示了一个新民族。

利玛窦在其中多处提到中国的城市、建筑及园林。1594年（明万历二十二年）8月，至南昌，在参观建安王花园时描述：“这是真正的王宫，论建筑和规模，论园林的设计和美观，都称得上富丽堂皇，而且有着王室仆从和设备。[⑨]”参观乐安王花园时说：“他的庄园里造

①[法] 布罗代尔.15至18世纪的物质文明、经济和资本主义（第一卷）.p366.
②[法] 布罗斯.发现中国.p54.
③范存忠.中国文化在启蒙时期的英国.p9.
④许明龙.中西文化交流的先驱.p51.认为这封长信是17世纪《利玛窦中国札记》发表前，在欧洲最有学术价值的一部有关中国国情的历史文献.
⑤许明龙.中西文化交流的先驱.p49.
⑥计翔翔.十七世纪中期汉学著作研究.p20.
⑦利玛窦中国札记.英译者序言.引耶稣会士加莱格尔语。
⑧[法] 安田朴.中国文化西传欧洲史.p37.耶稣会士是东印度的发现者。又见P. Corradini，Actuality and Modernity of M. Ricci，罗光.中西文化交流——纪念利玛窦来华400周年国际学术讨论会论文集.戴密微也认为，“有种种理由可以说，利玛窦被看成西方汉学的鼻祖是当之无愧的。”汉学研究.第1集.p16.
⑨利玛窦.利玛窦中国札记.p211.

有一座阁，视界及至方圆一里，房屋、鱼池、喷泉、竹林、小丘、美丽庭园，许许多多精妙出众的东西尽收眼底。[①]”

1599年（明万历二十七年），利玛窦参观南京的徐达宅瞻园，利玛窦称其是“全城最华贵的花园”。“看到了一座色彩斑斓未经雕琢的大理石假山。假山里面开凿了一座奇异的山洞，内有接待室、大厅、台阶、鱼池、树木和许多别的胜景。……修筑这座洞天是为了在读书或娱乐时避暑之用。洞穴设计得像一座迷宫，更加增添了它的魅力；它并不太大，尽管全部参观需要好几个小时……[②]”利氏参观南京的庙宇并夸赞说：“它不论从规模上，还是从建筑的宏伟上来说，都是真正的皇家气派。”利氏还见到了著名的南京瓷塔。[③]裴化行评价说：“明代的南京城极其雄伟壮观，堪与19世纪的西方任何最大首都相比拟。[④]”

在16世纪末到17世纪初，中国儒家学说比较系统地传入了西方。利玛窦曾将《四书》译为西文，寄回本国。1626年（明天启六年），他在杭州刊印了中国典籍《五经》的拉丁文译本 Pentabil-ion Sinense。[⑤] 1638年（明崇祯十一年），葡萄牙传教士曾德昭（A.Semedo）用葡文完成《大中国志》一书，并随即被译为西、意、法、英等多种文字。书中介绍了中国的宫殿、陵墓和风水堪舆等，并提到传教士建造的教堂。还描述了台湾土著民居：“他们住的是圆形房屋，用几种不同色彩的芦苇修建，远远看去很漂亮。[⑥]”认为南京城“是全国最大最好的城市，优良的建筑，宽大的街道……[⑦]”。“它有令人惊羡的游乐场所；境内人口众多，村落彼此相接，由3英里接3英里不断。……此外，无数的宫殿、庙宇、楼塔及桥梁，使城市显得非常壮丽。城墙有12道门，用铁作门，以炮防守；城外远处，有另一道完整无损的墙，其四周（因我想知道它的长度）是马行两日的路程。内墙18英里。两墙之间有很多住户、园林及开耕的农田，收获可供大约四万城内戍军的粮食。[⑧]”“它还有一座结构精美的七层塔，布满偶像，好像用瓷制成，这座建筑物可列入古罗马最著名的建筑。[⑨]”

“南京的庙宇是一座极完美的建筑，它有五个由木柱支撑的岛，除柱脚外其上无彩色装饰，看去每根都是一条完整的木料。它们确实都是最大最长的优质木材，难以想象的齐整（尽管木柱很多）。我得承认这是我在中国看见的奇景之一，人们难以在世界上其他地方找到那么多漂亮整齐的树。顶棚都涂金，尽管历经大约二百年之久，而且远离皇帝的视线（祭祀已不在那里举行，按习惯只在皇帝居住的宫城进行），但它至今仍不失其光辉。其中有两个用极贵重的大理石制成的宝座，一个供皇帝去那里祭祀时坐，另一个空着给皇帝献祭的精灵使用。所有门户都饰有铜片，有几种工艺和浮雕加以美饰，全部涂金；庙外有许多祭坛，有太阳、月亮、星星、精灵、山、川等的像。庙的四周有若干间小室，他们说在古代这里是浴室，皇帝和大臣去献祭时在那里洁身。在其余的平地上，

①[法] 裴化行．利玛窦评传．p203．
②利玛窦中国札记．p251．
③[法] 裴化行．利玛窦评传．p256．转引自利玛窦文集．第1卷．p14-15．
④[法] 裴化行．利玛窦评传．p254．
⑤许明龙．中西文化交流的先驱．p95．转引自戴哈尼 · 金尼阁传．p206．
⑥[葡] 曾德昭．大中国志．p12．
⑦[葡] 曾德昭．大中国志．p17．
⑧[葡] 曾德昭．大中国志．p17．
⑨推断这里应该是指南京瓷塔。

种植了几种树的丛林，但大多是松树林，严禁攀折哪怕其中的一枝。围墙覆盖以琉璃瓦，四周足有 12 英里。[①]”

曾德昭评价皇宫时说：“皇帝的宫廷，和其中的一切事物，我认为是世界上所曾见到的最好的。”“这些宫殿的结构都很精巧，其中有很多东西是按照我们的样式[②]修建，如拱门、栏杆、柱子，这些都用大理石精制，上面有几种小的工艺和奇妙的装饰，也有浮雕，即凸显的图像，美观和突出，好像悬在空中。凡是木制的部分都涂之以漆，精巧地描绘。[③]”

在《大中国志》第十三章提到的中国人的宴会中，描述宴会陈设与装饰，“有身份的人家开宴会很讲排场，因为他们在城内或附近有专门摆宴席的大厅，厅内有许多名贵书画和其他珍异作装饰，如果邀请的客人是一位大官，或者要人，那么尽管中国很少使用挂毡，但为了款待这类客人，他们在厅内仍挂上华丽的挂毡，使人产生快感。他们用餐桌的数量去显示宴会的盛大。一般是一桌坐四人，或一桌两人。但对于大人物来说，他们安排一人一张桌子，有时两张，一张供吃饭用，另一张用来摆杯盘。这类宴会的桌子都有一块桌帘即一匹亚麻布，从桌沿往下垂，但没有桌布和餐巾，桌子只用他们的漆，即一种清洁和光亮的涂料涂刷。[④]”

卫匡国 1655 年（清顺治十二年）刊刻的《中华新图》，是西人绘制的中国地图与史志的第一部著作。史志部分介绍了各地名称来源、建置沿革、地理位置、气候物产、风俗民情等，甚至包括各地的传教与教堂情况。此书一出，备受西方重视，被译为多种文字，广为传播。[⑤]

1656 年（清顺治十三年）7 月 17 日，荷兰使团到达北京。1665 年（清康熙四年），荷兰东印度公司的尼霍夫随使团访华后，在莱顿出版使团报告《荷兰东印度公司遣使中国皇帝记》。附有大量插图，描述中国城市、街道、建筑（图 8–2 ～图 8–5）及植物[⑥]，具有很大影响。

图 8–2 （上）荷兰使团画家尼霍夫铜版画：朝见顺治皇帝，1669

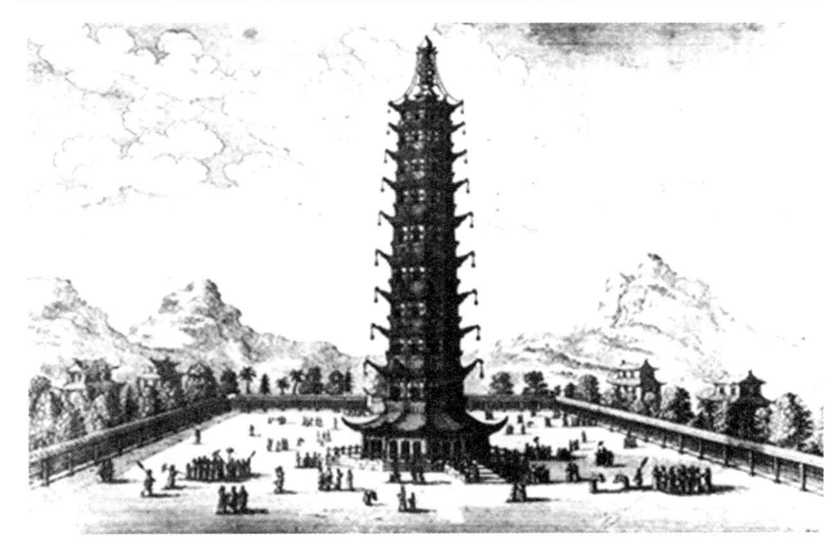

图 8–3 （下）荷兰使团画家尼霍夫铜版画：南京瓷塔，1669

①［葡］曾德昭．大中国志．p134．
②这里可能是指西式建筑。
③［葡］曾德昭．大中国志．p135．
④［葡］曾德昭著．大中国志．p81．
⑤何大进．明末清初来粤的传教士与西学东渐．p63．文中马尔蒂尼指卫匡国，原名 Martin Martini，《中国新地图集》即本书原文的《中华新图》。
⑥Conner，P.，Oriental Architecture in the West，Thames And Hudson，London，p16–19．［法］安田朴．明清间入华耶稣会士和中西文化交流．p287．［德］利奇温．十八世纪中国与欧洲的接触．p16．

图 8-4 （上）荷兰使团画家尼霍夫铜版画：中国石，1669

图 8-5 （下）荷兰使团画家尼霍夫铜版画：南京街道，1669

在西方人眼里，从马可 · 波罗的游记发表以后，中国一向是东方的一个传奇性的国家。到 17 世纪下半叶，由于多种比较确实可靠的报道，中国成为一个富有智慧的国家。也正是在 17 世纪下半叶，中国的绘画、瓷器、漆器、壁纸、年画、刺绣、绸缎、服装、家具等在法国的造型艺术、工艺美术和建筑装饰中就产生了影响。在法国出现了仿制中国工艺品的热潮，因为它们已经成了“上流生活”的标志。[①]同时，西方商人、尤其是传教士写的书面报告，在西方、尤其是在法国，进一步掀起了“中国热”。

1667 年（清康熙六年），基歇尔（A. Kircher）在阿姆斯特丹编辑出版《中国图说》[②]，不久被译成法文。此书成为 17 世纪西方关于中国的百科全书，在很长时期内产生影响。书中介绍了中国的建筑和艺术，其中还有两幅图——中国的城墙和石墙。[③]

1668 年（清康熙七年），安文思（Gabriel de Maga laens，1609—1677 年）的《中华新记》（Nouvelle Relation de 1a Chine）出版，1690 年（清康熙二十九年）出版法译本。书中详细描述了北京的皇宫、庙宇、衙署、街市等，也记载了北海、中南海、金鳌玉蝀桥、团城和景山。记述得比较完整的是景山：出了皇宫的北门，“再向前走，就是一所用高墙围着的花园，……花园正当中有五座不很高的山，中央的最高，其他四座矮一点，东边两座，西边两座，以同样的比例降低。它们都是用挖河和挖湖的泥土堆成的，一直到山顶都种满了整齐的成排的树木，……园里养着麋鹿等兽类和家禽，……山之北有一带密林，密林尽处是三幢离宫，比例优美，台阶和平台很漂亮，这是真正的皇家的建筑，十分赏心悦目。[④]”

1685 年（清康熙二十四年），英国的坦普尔爵士写《论伊壁鸠鲁的花园》，赞颂中国的造园艺术。[⑤]

这阶段最为著名的实践活动，是 1670 年（清康熙九年）法国国王路易十四在凡尔赛兴建一座中国式的“特里阿农瓷宫”（Trianon de Por-celaine）。由勒伏[⑥]进行设计，它主要的中

①窦武．中国造园艺术在欧洲的影响．建筑史论文集（3）.p110.

②其部分资料来自卜弥格的资料。

③[波] 爱德华．卡伊丹斯基．中国的使臣——卜弥格 .p244.

④窦武．中国造园艺术在欧洲．建筑史论文集（3），p115.

⑤[日] 针之谷种吉，西方造园变迁史 .p249.

⑥Jellicoe G.，Jellicoe S.，The Oxford Companion to Gardens，p298，又 Lancaster C.，The Japanese Influence in American，p8。

国特征是墙体表面材料像南京琉璃塔。

三、17 世纪末～ 18 世纪初的加强期

17 世纪末，法国耶稣会士来华，为西方人认识中国翻开了新的一页。[①]

从理论上，开始出现东方建筑专著：1688 年（清康熙二十七年），《东西印度及中国的公私园囿》在纽伦堡出版。该书是最早的关于东方建筑的专著[②]，中国造园艺术在西方引起了普遍关注。[③]另外，传教士著作甚至大量中国图书充斥西方。1696 年（清康熙三十五年），法国传教士李明（Louis le Comte，1655–1728）的《中国现状新志》在巴黎出版。描述了北京的皇宫、城门、南京的大报恩寺塔，以及北京和外省城市的庙宇、住宅、街道等，其中敏锐地指出中国城市和园林与西方的区别。他的文章流传很广。[④]1693 年（清康熙三十二年）6 月 4 日，康熙令白晋赴欧，随身带去康熙赠给路易十四的一批珍贵礼物，其中有许多中国图书[⑤]，包括《广舆记》、《资治通鉴纲目》、《书经》、《春秋》、《大清律》、《礼记》、《性理大全》、《易经》、《本草纲目》、《算法统宗》、《武经七书》、《许氏说文》、《诗经》等。[⑥]并在巴黎举办中国文物展。[⑦]在呈给法王的报告中，详细介绍了康熙皇帝本人和有关中国的种种细节，此即对后世影响巨大的《康熙皇帝》。此文后来在法国公开刊印出版，立即在法国乃至西方引起巨大反响，使法国人由来已久的对中国的好奇心，进而发展为仰慕和向往，把“中国热”又推向一个新的阶段。

1698 年（清康熙三十七年），路易十四批准的第一艘法国商船“安菲特里忒”号到达广州，船上载有白晋带来的十名传教士。在整个 18 世纪，差不多每年都有至少一只法国船载运着中国物品到达西方。法国东印度公司还通过暹罗将暹罗所有之中国美术品输入法国，说明法国正通过经济贸易的途径，大量吸收中国文化。[⑧]在路易十四晚年，其藏书中已有 280 卷附插图的《古今图书集成》[⑨]，藏书目录中还有一部《中国大百科辞典》，书中有建筑寺院的插图。[⑩]1700 年（清康熙三十九年），法国宫廷采用中国人的节日庆祝形式[⑪]，说明“洛

---

①吴孟雪．明清时期欧洲眼中的中国．p56. 17 世纪后期，随着法国传教士来到中国，欧洲对中国史的研究便掀开了新的一页，进入到一个真正可以称之为“研究”的阶段。[法] 安田朴．中国文化西传欧洲史．p36. 以 1700 年为界，“1700 年标志着欧洲和中国文化交流关系史上的一个决定性时刻。在此之后，直至法国大革命，在欧洲有关中国人、中国人的圣贤和中国最杰出的圣贤孔夫子的议论轰动一时。”

②[德] 利奇温．十八世纪中国和欧洲的文化接触．p19. 特注 2.

③窦武．中国造园艺术在欧洲的影响、建筑史论文集（3）.p115.

④李明．中国现势新志．（Louis le Comte；Nouveaux Memoires sur l’état Présent de la Chine），1696–1697 年巴黎版．p336.

⑤沈福伟．中西文化交流史．p443. 其中中国图书 300 卷。忻剑飞．世界的中国观．p123. 49 册汉籍．但另据许明龙．中西文化交流的先驱．p130. 有 49 册装潢精致的书籍。

⑥许明龙．中西文化交流的先驱．p130.

⑦窦武．中国造园艺术在欧洲的影响．建筑史论文集（3）.p111.

⑧忻剑飞．世界的中国观．p123.

⑨关于《古今图书集成》，详见本书第七章。

⑩[英] M. 苏立文．东西方美术的交流．p105.

⑪[德] 利奇温．十八世纪中国和欧洲的文化接触．p19.

可可”时代的来临。[①]1700年10月，洪若翰(J. de Fontaney)将康熙赠书——中国典籍《资治通鉴纲目》与《御选古文渊鉴》及茶、丝、瓷器进呈法王路易十四。[②]中国还通过来华传教士与法国皇家科学院及英国皇家学会建立了联系[③]。从1702年(清康熙四十一年)到1776年(清乾隆四十一年)，[④]在巴黎连续出版的《耶稣会士中国书简集》(Lettres édifiantes et curieuses écrites des Missions Etrangéres par quelques Missionnaires de 1a Conpagnie de Jésus)开始出版，共34卷。[⑤]其中16～26卷是关于中国的信件，是18世纪西方研究中国的主要资料来源，不仅仅提供了有关传教士生活的一大批资料，而且还用细腻的文笔提供了有关中国的成千上万种新鲜事物，“部分地造就了18世纪人类的精神面貌[⑥]”。这些资料还在陆续刊行期间，就曾被屡次部分地重版过。到1780年(清乾隆四十五年)，又在增补改编之后，全部重版。[⑦]1702年(清康熙四十一年)，中国人黄嘉略先后到达伦敦、法国，并在法国定居，大大增进了西方对中国的了解和认识，后成为法国汉学奠基人。[⑧]

四、18世纪20～70年代的高潮期

“中国热”继续席卷西方，西方取得了一致或基本一致的看法，更加从各个方面认同中国。如对哲学以及制度的认同，中国成为了一种可以衡量西方社会弊端的标准，西方版画中出现了中国官员的形象(图8-6)。西方人特别赞扬中国政府选拔官吏的制度——科举和会考制。这一制度首先被英国运用于其文职机构中，后来在整个西方都取得了成功。[⑨]此时，西方对中国建筑文化的热衷也达到了高潮期，以马国贤携避暑山庄铜版画赴西方为标志。[⑩]

1724年(清雍正二年)，马国贤携三十六景铜版画——避暑山庄返回西方，并在英国介绍中国园林。这些铜版画对西方的“中国园林热”产生了很大影响，“标志着英国园林风格发展中的基点[⑪]”。马国贤在他的回忆录中这样描述中国园林：正如在中国所见到的其他皇家园林一样，是一种与西方完全不同的风格。这里没有平顶山，干涸的湖泊，落叶树，笔直的道路，造价昂贵的人工喷泉和成排生长的花。相反的，从艺术的角度来说，中国人极力想模仿自然。在这些花园中，有人造假山迷宫，交织着笔直的大道和弯曲的小径，……休闲亭点缀

①Lancaster C. The Japanese influence in American, p9.

②Monique Cohen: A Point of History: The Chinese Books Presented to the National Library in Paris by Joachim Bouvet, S.J. in 1697, Chinese Culture, Vo1. XXXI, No.4, December 1990.

③详见第二章。

④[法]安田朴.明清间入华耶稣会士和中西文化交流.p12.沈福伟.中西文化交流史.p445.

⑤沈福伟.中西文化交流史.p445.

⑥[法]安田朴.明清间入华耶稣会士和中西文化交流.p17.

⑦忻剑飞.世界的中国观.p127.

⑧详见第二章。

⑨[法]布罗斯.发现中国.p89.

⑩详见第十章。

⑪详见第十章。

在湖泊和小岛之间，并且都可以乘船或有桥梁可以到达。这些地方可使皇帝和后妃在钓鱼累了的时候休息。[①]并且评价避暑山庄说："这些夏宫以不同的形式建造，但是都有很好的品位并且都很干净。"

这时期的特点是理论思维进一步加强，主要表现为对中国建筑、尤其是中国园林的争鸣。[②]同时，实践活动异常活跃，西方人所仿造的中国建筑大多是亭、桥、住宅及塔等。

书籍方面主要有：1725 年（清雍正三年），西方第一部正式写到中国建筑的专门著作——《建筑简史》（Entwurff einer Historischell Architektur）出版，专有一章介绍远东建筑。1730 年（清雍正八年）被译为英文。内容有中国桥梁、北京城、南京瓷塔、塔和假山洞的插图。[③]说明不仅是中国园林，中国建筑也进一步受到西方人关注。17 世纪后半期，在英国，就是没有到过中国的人也同样可以谈论中国了。约翰 · 伊夫林（John Evelyn）是英国皇家学会发起人之一，是一个有名的杂家，谈园艺、谈建筑、谈雕刻、谈卫生。[④]1735 年（清雍正十三年），法国人杜赫德 （J.du Halde）主编的《中华帝国通志》在巴黎出版。杜赫德没有到过中国，该书是根据其同胞们来自中国的文献编辑而成的，书中配有漂亮的插图。几年之内，出了三个法文本和两个英文本及德文和俄文译本[⑤]，有"西洋中国学之金字塔"之称。[⑥]1750 年（清乾隆十五年），英国哈夫彭尼（Halfpenny）出版《中国庙宇、穹门、庭园设计图》（New Designs for Chinese Temples, Triumphal Arches, Gardenseats, Palings）[⑦]，后更名为《中国风的乡村建筑》。1754 年（清乾隆十九年），爱德华（Edward）和达利（Darly）

图 8–6　西方人心目中的中国官员荒诞形象，18 世纪意大利版画

①The Memoirs of Father Ripa，p63.

②其中园林部分详见本书第十章。

③[德] 利奇温．十八世纪中国与欧洲文化的接触．p57．窦武．中国造园艺术在欧洲的影响．p116.

④约翰．伊夫林．日记与书信．布雷(W · Bray)编订本．第 3 卷．p137–138．转引自范存忠．中国文化在启蒙时期的英国．p9.

⑤[法] 布罗斯．发现中国．p72.

⑥许明龙．中西文化交流的先驱．p126.

⑦沈福伟．中西文化交流史．p464.

在英国出版了《为改善当前趣味而作的中国式建筑设计》(Edward and Darly: A New Book of Chinese Designs Calculated to Improve the Presend Taste), 1759年(清乾隆二十四年)被代刻尔(Paul Decker)修订为《中国的民用和装饰建筑》(Chinese Architecture, Civil and Ornamental)。[①] 1755年(清乾隆二十年),娄吉埃在《论建筑》(Marc-Antoine Laugier Essai sur l' Architecture)中称赞中国建筑的优点,说它在西方受到了"应有的评价",并且在写到王致诚介绍的圆明园之后,建议把"中国人的观念跟法国的巧妙地融合起来[②]"。1757年(清乾隆二十二年),英国建筑师钱伯斯[③]著《中国房屋、家具、服饰、机械和家庭用具设计图册》在伦敦出版(图8-7、图8-8)[④],钱伯斯携回了大量有关广州的文献,书中发表了他在广州的测绘图,其中还比较了6种不同的中国柱。也就是那一年夏天,钱伯斯开始为英国皇家服务,其著作的发表使人更加关心中国的建筑艺术。1772年(清乾隆三十七年),钱伯斯又在伦敦出版的《东方园林论》中,论述中国园林的优越性。[⑤] 1758年(清乾隆二十三年),英国奥弗(C.Over)编《哥特式、中国式和现代的装饰性建筑》。[⑥] 1767年(清乾隆三十二年),蒋友仁从北京写信给巴比翁(M. Papillon de Auteroche),描述中国皇家建筑的特点。[⑦]

实践方面主要有:1729年(清雍正七年),德国在沃色尔宫(Wasser Palais)改建"日本宫"(Japanese Palace)。[⑧] 1741年(清乾隆六年),由于传教士们的介绍,1754年(清乾隆十九年),英国王宫从中国学到了架设铁索桥的

图8-7 (上)钱伯斯:《中国房屋、家具、服饰、机械和家庭用具设计图册》中"中国商人住宅"

图8-8 (下)钱伯斯:《中国房屋、家具、服饰、机械和家庭用具设计图册》中"中国柱"

①陈志华.外国造园艺术.p338.
②陈志华.外国造园艺术.p335.
③William Chambers (1726-1796),在法国和意大利学过建筑学。两度到过中国,曾作过中国的瑞典东印度公司职员,在中国度过了一个相当长的时间。
④Thacker C., The History of Gardens. Berkeley, p178, 又Conner, P., Oriental Architecture in the West, p76.
⑤Jellicoe G, Jellicoe S., The Oxford Companion to Gardens, p105. 又Lancaster C., The Japanese Influence in American, p179.
⑥窦武.中国造园艺术在欧洲的影响.建筑史论文集(3).
⑦窦武.中国造园艺术在欧洲的影响.建筑史论文集(3).
⑧Lancaster C., The Japanese Influence in American, p10.

技术，西方的第一座铁索桥架起。[①]1743年（清乾隆八年），圆明园图景西传[②]，引起更大的仿造中国建筑的狂潮[③]。1750年（清乾隆十五年）左右，中国园林及园林建筑在英国进一步传播开来。1751年（清乾隆十六年），英国伦敦的莱乃拉夫花园（Ranelagh）中建中国式阁。[④]1754年（清乾隆十九年），德国波茨坦的长乐宫（San Souci）建中国茶亭（图8–9），1769年（清乾隆三十四年）又建龙塔。[⑤]1754年（清乾隆十九年），英国王宫汉普顿宫（Hampton Court）前泰晤士大桥上装饰着中国式亭子和栏杆。[⑥]1756年（清乾隆二十一年），英国拉德纳公爵庄园（Lord Radnor's Estate at Twickenham）建中国式塔。[⑦]1757年（清乾隆二十二年），美国查尔斯顿建瑞德（Reid）住宅，被称为具有“中国趣味”的建筑。[⑧]1759年（清乾隆二十四年），德国在德绍附近奥朗宁波姆（Oranienbaum）修建中国式塔、桥、亭阁与茶馆。[⑨]1761年（清乾隆二十六年），在罗隆(Faubourg Saint Laurent)开设“中国舞场”。有中国陈设及当时已经很普遍的中国烟火。[⑩]1763年（清乾隆二十八年），瑞典德洛特宁霍尔姆花园（Drottningholm）建中国亭。1780年（清乾隆四十五年），造园家派帕将其改造为中国式。[⑪]1763年（清乾隆二十八年），德国腓特烈二世（Friedrich Ⅱ.von Preuben der Gross，1740～1784年在位。）按钱伯斯的书上的图，在波茨坦的长乐宫亲自设计一座中国式桥。[⑫]1770年（清乾隆三十五年），英国建劳

图8–9 德国长乐宫中国茶亭

①[法] 谢和耐．中国社会．转引自耿昇．法国近年来对入华耶稣会士问题的研究．p21．中国早在公元600年左右就使用这一技术了。
②详见本书第十章。
③详见本书第十章。
④窦武．中国造园艺术在欧洲的影响．建筑史论文集（3）．
⑤Lancaster C.，The Japanese Influence in American，p10．陈志华．西方造园艺术．p307．
⑥窦武．中国造园艺术在欧洲的影响．建筑史论文集（3）．
⑦窦武．中国造园艺术在欧洲的影响．建筑史论文集（3）．
⑧Lancaster C.，The Japanese Influence in American，p36．
⑨[法] 安田朴．明清间入华耶稣会士和中西文化交流．p304．
⑩[德] 利奇温．十八世纪中国和欧洲的文化接触．p58．
⑪窦武．中国造园艺术在欧洲的影响．建筑史论文集（3）．
⑫陈志华．外国造园艺术．p340．

克斯顿（Wroxton）中国式花园。[①]1770年，一船花木从中国送往法国，用于小特里阿农花园[②]。

五、18世纪70年代～19世纪初的高潮又起

“礼仪之争[③]”之后，至1773年（清乾隆三十八年）教皇克莱门十四世[④]迫于法国、西班牙、葡萄牙等国政府的压力，宣布解散耶稣会。[⑤]天主教在中国的传播进入了衰落时期，但中西文化交流并没有因此而停止。就中国来说，始终没有关闭向西方敞开的大门。[⑥]就西方来说，“礼仪之争”更加激发了西方人对中国文化的兴趣。

在建筑理论方面：1773年（清乾隆三十八年），德国学者温泽（L.Unzer）发表《中国园林论》。[⑦]1774年（清乾隆三十九年），勒鲁热开始在法国出版《时代花园细部》，大部分是英中式园林，其中四卷表现中国皇家离宫别苑。至1789年（清乾隆五十四年）全部出版完。[⑧]1777年（清乾隆四十二年），《中国丛刊》开始在巴黎出版，其中收法国传教士韩国英（P.Cibot）的《论中国花园》，还为适应当时的中国式园林运动刊登中国庭园诗，1814年（清嘉庆十九年）全部出版完。[⑨]1793年（清乾隆五十八年）8月，英国使臣马戛尔尼（Macartney）等来华，参观避暑山庄、圆明园，比较东西方园林，并携有西方建筑图片。[⑩]1797年（清嘉庆二年），英国马戛尔尼使团副手斯当东（G.Staunton）出版《英使谒见乾隆记实》，书中有44幅建筑插图。1795～1800年间，这些画在皇家学院展览[⑪]。1795年（清乾隆六十年），荷兰东印度公司使团到北京觐见皇帝，记录所参观的清漪园[⑫]，并对北京与西方城市的比较以及对圆明园的描述等。

在建筑实践上，不断有中国式建筑建成：1773年（清乾隆三十八年），腓特烈二世在波茨坦附近的贝尔维德尔（Belevedere）仿中国塔而建“龙舍”。[⑬]1773年（清乾隆三十八年），法国蒙梭花园建造有中国式建筑。设计者为L·德卡蒙特。[⑭]1774年（清乾隆三十九年），法国凡尔赛的小特里阿农花园建成，当时被认为是“最中国的”，设计者为A·理查德。[⑮]1774年（清乾隆三十九年），法国的蒙维勒花园（Monville）建英中式园林，主要

①窦武．中国造园艺术在欧洲的影响史料拾遗．建筑师（39）．
②[法] 安田朴．明清间入华耶稣会士和中西文化交流．p305．
③详见第二章。
④严建强．十八世纪中国文化在西欧的传播及其反应．p95．Clement XIV，Lorenzo Ganganelli，1769～1774年在位。
⑤严建强．十八世纪中国文化在西欧的传播及其反应．p95．
⑥[英] 博克塞．欧洲早期史料中有关明清海外华人的记载．礼仪之争发生后的1722年（康熙六十一年），康熙钦派中国人胡约翰，随传教士傅圣泽（J. Foucquet）赴法国，向法王路易十五讲解康熙赠送的4000册中国书籍。
⑦沈福伟．中西文化交流史．p464．
⑧Thacker C.，The History of Gardens，p179．
⑨沈福伟．中西文化交流史．p13．忻剑飞．世界的中国观．p127．
⑩[法] 佩雷菲特．停滞的帝国：两个世界的撞击．p103，p186，p366．
⑪窦武．中国造园艺术在欧洲的影响．建筑史论文集（3）．窦武．中国造园艺术在欧洲的影响史料拾遗．建筑师（39）．
⑫窦武．中国造园艺术在欧洲的影响．建筑史论文集（3）．
⑬[德] 利奇温．十八世纪中国和欧洲的文化接触．p52．
⑭窦武．中国造园艺术在欧洲的影响史料拾遗．建筑师（39）．
⑮窦武．中国造园艺术在欧洲的影响．建筑史论文集（3）．

府邸是中式建筑物，建筑师为巴别尔。[①] 1775年（清乾隆四十年），法国商人代鲁普府邸（Chanteloup）建中国式塔，很像北京香山琉璃塔。1750年（清乾隆十五年），那里也曾建中国式圆亭。[②] 1781年（清乾隆四十六年），德国魏森斯坦（Weissenstein）造一所“哈莫”的中国式村落（Moulang）。[③] 1782年（清乾隆四十七年），法国巴黎建圣詹姆士花园（Saint-James），中国风味很浓。设计者为F·贝朗治。[④] 1783年（清乾隆四十八年），法国庞赛洪（P. Panseron）编《中国和英国的花园》。[⑤] 1792年（清乾隆五十七年），美国人豪克奇斯特（A. Houckgeest）在宾夕法尼亚州建带有中国风格的住宅，收藏其在中国购得的工艺品。[⑥] 1795年（清乾隆六十年），德国奥朗宁波姆花园修建时，建筑师F·凡厄德曼斯多夫在其中建造了中国式钟塔。[⑦]

1800年（清嘉庆五年），外国传教士停止来华，中西建筑文化交流逐渐进入低潮，但却一直没有停止过。即使到了19世纪，偶尔还会有一小阵“中国热”的余波出现。英国南部布赖顿市建造的王家东方宫于1821年（清道光元年）竣工。“中国风格”的克莱穆恩乐园露天音乐厅则在1836年（清道光十六年）揭幕，被看作是持续了近两个世纪的西方“中国热”的最后一座公共纪念物。[⑧]

一种文化对另一种文化的了解、吸收背后有很复杂的原因。17～18世纪中西文化交流的200年中，西方对中国建筑文化认同，一是因为从15世纪大航海以来，中西方之间开始直接接触，西方人有更便利的条件来接触、了解中国；二是因为西方从文艺复兴以来，人文主义者所倡导的尊重自然和人权、主张个性自由发展等主张为后来接受中国文化奠定了思想基础。“中国热”席卷了整个西方，中国文化对西方近代文化的形成产生了巨大影响。

---

①Jellicoe G，Jellicoe S.，The Oxford Companion to Gardens，p138.
②Lancaster C.，The Japanese Influence in American，p10.
③Thacker C.，The History of Gardens，p178.
④窦武．中国造园艺术在欧洲的影响．建筑史论文集（3）．
⑤窦武．中国造园艺术在欧洲的影响．建筑史论文集（3）．
⑥Lancaster C.，The Japanese Influence in American，p37.
⑦窦武．中国造园艺术在欧洲的影响．建筑史论文集（3）．
⑧Raymond Dawson：The Chinese Chameleon：an Analysis of European Conceptions of Chinese Civilization，110.

第九章 建筑装饰及洛可可艺术

中西方很早就有接触，其最早的接触是从物质文化开始的。汉武帝时，中国已有使者抵黎靬[1]，时间尚早于古罗马史学家佛罗鲁斯(Florus) 所记的中国第一次朝贺罗马使节100多年。[2]到文艺复兴时期，中国的四大发明传入西方。16世纪后，随着中西交通贸易的进一步发展，中西双方加深了彼此的了解，在西方掀起了“中国热”。“中国风格”、“中国趣味”不但流行于西方宫廷，而且走向街头，成为当时社会的一股风尚。中国的瓷器、丝织等工艺品传到西方后风靡一时，甚至法国国王路易十四本人在1667年的一次大典上也穿起中国装，化装成中国人，其情妇蓬皮杜夫人则养起了中国金鱼。上层的西方人以用中国筵席宴请宾客为荣，西方宫廷贵妇则整天不离中国折扇。[3]西方美学家也追寻中国风尚，收藏家崇尚中国艺术。18世纪初，受到中国服饰、陶瓷等物品上中国画影响的西方风景画家，如华托、布歇等人，向社会奉献了以中国手法画的新作（图2-7)。受中国影响的以优美、轻倩、生动、自然为特色的“洛可可风格”在西方延续了一个世纪之久。

一、中国形象进入西方

17、18世纪，随着中西贸易的发展，茶、瓷器、漆器、丝绸等被称为“中国货”的中国商品大量销往西方，并很快征服了西方。伴随着中西贸易的发展，作为物质文化载体的商品和进行商品交换的商人成为了文化交流的媒介，促进了双方文化的交流。在销往西方的中国商品中，茶、纺织品、瓷器、漆器等是最受欢迎的。西方人通过这些商品上的风景、人物、图案来感受中国。臆想中的中国就是诸如清香的茶，柔软的丝绸，精美的刺绣、瓷器上的花鸟、人物、山水等。

（一）中国丝绸

中国的丝绸传入西方很早，精美的丝线曾成为连接大西洋到太平洋整个旧大陆经济的纽带（图9-1)。1世纪时，中国丝绸传到了罗马，在贵妇人中风靡。[4]古罗马的维卡斯 · 图斯卡斯曾有一个售卖中国丝绸的市场。[5]据说公元380年的罗马，“那曾经限于贵族使用的丝绸已普及社会各阶级，无分贵贱，甚至及于最下层了”。但由于数量少，在6世纪前，其价值竟与黄金相等。6世纪，中国的丝织技术传入拜占庭帝国，并从那里传到伯罗奔尼撒地区。在元代，方济各会士和意大利商人曾向意大利的城

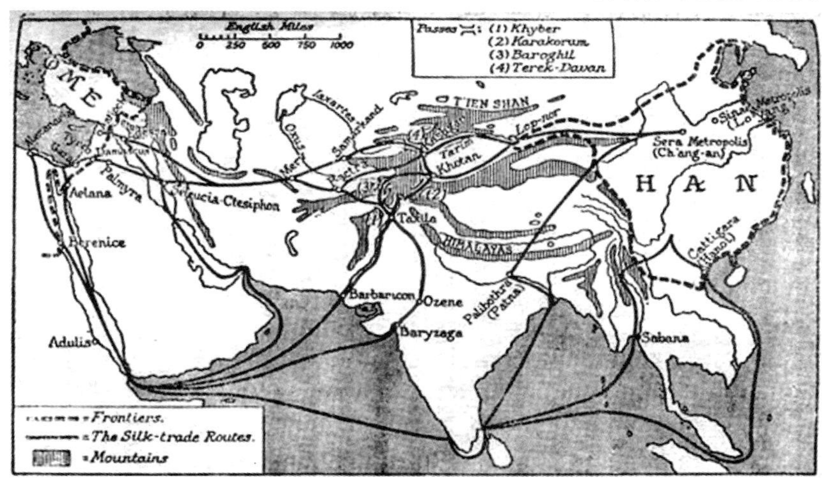

图9-1 公元1～2世纪中国与古罗马之间的丝绸之路

①张星烺．中西交通史料汇编．p13．黎靬原音应为Rekem，此为那巴提国（Naba—thaen Kingdom）都城倍脱拉（Petra）之别名。那巴提国在阿拉伯半岛之西北，今苏伊士运河东岸西奈半岛上。汉武帝时，那巴提人、犹太人及贝都因(Bedouins)皆在亚洲西部希腊塞流柯斯帝国。

②张星烺编．中西交通史料汇编．p12．

③周一良．中外文化交流史．p134．

④[法] 布罗斯．发现中国．p3．

⑤[英] 胡特生．丝绸贸易．p102．

市、尤其是锡耶纳揭示了中国的织物或艺术作品，在意大利文艺复兴中起过作用。[①] 14 世纪，法国人因大量购买丝绸而使黄金大量外流[②]，可见当时法国丝绸需求量之大。1537 年，法国里昂开始生产丝绸。[③]丝绸的图案设计在很大程度上受到中国的影响，出现佛塔、竹桥、人像等中国图案（图 9–2）。同时，中西丝绸贸易仍然极为重要，物美价廉的中国丝绸在西方市场上具有很强的竞争力。17 世纪，西方大量输入丝织品，尤以有锦文花样为最有特色。[④]中国美丽的丝绸源源不断输入法国，迎合了法国贵族阶层的需要。这些丝绸不仅用于贵妇的服装，而且大量用于室内帐幔。[⑤] 1735 年，杜赫德在《中华帝国通志》中详细介绍了中国的养蚕技术和丝绸业。[⑥]

图 9–2 （上）18 世纪法国里昂生产的具有中国装饰图案特色的丝绸

图 9–3 （下）相传马可 · 波罗带回意大利的德化瓷器香炉

（二）中国陶瓷

1. 中国陶瓷西传

文化交流往往是以物质交流为前导的，16 ~ 18 世纪，中国瓷器成为中国文化进入西方的开路先锋。[⑦]瓷器，从唐代开始，在中国对外输出中就逐渐成为大宗货物。13 世纪，马可 · 波罗曾在其游记中提到过德化瓷器，还把瓷器带回威尼斯（图 9–3），甚至还提到瓷器制作工艺程序[⑧]，这可能是西方人关于中国陶瓷制作方法的最早的记载。15 世纪，瓷器已见西方文献，在古开罗的福斯塔（Fostat），据记载也有陶器及其他宋瓷的碎片出土。在卡尔图姆（Khartom）也发掘了青瓷器，现均陈列于大英博物馆。[⑨]到 17、18 世纪，中国瓷器成为西方人的嗜好。17 世纪从各国东印度公司输入巨量的瓷器，但这时尚不过作为一种新奇物品，只有几个大宫廷去收藏它。18 世纪，一时风气所

---

① [法] 安田林 . 中国文化西传欧洲史 .p158.

② [法] 布尔努瓦 . 丝绸之路 .p147.

③ [法] 布尔努瓦 . 丝绸之路 .p248–249.1537 年，里昂市政府从国王那里申请到了丝绸生产特权，意大利商人杜尔克（Etienne Turquet）和纳利兹（Barth é lemy Nariz）建立了里昂丝绸工厂商业联合会。

④ 朱谦之 . 中国哲学对于欧洲的影响 .p49.

⑤ [法] 布罗代尔 . 15 至 18 世纪的物质文明、经济和资本主义 .p365. 室内陈设中提到丝绸帐幔。

⑥ 韩琦 . 中国科学技术的西传及其影响 .p164.

⑦ 朱静 . 洋教士看中国朝廷 .

⑧ 马可 · 波罗游记 .p193.

⑨ 朱谦之 . 中国哲学对于欧洲的影响 .p44.

趋，西方上层阶级无不收藏中国瓷器。

2. 中西陶瓷艺术的互动

16 世纪，第一个直接和中国进行瓷器贸易的国家是葡萄牙，精美无比的中国瓷器令西方人大为倾倒，由葡萄牙人在 1502 年左右携回的第一批瓷器花瓶在西方引起了人们的强烈兴趣。[①] 1584 年（明万历十二年），荷兰皇宫可能通过葡萄牙或西班牙，向中国订购瓷器九万六千件。[②]在中国陶瓷西传的过程中，为了使中国的瓷器能够在西方适销对路，葡萄牙的商人们对中国瓷器的造型、图案、釉彩、装饰等方面提出一些独特的要求，以便符合西方的生活和艺术欣赏习惯。所以，不少中国出口到葡萄牙的瓷器具有明显的西方艺术风格（图 9-4），当时在里斯本瓷器市场上最流行的就是有两个柄的大碗。16、17 世纪，荷兰东印度公司销售的中国瓷器遍及西方各国。有记载说，在 1611 年,阿姆斯特丹市就已普遍使用瓷器了。17 世纪，荷兰商人开始把西方器皿的造型介绍到中国来，促进中外陶瓷艺术的交流。在中国出口到荷兰的瓷器中，有相当一部分表现北欧和荷兰风光的瓷器绘画，如有的中国青花瓷器描绘鹿特丹的城市街道建筑、有的描绘水车和磨坊、有的描绘西方人像等（图 3-9、图 3-10、图 9-5）。[③]不少风景绘画是景德镇的匠师们模仿在广州流通的荷兰铸币上的图案而制成的。同时，在上层社会，也时髦地流行搜集中国瓷器。一位银器艺术家的富孀吉梅伦波洛克夫人（Gemelenbrock）在 1653 年左右就以收藏中国瓷器的精品而闻名于荷兰。[④]

由于西方人非常喜爱中国的瓷器，中国装饰图案开始流行。由于商业利益的驱使，也由于中国瓷器为西方人描绘出了一种中国及其文雅的形象[⑤]，西方人开始想方设法仿造中国瓷器。明代，青花、霁红、五彩、斗彩等都是闻名于世的瓷器，广泛流行到西方各国，对世界

图 9-4 （左）适合西方人的中国瓷器——钢盔状带柄水罐，制于 1541 年（明嘉靖二十年）

9-5 （右）乾隆朝外销洋彩帆船盘

①[法] 布罗斯．发现中国．p44.

②朱培初．明清陶瓷和世界文化的交流．p48.

③详见本书第三章。

④朱培初．明清陶瓷和世界文化的交流．p53.

⑤[法] 布罗斯．发现中国．p43.

陶瓷艺术产生重大的影响。[①]荷兰、英、德、法等国都争相模仿生产中国的青花瓷器，而最著名的就是荷兰的德尔费特（Delft）[②]，它是17世纪“巴洛克风格”在陶瓷艺术设计领域的杰出代表。荷兰当时是以生产珐琅和玻璃而著名的国家，生产模仿中国瓷器，并不是十分困难。德尔费特陶瓷的产生与发展虽然也受到意大利、法国等国的影响，但更主要的是学习、借鉴中国瓷器风格与手法的结果。1602年（明万历三十年），作为当时世界海上霸主和贸易大国的荷兰建立了东印度公司，一度垄断了与远东的贸易。在这方面，荷兰的德尔费特走在了最前列。德尔费特是一个靠近西方最大港口城市鹿特丹的运河边小城，交通极为便利。同时，这里的艺术氛围相当浓郁，众多的画家聚居于此。德尔费特陶瓷工业的迅速发展既得益于这些有利条件，同时，中国明清交替之际陶瓷生产与出口的中断也使其受惠良多。在1584年（明万历十二年），荷兰的陶器匠师们通过东印度公司，直接从中国采购白色釉料和青花颜料，仿造中国青花瓷器生产，获得成功。德尔费特偶尔也生产多彩瓷。[③]1580～1800年间，这里竟有过759个瓷窑。德尔费特的白釉蓝彩陶器在西方工艺美术史上最大的功绩，就是把中国的青花瓷器和西方陶器、珐琅工艺品等有机地结合起来，创造了独特的风格，著名艺术家柯克斯（Kocx）设计的铭印“AK”字母的白釉蓝彩陶器是这一风格的典范，他在1690年所设计的长颈瓶，就是一件典型的作品。

16世纪末叶，意大利各地已经开始仿制中国软质瓷器，白地上给以淡蓝色花纹。

1686年（清康熙二十五年），暹罗国（Siam，今泰国）派遣使节来到法国，赠给法国国王路易十四和他的王子以及贵族们无数珍贵的中国瓷器。[④]法国东印度公司的商舶把大量的中国瓷器运到法国，深得路易十四宫廷上下的青睐。1698年（清康熙三十七年）、1703年（清康熙四十二年），法国巨舶“安菲特里忒”（Amphitrite）两次远航来华，将中国的瓷器运到法国，引起轰动。在中国停留期间，其成员还访问了瓷都景德镇和南京。

到18世纪中叶后，西方市场上经营中国瓷器的首位开始由法国、英国所替代。在瓷器的仿制上，法国人后来居上成为17世纪的制瓷中心。

18世纪初，中国瓷器开始更多地流传到英国。英国国王查理一世、詹姆士二世都是瓷器爱好者。詹姆士的王后玛丽（Marry）还在其宫殿中收集了不少中国瓷器。其他王公贵族也都收集有中国瓷器。英国也开始自己生产瓷器。18世纪，英国的青花瓷器上绘制垂柳、亭台楼阁、小桥、溪流等中国图案，被称为“柳树图案”，在西方流行。[⑤]

（三）中国茶叶

在中国，饮茶有着十分悠久的历史，至唐朝时，饮茶之风盛行，茶叶作为商品至少也已有两千年的历史了。[⑥]约于公元5世纪南北朝时，中国的茶叶就开始陆续输出至东南亚邻国及亚洲其他地区。15世纪末，东西航路开通之后，西方人对茶叶慢慢有了直接的接触。17世

①朱培初．明清陶瓷和世界文化的交流．p13.

②朱培初．明清陶瓷和世界文化的交流．p16．当时，西方人把这种白釉蓝彩陶器直接称为“德尔费特”，以致一直沿袭至今。但它最终也不曾烧制成硬瓷。

③王镛主编．中外美术交流史．p187.

④朱培初．明清陶瓷和世界文化的交流．p63.

⑤朱培初．明清陶瓷和世界文化的交流．p16.

⑥陈椽．茶叶贸易学．p32.

纪初，开始了中西茶叶贸易的活动。荷兰是中西茶叶贸易的先驱，1607年（明万历三十五年），荷兰商船自爪哇来澳门运载绿茶，1610年（明万历三十八年）转运回西方，从而揭开中国与西方茶叶贸易的序幕。[①]1650年（清顺治七年）后传至东欧，再传至俄、法等国，17世纪时传至美洲。1637年（明崇祯十年），英国东印度公司商船来广州第一次运出茶叶，公元1644年（清顺治元年），在厦门设代办处，于18世纪开始大规模经销中国茶叶，并获得了巨额利润。

中国的茶叶不仅改变了西方人的饮食习惯，而且从中国茶的清香中西方人可以感受到幻想中的中国。利玛窦认为经常饮茶有益于身体健康。[②]最初，饮茶的荷兰人主要是来往于东西方之间的商人、水手及达官贵人。饮茶在1638年传入法国，1645年传入英国，1650年传入德国。17世纪中叶，荷兰人将饮茶传至美国。到17世纪末，荷兰的饮茶已较普遍，很多人家专辟茶室品茗啜茶，将此当作一种高尚的消遣。17世纪60年代，茶叶已成为英国宫廷阁议时的饮料。1664年，英国东印度公司董事会购名茶献赠英王。[③]18世纪初，品饮红茶逐渐在英国流行，甚至成为一种显示高雅的行为，茶叶成了英国上层社会人士用于相互馈赠的一种高级礼品。18世纪中叶，英国各地，上自王公贵人，下至贩夫走卒，都要喝茶。[④]王后玛丽（Queen Mary）喜爱饮茶并备有各种茶具。[⑤]18世纪下半叶，茶叶已成为英国全国性饮料了。[⑥]饮茶习俗的兴起，为茶叶贸易的发展奠定了基础。1880年，中国出口至英国的茶叶多达145万担，占中国茶叶出口量的60%～70%。

（四）中国壁纸

纸是中国的伟大发明之一。中国使用纸制品至少比西方早1000　年。[⑦]中国的纸和造纸术，从5世纪初，已经沿丝绸古道西传到新疆，约9世纪传入埃及。12世纪时，造纸术由埃及西传摩洛哥，并从那里传入西班牙、意大利等西方国家。而壁纸早已于4世纪在中国被发明，16世纪首先由法国传教士带到西方。由荷兰、英国和法国商人外传，极受欢迎。因为西方人原用挂毯，既沉重，又不卫生，不及糊壁纸轻巧、干净。“这种中国产品极受欢迎，终于取代了西方家庭中的原来使用的昂贵的丝、皮帷帐和挂毯，使一般家庭也和富贵邸宅一样得以增添生活乐趣。[⑧]”17世纪后不久，法、英二国有仿照中国花样，而造成所谓“中英合璧”或“中法合璧”的壁纸。当时，英国人设法仿制，但只会用一种材料，成本昂贵。而中国人的墙纸，用多种材料，有多种式样，甚至可以在上面写字或作画。[⑨]1720年英国有些人家的客厅，墙壁上全用糊壁纸，纸上有人物，有禽鸟花卉。[⑩]18世纪，《天工开物》[⑪]流传到西方，受到很大

①张应龙．鸦片战争前中荷茶叶贸易初探．暨南学报（哲社版），1998（3），p92．陈椽．茶叶贸易学．p49．[法] 布罗代尔．15至18世纪的物质文明、经济和资本主义（第一卷）．p294．“第一箱茶叶大概是由荷兰东印度公司于1610年运达阿姆斯特丹的。”

②利玛窦中国札记．p17．

③陈椽．茶叶贸易学．p50．

④范存忠．中国文化在启蒙时期的英国．p78．

⑤Macpherson．英国与东印度通商史．p100．

⑥[法] 布罗斯．发现中国．p93．

⑦李约瑟．中国科学技术史．第五卷．化学及相关技术．p323．于希贤．中国古代四大发明及其西传．p62-66．

⑧李约瑟．中国科学技术史．第五卷．化学及相关技术．p327．

⑨Oliver Brackett，Thomas Chippendale，1925，p36-37．

⑩Francis Lenygon，英国的装饰，1660-1770，1914，p227-228．

⑪作者：宋应星，字长庚，明代江西省南昌府奉新县北乡人，万历四十三年（1615年）举人。

注意，把造竹纸的方法传入西方。[①] 17 ~ 19 世纪，中国手绘套印的色彩绚丽，由花鸟、山水、人物起居画面构成的壁纸，无疑风靡了西方[②]，在一定程度上改变了西方人居室的装饰风格（图 9–6、图 9–7）。西方住宅所用各种颜色花样的壁纸（Wall–papers）在 19 世纪中叶之前，一直按照中国的方式，以小幅为单位，用铜版或木刻一张接一张连续拼印。在法国，尤以中国趣味的"勒末隆（Reveillon）壁纸"为最有名。[③]

（五）中国漆器

中国是世界漆艺的发祥地。[④]漆艺在中国起源很早，迄今为止发现最早的漆器是浙江余姚河姆渡新石器时代的朱红漆碗（图 9–8），至今已有 7000 年。明清间，漆器工艺美术品出现了灿烂繁华的景象。中国漆器在路易十四时代，被视为一种特殊而罕有的物品，在 1689 年，髹漆的中国家具竟用作皇家开奖物品。[⑤]不久，各种形式的漆器就广为流行了。[⑥]上文提到的

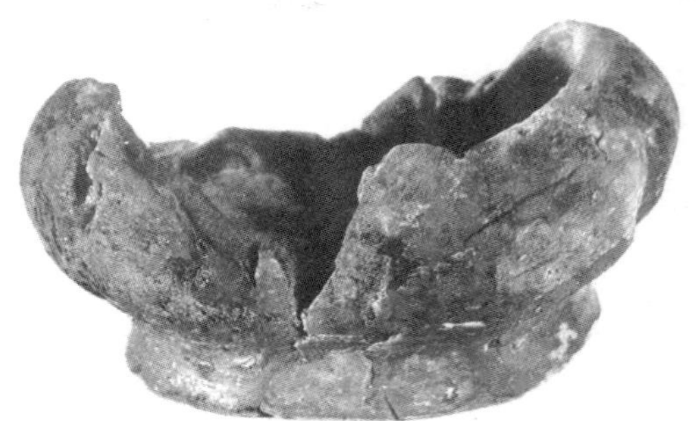

图 9–6 （左）西方五色壁纸 让·巴比隆（Jean Papillon，1661–1723）设计，显示当时所受中国的影响。黄、黑、红色套印，蓝、绿色则是用画笔添上去的

图 9–7 （右上）用中国墙纸装饰的具有洛可可风格的室内

图 9–8 （右下）中国最早的漆器——河姆渡出土朱漆碗

①卢嘉锡．中国科学技术史 · 人物卷．p640–641．
②李约瑟．中国科学技术史．第五卷．化学及相关技术．p103．
③朱谦之．中国哲学对于欧洲的影响．p50．
④王琥．中国漆艺的历史与现实价值初探．南京艺术学院学报（美术与设计版），1990（4）：55–58．
⑤朱谦之．中国哲学对于欧洲的影响．p48．
⑥[德] 利奇温．十八世纪中国和欧洲的文化接触．p28．

1698年（清康熙三十七年）、1703年[①]（清康熙四十二年），法国巨舶“安菲特里忒”（Amphitrite）两次远航来华，除运走中国的瓷器外，还有中国漆器（图9-9）。中国漆器在法国很轰动，以至于当时直接称中国漆器为“安菲特里忒”。[②]16世纪30年代，西方各国先后开始仿造中国漆器。[③]1755年间，蒙塔果夫人（Mrs. Montagu）在伦敦有一间小屋，不仅墙上糊的壁纸来自北京，而且室内全是中国式的上好家具。[④]

（六）西方人的中国情调

中国文化西传的一个直接后果就是导致席卷西方的“中国热”，即西方人对中国情调的热衷。不难想象，在贴有中国壁纸的房间，挂印有中国图案的丝绸帐幔，用中国瓷器，饮中国茶，用中国的扇子，摆中国小摆设，贵妇们身着精巧的装饰着中国式图案的丝绸衣裙，沉浸在中国情调中。西方人的中国情调不仅改变了西方人的生活情趣，而且在一定程度上改变了西方人的室内装饰风格，说明了西方人对中国文化的认同，产生了受中国影响、在西方延续了一个世纪之久的“洛可可风格”。

17世纪，法国尚蒂伊城（Chantilly）孔蒂（Condé）公爵对东方工艺品有特殊的爱好，他在他所居的城市营建了充满中国趣味的极华丽的客厅。[⑤]在1686年（清康熙二十五年），暹罗国（Siam，今泰国）派遣使节来到法国，赠给路易十四和他的王子以及贵族们的礼物除瓷器外，还有丝织品、锦绣、漆器、绘画屏风之类。[⑥]于是，他们都变成中国美术品爱好者了。中国的茶改变了西方人的饮食习惯，很多人的早餐从饮咖啡改成了饮中国茶。瓷器也成为富人家中的必需品。在王宫中，在特辟的“中国室”中，应有尽有地陈列着中国式的瓷器人物以及瓶瓮之类，以为装饰品。“路易十四时代的法国，任何中国的物品都会带来极大的愉悦，所有王室的宫殿都置有披挂着白色缎罩的家具，这些缎罩上满绘着中国的飞鸟走兽和人物形象。[⑦]”

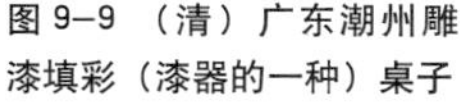

图9-9　（清）广东潮州雕漆填彩（漆器的一种）桌子

①据1901年马德罗尔（Madrolle）刊巴黎国立旧文书馆所藏《日记》，转引自朱谦之．中国哲学对于欧洲的影响．p50．这次航行所载中国物品除铜、生丝、茶、药品及香料以外，有陶瓷器142捆，屏风45捆，雕漆衣柜35捆，漆茶盆22捆，南京七宝烧1捆，挂灯笼12捆，扇子4捆，被盖、化妆桌子及室内服用之印花布7箱、陶瓷器漆器样本1捆，此外尚有两广总督所赠武器及古瓷器等。

②朱培初．明清陶瓷和世界文化的交流．p61．

③王琥．中国漆艺的历史与现实价值初探．南京艺术学院学报（美术与设计版），1990（4）：57．

④范存忠．中国文化在启蒙时期的英国． p81．

⑤王镛．中外美术交流史．p190．

⑥朱谦之．中国哲学对于欧洲的影响．p53．

⑦Madeleine Jarry：Chinoiserie Chinese lnfluence on European Decorative art 17th and l8th Centuries，p35-36．

路易十四的王宫和离宫都设有专门陈列中国物品的房间。当时在凡尔赛宫、枫丹白露等几座王宫里，都有完全按中国风格布置的房间。有名的热夫林夫人（Madame Geffrin）每星期四开“沙龙”招待百科全书派的思想家和文人等，其招待日所用茶瓶、茶杯之类，屡屡从有名的得拉薛尔（DeLazare）的瓷器店购来。当时插生花及香的鉴赏之普及，也使中国瓷瓶、香炉等成一时风尚。以路易十五的情妇蓬巴杜夫人为例，她经常光顾巴黎专营中国物品的拉扎尔 · 杜沃商店，仅1772年12月27日一次她就从该店购进了价值5000里佛尔的5个形状各异的青瓷花瓶；路易十五的国务秘书贝尔丹（Bertin），也是一位“中国迷”，他家中设有一间“中国室”，专门陈列中国的珍宝及样本。据说，他曾一次就得到两木箱运自中国的泥人和纸人，共31个。[①]路易十六用一个配有金把手的中国大瓷杯喝清汤[②]——西方的名流们都“中国化”了。[③]

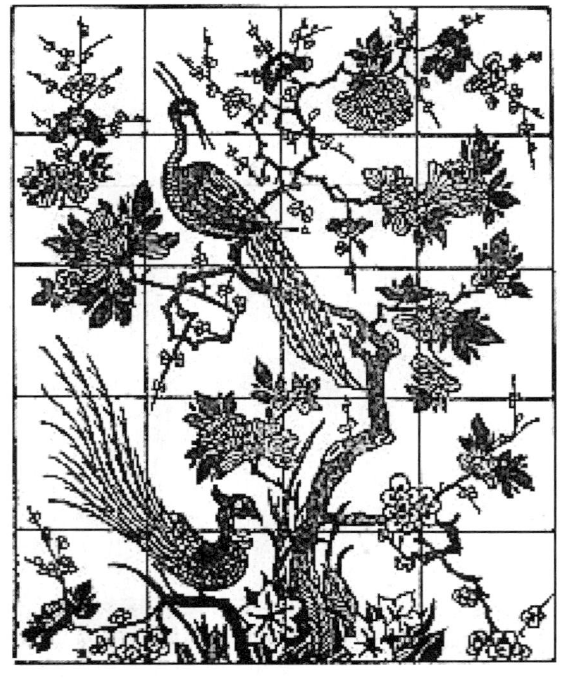

图9–10 荷兰德尔费特生产的建筑陶砖

二、陶瓷在建筑中的运用

（一）建筑用装饰瓷砖的产生

中国到了唐代，在唐三彩出现的同时，以琉璃来装饰建筑已相当普遍。宋代遗留至今最重要的琉璃建筑为“开封”铁塔，它实际上是用铁黑色琉璃砖砌成的。明代琉璃制作量超过以前各个朝代并有更大的发展。明初南京宫廷建筑所用的琉璃瓦是在南京聚宝山（南郊芙蓉山）设窑烧造的。皇家的宫廷建筑、陵墓照壁、释道庙宇、佛塔、供器以及日用工艺品很多都用琉璃制品。现存大同市内的在洪武九年建造的琉璃九龙壁是明初琉璃的代表作。[④]

17世纪，当中国的壁纸（绘画装饰的糊墙纸）在西方流行时，为了适应当时西方各国帝王大兴土木、修建宏伟而华丽的宫殿的需要，在1630年（明崇祯三年），荷兰的德尔费特[⑤]也开始生产模仿中国糊墙纸的建筑装饰陶砖（图9–10）。这种建筑装饰陶砖把整个画面分割为二十块（横行四块、竖行五块），上面描绘长尾鸟（中国凤凰的变形）、梅花、牡丹、狮子等图案，充满着中国的艺术情调，然后拼凑、组合为整体，粘贴在墙面上。此外，还描绘柳树、小桥流水、亭台楼阁等中国青花瓷器上的图画。[⑥]

（二）瓷器陈列室

在当时，中国光润雅洁的瓷器成为了权势、

①楼宇烈．中外哲学交流史．p273．转引自冯棠．法国文化史．p445．

②［法］布罗斯．发现中国．p44．

③伏尔泰语．转引自［法］布罗斯．发现中国．p91．

④卢嘉锡．中国科学技术史 · 化学卷．p73–74．

⑤详见本章前文。

⑥朱培初．明清陶瓷和世界文化的交流．p55．

地位和财富的象征，成为西方各国王公贵族趋之若鹜、不惜重金的追求对象。他们收集了越来越多的瓷器，所以将近 17 世纪末，皇室和贵族收藏家们开始设置特别的房间，陈列他们的瓷器。当时，瓷器是非常珍贵的，因此瓷器陈列和当时大大小小宫廷中盛行的艺术品陈列及古董陈列是同等重要的。这甚至影响了 18 世纪建筑师设计邸宅，甚至还出版了说明安排陈列室的各种方法的版画。[①]人们认为，陈列瓷器的房间的总体印象要比陈列个别作品的美更加重要。因此，陈列室的四壁列满了镜子，放置展品的支架层层叠叠，直到顶棚。这种陈设说明，主人是在强调瓷器的数量。

德国建立的瓷器陈列室最多，1695 ~ 1700 年在夏洛特堡（它装饰了腓特烈一世[②]的房间）（图 9–11）、1700 年在巴姆堡和慕尼黑，1710 年后在波米斯佛尔登、约 1730 年在安斯巴哈和在林的蒙毕郁宫相继设立了这种陈列室。

1710 年，柏林郊外的夏洛特堡宫又建立了“瓷室”，这座由艾奥德 · 冯 · 歌德设计的建筑专门用来陈列瓷器收藏，设计师不得不使从地面到顶棚的整堵墙上都布满托架，可见收藏品之多。在宁芬堡宫的夏宫建立了一座“塔堡”，这座西方古典风格和中国宝塔混合风格的建筑看来在模仿“特里阿农瓷宫”，楼上有两间中国式套间，其中的一间裱糊着中国壁纸，另一间八角形的客厅置有红黑相间的日本漆屏。[③]

1725 ~ 1735 年，在奥地利君主国的布尔诺城的杜布斯基宫内有一间瓷器陈列室，其内已经有瓷器画和瓷镜框，同时还用瓷做门板、装饰桌椅，甚至还有瓷炉台。1757 ~ 1759 年意大利那不勒斯城的波梯西宫、1770 年西班牙马德里城的皇家宫殿、1780 年阿朗尤茨宫都有陈列室。[④]丹麦的哥本哈根宫殿也藏有很多中国瓷器。[⑤]比较著名的是路易十四的瓷器宫（图 9–12）和瑞典王宫。

图 9–11 （左）柏林附近的夏洛特堡中的瓷器宫

图 9–12 （右）特里阿农宫中的狄安娜（月神）房间

①[英] 简 · 迪维斯 . 欧洲瓷器史 .p11.

②此人于 1701 年为被加冕第一位普鲁士国王。

③严建强 . 十八世纪中国文化在西欧的传播与反应 .p204.

④[英] 简 · 迪维斯 . 欧洲瓷器史 .p11.

⑤朱培初 . 明清陶瓷和世界文化的交流 .p122–124.

1. 路易十四的瓷器宫

自 16 世纪初葡萄牙商人输入中国艺术品以来，法国历朝君主均爱好中国美术，在宫殿里面收集了很多美术品。[①]路易十四[②]就是位中国艺术的爱好者。从 1668 年起，路易十四命人在凡尔赛建立了一座“特里阿农瓷器宫”(Trianon de Porcelaine)[③]（图 9–12)。室内装饰着青花白瓷、中国造花、偶人儿之类，成为一时风尚，举国为之着迷。特里阿农瓷器宫是由一座主楼和两座侧楼组成的巴洛克式古典主义建筑，建筑外装饰上又借鉴了“南京瓷塔”的手法，覆盖以彩釉的陶砖[④]，象征多层的复折、两重屋顶为镀金装饰，喷水池的边缘也用彩釉陶砖装饰。[⑤]主楼中间是大厅，左右各一小间；内壁是青花瓷砖；寝室的床边有瓷器带，陈列了许多瓷器。在这里，中国式的瓷器是作为装饰集合体被纳入法国建筑样式的。为专制君主路易十四所需要的古典主义的庄严宏大和巴洛克式的豪华与中华帝国富丽堂皇的气派结合在一起了。与此同时，在凡尔赛宫庭园内建设了一座楼台，即以在华传教士卫匡国所述《中华新图》为据而仿造的南京之塔。[⑥]从此之后，法国则更钟情于精巧和柔情的曲线、变幻莫测的和异国情调的装饰。细木护墙板和家具受到了新形式的启发，瓷器和织物一直发展到照搬照抄来自中国瓷器上的图案。[⑦]

图 9–13 中国式挂毯

2. 瑞典王宫

18 世纪，瑞典国王弗雷德里克（Frederick）为王后修建了一座法国“洛可可”艺术风格的宫殿。宫殿中的五幢皇宫的外表是用玫瑰色装饰的，绿色的屋顶仿造中国宝塔的形式。宫殿内的装饰采用了中国瓷器、刺绣、漆器的图案，还陈列着王后购买的中国瓷器（例如德化白瓷、粉彩瓷器花瓶）以及大量的漆器家具、国画、糊墙纸等。[⑧]中国还曾为瑞典王宫生产特定图案的瓷器。

三、洛可可艺术

（一）产生背景

一种文化对另一种文化的吸收取决于吸收

---

①朱谦之．中国哲学对欧洲的影响．p54.

②路易十四：法国国王（Luis XIV，1638–1715)，路易十三之子，在位 72 年，继位初，其母安娜摄政，首相马萨林掌握实权。1661 年亲政后，加强专制统治（宣称“朕即国家”)，强化中央集权。1702 ~ 1713 年参加西班牙王位继承战争。晚年国库空虚，农民起义此伏彼起，法国封建专制制度开始走向没落。

③［法］布罗斯．发现中国．p48.1687 年，国王对它厌烦了，便下令拆毁了它。

④朱培初．明清陶瓷和世界文化的交流．p63.

⑤朱培初．明清陶瓷和世界文化的交流．p64.

⑥朱谦之．中国哲学对欧洲的影响．p54.

⑦［法］布罗斯．发现中国．p48.

⑧朱培初．明清陶瓷和世界文化的交流．p120.

者对被吸收者的理解，西方对中国艺术的吸收也是取决于其自身对中国文化的理解，他们理解的东方情调似乎比东方情调本身是什么更为重要。17 世纪末到 18 世纪，正值西方社会大变动时期。17 世纪后期，西方的君主专制主义开始瓦解，先后发生了英国和法国的资产阶级革命，充满幻想、向往自由已经成为人们的普遍心理。18 世纪，中西方贸易的不断扩大，中国的色丝、瓷器、漆器、屏风和扇子大量进入西方，使得中国的装饰设计原理和远东独特的艺术想象力也为西方所熟悉。在这种情况下，"从巴洛克风格（Baroque）和远东的古怪风格之结合中，诞生了洛可可风格（Rococo）[①]"。"18 世纪第一个新年，法国宫廷采用中国人节日庆祝形式一事，具有某种象征的意义，洛可（Rococo）快来临了。[②]"正如赫德逊所说，"洛可可艺术直接得自中国，这在一定程度上是美术史家公认的。[③]"洛可可精神和中国的老子学说最相接近，潜伏在中国瓷器、丝绸美丽色彩之下的，有一个老子的灵魂。[④]德国学者利奇温（Adolf Reichwein）也认为："开始由于中国的陶瓷、丝织品、漆器及其他许多贵重物的输入，引起了西方人的注意、好奇心与赞赏，又经文字的鼓吹，进一步刺激了这种感情。商业和文学就这样地结合起来，终于造成一种心理状态，到 18 世纪前半叶，使中国在西方风尚中占有极其显著的地位。"

（二）特点与表现

"Rococo"，一词是从法文"Rocaille"一词派生的，原意是指用贝壳和石子制作的岩状装饰（Rock-work）。它起初是指建筑和室内陈设中的一种装饰风格，出现在巴洛克时期的意大利宫殿庭园，后来则泛指 18 世纪路易十五时期流行于法国、德国和奥地利等国的一种艺术风格，以生动、优美、清亮、自然为特色，它是对文艺复兴之后，新专制主义的巴洛克作风的否定和取代，成为法国艺术风格的主流形式，所以又被称为"路易十五风格"。这种风格曾风靡一时，它追求视觉快感和舒适实用，并有排斥和贬低精神内容的倾向。

洛可可风格作为一种新的艺术风格，是一种高度技巧性的装饰艺术，显然受到中国工艺美术的影响，玛里奥 · 普拉兹（Mario Praz）指出，这里是指"一种杂交现象而不是简单的模仿，是两种不同文明的人工授胎，它们成功地创造出一种前所未有的品种[⑤]"（图 9-13）。福赫伯赞叹："当时西方对中国的兴趣是如此之大，以致人们可以说，那种反巴洛克的洛可可风格完全是一种中国模式。[⑥]"它们的纤巧与繁复，那卷涡、水草般的曲线，那淡淡而没有强烈对比的色彩，都大大开拓了西方人的视觉。

"洛可可时代对于中国的概念，主要不是通过文字而来的。而是以淡色的瓷器，色彩飘逸的闪光丝绸的美化的表现形式，在温文尔雅的 18 世纪西方社会之前，揭露了一个他们乐观地早已在梦寐以求的幸福生活的前景。[⑦]"

随着"太阳王"路易十四的去世，政治气候变得较为轻松了，不少贵族离开作为朝廷的凡尔赛宫，开始在巴黎修建漂亮的住宅。由于巴黎建造房屋的土地较少，且不规则，建筑师

①［法］布罗斯．发现中国．p50.
②［德］利奇温．十八世纪中国与欧洲文化的接触．p19.
③［英］赫德逊．欧洲与中国．p246.
④ Adolf Reichwein，J. C. Powell 译：China and Europe，Intellectual and Artistic Contacts in the Eighteenth Century，London，1925，p76.
⑤马里奥 · 普拉兹．异国情调．世界百科全书．
⑥张国刚．德国的汉学研究．p5.
⑦［德］利奇温．十八世纪中国与欧洲文化的接触．p21.

无法在这些住宅的外观上施展更多的才华，他们便在房屋的内部装饰和陈设上大下功夫，尽可能发挥个人的想象力，以亲切和舒适为宗旨创造出一种建筑和装饰上的新风格。洛可可建筑以精致的私邸、别墅代替了过去气魄宏伟的宫殿和教堂，以细长小巧的柱子、楼梯代替了粗大的柱式和楼梯，总之，处处体现出方便、舒适和实惠的特点。起初饰以贝壳、石子，以后添上涡形花纹和千变万化的花草纹，多选择艳丽而富有光泽的色彩。喜用弯曲线条和圆润的转折，排斥水平线、垂直线和直角，还以温暖舒适的护墙板代替了冷冰冰的大理石。洛可可建筑柔媚、纤巧，也显得亲切，更适宜于家庭居室和日常生活。洛可可建筑的代表作有巴黎苏比斯府的公主沙龙，其中不乏繁琐豪华的各种装饰。①

洛可可艺术，是对西方传统的哥特式艺术和巴洛克艺术的一次改造运动。从此以后，西方艺术就植入了东方艺术的基因。

首先，洛可可艺术汲取了中国艺术的色彩。法国人把中国青瓷白瓷的色调移到墙面上，形成了纯净、强烈的“瓷宫风格”（图 9-11）；把黄绸的色调移到墙面上，形成了金碧辉煌的壁饰。洛可可艺术的主色调青与黄，正是来自中国工艺美术的两大特征色。极细清淡色调的瓷器，成为洛可可艺术的典型材料。②

其次，洛可可艺术汲取了中国艺术的曲线造型。哥特式艺术是庄重、凝滞、严肃的直线艺术；巴洛克艺术是夸张、雄伟、执拗的曲线艺术；而洛可可艺术则是优美、婉丽的曲线艺术。这种曲线首先是法国人用于壁饰，再扩展到建筑，进而变化为绘画的韵律。在洛可可艺术作品中，我们看到精巧的曲线构图和曲线造型，被应用到有些做作的地步。曲折多变的树林、柔美的女性线条、曲线变化的衣裙随处可见。

另外，洛可可艺术从中国艺术汲取的最重要的一点，应该说是感情上的自然主义和对飘逸空灵的追求。

洛可可风格在建筑上的特点是；“它的设计以复杂和繁缛为最佳，但仍保留有一种巧妙的统一平衡，它最喜欢用中国的自由曲线，用浓郁装饰起来的曲线运动突破直线，或用中国方格那样不规则的韵律和直线构图。③”当时的主要建筑风格仍是古典式的，但乡间或别墅的建筑中，洛可可风格十分普遍。

“在洛可可时代的心理中，中国是一个模范国家，它唤起了西方一般社会以一种假想中快乐的人生观，给西方的革命铺平了道路④。”洛可可艺术波及了西方造园艺术的变化。⑤

①陈洛加．外国美术史纲要．p117.

②[德] 利奇温．十八世纪中国与欧洲文化的接触．p20.

③[英] 赫德逊．欧洲与中国．p256-257.

④朱谦之．中国哲学对欧洲的影响．p356.

⑤详见第十章。

第十章 中国园林西传

17、18 世纪，中国建筑文化对西方产生最广泛影响的是中国的园林与园林建筑。早在《马可．波罗游记》中，西方人就领略了东方文明的巨大魅力。明末清初的西方传教士和商人对中国的园林表现出极大的兴趣，并不断把中国精美的园林介绍到了西方：17 世纪利玛窦、金尼阁神父的《利玛窦中国札记》、卫匡国神父的《中华新图》、葡萄牙人安文思的《中华新志》等一系列关于中国的著作中有相当篇幅描述了中国园林，使西方人对中国园林有了进一步了解。17、18 世纪，中国园林“师法自然”，“创造意境”的特色，使西方人耳目一新，在西方产生了深刻的影响，从而促进了西方造园艺术发生根本的变化。英、法等国在风景园中仿建中国化的宝塔与台榭楼阁，垒起了假山，种上了月季、石竹，到 18 世纪，形成了自由布局的自然风景园、英中式园林。“18 世纪是西方最倾慕中国的时代，中国工艺品导致了西方巴洛克风格之后的洛可可风格，中国建筑使英法各国进入了所谓的‘园林时代’。[①]”

一、背　景

园林作为一种空间环境艺术，它的风格是由特定历史条件下的政治体制与经济模式决定的。艺术上的变革虽然没有暴力革命的血腥，但其阻力绝不亚于政治上的变革，同样需要无比的勇气。这种勇气就是来自经济上、社会思想上的共同变革，没有这种协同性，艺术上的变革很难单独成功。

从经济上分析：16 世纪，从西方通往美洲、亚洲和非洲的新航路开辟以后，随着西方各主要国家资本主义经济的发展以及对外贸易的扩大，中国与西方国家的联系日益紧密，西方获得的中国信息日益增加，为西方吸收中国文化创造了条件。同时，西方资本主义大发展，也为园林的变革带来了某种可能性。

从政治思想上分析：16 ~ 18 世纪，西方正发生深刻的社会变革，资本主义开始登上历史的舞台。这一时期，社会的主要矛盾是封建贵族与新兴资产阶级的矛盾。正如在文艺复兴中新兴资产阶级需要利用古希腊、古罗马文化作为反封建反教会的斗争武器，17 ~ 18 世纪启蒙运动的倡导者需要新的精神力量来作为反封建反教会的武器。因此，中国文化这一与西方文化完全不同的东方文化很快被启蒙运动的一部分哲人借鉴，并使中国文化风靡一时，对西方当时的社会及后来的发展产生了深远影响。人文主义者所倡导的尊重自然和人权等思想与崇尚自然、自由布局的中国园林不谋而合，为西方园林的变革奠定了政治思想基础。

二、过　程

（一）中国园林信息的输入

16 世纪以前，作为文化载体的中国商品（包括丝绸、瓷器、茶叶等）源源流向西方，在西方造成了“中国热”，引发了西方人对中国的热切向往。16 世纪以后，中西双方逐步开始直接接触，“中国热”进一步白热化。在此期间，中国园林思想也随之传入西方。纵观中国园林信息传入西方、逐渐为西方人所了解的过程，大致分为三个阶段：

1．臆想中的中国

16 世纪末以前，西方人对中国园林的了解

① 乐黛云．世界文化总体对话的中国形象．载史景迁，文化类同与文化利用．

停留在一种“感受”之中，主要是通过中国商品和大量的传闻进行猜想与推测，如丝绸、瓷器、漆器等商品上所携带的中国人物、花草、建筑、风景等图案。但物态商品所蕴含的文化信息量毕竟有限，人们无法从这些图案中探知中国园林的全貌，对中国园林的感觉是模糊的、神秘的。

2. 文字时代

16世纪末，利玛窦的书信出现在西方，标志着一个新时代的到来。耶稣会士深入中国内地，长期生活在那里，所以对中国的了解更为深入，不再是走马观花式的。这个时期对中国园林的介绍，最权威的就是那些长期生活在中国的传教士的著作与书信。如，1582年（明万历十年），利玛窦协助范礼安写《圣方济各 · 沙勿略传》中《论中国的奇迹》，其中提及皇宫和御花园。① 1615年（明万历四十三年），其著作《利玛窦中国札记》出版，其中多处提到王府花园。② 1690年（清康熙二十九年）3月27、28日，张诚参观皇宫御苑，认为“屋宇和花园的美在于布置得宜，和对于自然的模仿③”。卫匡国神父的《中华新图》、葡萄牙人安文思的《中华新志》等一系列关于中国的著作中有相当篇幅描述了中国园林，使西方人对中国园林有了进一步了解。

传教士、使节和商人的著作中关于中国造园艺术的介绍虽已有所深入，但再详尽的文字描述也是抽象的，它们远远不足以对中国造园艺术形成完整而真切的认识。

3. 图像时代

由于旅行家及传教士的描述，中国园林的不规则设计为西方人所周知，但缺乏可资借鉴的图像资料。直到1724年（清雍正二年），马国贤携避暑山庄图咏回西方，标志着西方人对中国园林的了解进入图像时代。1770年（清乾隆三十五年），王致诚等又把圆明园图咏传到西方。在中西园林艺术对话交流以致冲撞对抗的过程中，《避暑山庄图咏》和《圆明园图咏》起了重要作用，扮演了双重角色：一方面，受益于文化交流，中国的绘画传统融合西方透视而形成的一种中西双方都能接受的新绘画形式，为中西双方审美找到共同语言。另一方面，作为媒介向西方传播了中国的建筑和园林文化并产生积极、深远的影响，反过来推进了中西文化的交流，它深深地烙下了这一时期特有的历史印记，极具典型意义。

（二）中国园林图像资料的第一次西传

1724年（清雍正二年），马国贤把避暑山庄的铜版画西传，使得中国园林形象较为完整的图像资料传入西方，有力地推动了西方对中国园林的理解。

1. 马国贤其人

马国贤④（图10-1）曾在中国宫廷13年，是中西文化交流中一位重要的人物，也是中西园林交流的先驱人物。

当时，来华传教士的活动主要有四项：传教、为皇帝和宫廷服务、向中国人传授西学、研究

①［法］裴化行．利玛窦评传．p62．林金水．利玛窦与中国．p11．

②详见第八章。

③［法］张诚．张诚日记．p75-76．

④Fortunato Prand：Memoiors of Father Pipa during Thirteen Years' Residence at the Court of Peking in the Service the Emperor of China，p-3.（Matteo Ripa，1682-1746），意大利人，1682年（康熙三十年）5月29日生于萨莱诺地区的爱波里（Eboli）小镇。马国贤的父亲是医生，在当地可谓是富有的资产阶级。但不幸的是，他4岁时母亲就去世了。因此，他的青少年时期是和他的父亲、5个兄弟与1个姐姐一起度过的。15岁时，他被送到那不勒斯学习，18岁时立下终生传播福音的誓愿。1705年3月，马国贤在自己家乡升为神父。不久，他进入教皇克莱门十一世建立的罗马传信部接受训练，在那里接受对中国语言、文化、习俗的短期培训，成为那里第一批学习中文的两名学生之一。又见K.S.Latourette. A History of Christions Mission in China. New York，1932. p161.

并向西方介绍中国。其中，传教是他们主要的、也是真正的目的，其他活动只不过是为顺利传教而采取的一种手段而已。马国贤的一生大致经历四个阶段，即教士、画家、翻译和宗教文化传播者。事实上，不管他曾经从事过什么，他一直是一名虔诚的传教士，而其所有的角色都是为传播福音服务的。

作为中西文化交流的使者，马国贤在中西文化的双向交流中起到了重要作用。概括说来，主要表现在以下几点：

第一，他是将西方铜版画[①]艺术传入中国的第一人。

第二，他还是将中国园林艺术通过他的铜版画传入西方的先驱者。

第三，他创办的那不勒斯中国学院，是西方唯一的一所培养中国学生的学院。

第四，他撰写的回忆录，是18世纪中西关系和中西文化交流史的重要记录。[②]

下文主要涉及马国贤制作避暑山庄铜版画的背景以及避暑山庄铜版画作为中国园林图像资料传入西方的情况及其对西方园林的影响。

2. 进宫始末

1707年（清康熙四十六年），马国贤受教皇克莱门十一世之令，作为帮助多罗[③]特派员解决礼仪问题的助手派往中国。这年10月，马国贤同其他五名教士，为被关押于澳门的教皇特使多罗送去册封为枢机主教的红小帽而前往中国。于是一行人赴伦敦，搭乘英国东印度公司的航船，于1710年（清康熙四十九年）1月3日抵达澳门，探望了囚禁狱中的多罗，多罗将马国贤作为画家推荐给康熙皇帝。那正是“礼仪之争[④]”十分激烈的时期，康熙皇帝明令所有在华传教士必须领票，即声明遵守利玛窦规矩[⑤]，于是马国贤一行领了票。作为反对耶稣会传教策略的罗马传信部派来的传教士，马国贤领票一定出于不得已，也正是这种不得

图10–1 马国贤神父的画像

①张莫宇．铜版画简史．新美术，1987（3）：61．约在15世纪，铜版画作为一种印刷术起源于意大利文艺复兴的中心佛罗伦萨。

②万明．意大利传教士马国贤与中西文化交流 // 东西交流论坛第二集．p66．

③沈定平．传教士马国贤在清宫廷的绘画活动及其与康熙皇帝关系述论．p85．万明．意大利传教士马国贤与中西文化交流 // 东西交流论坛．p50．等。教皇特使多罗（Charlos Mailard de Tourmon，1668—1710）被囚禁的原委在于，他表面上前来中国是为向康熙皇帝问候请安，实则秉承教皇旨意，向在中国的西方传教士、中国基督教徒乃至皇帝宣布不准履行祭祖、祀天、敬孔等中国礼仪的教谕。由于多罗于1707年（康熙四十六年）在南京以公函的形式宣布禁令，引起康熙皇帝的愤怒，遂被囚禁于澳门。多罗深知，此次前来澳门的马国贤等六名传教士，均隶属于反对耶稣会适应性传教策略的罗马传信部。就其来历和态度而言，马国贤等人是很难以传教士名义长期在中国居留的。于是，多罗“回忆康熙帝曾托其代请教皇物色长于艺术与科学的教士，供职宫廷，欲借此挽回康熙的感情，因函告康熙，告以自己已升任红衣主教，并有教士六人新近到华，里面有三个是深谙数学、音乐、绘画的。”

④详见本书第二章。

⑤康熙与罗马使节关系文书(二)．多罗被囚后不久，“直郡王、张常住奏西洋人孟由义等9人请安求票……”康熙御批：“众西洋人，自今以后，若不遵利玛窦的规矩，断不准在中国住，必逐回去……”又见刘晓明．马国贤．清代人物传稿第七卷．上编．p291–297．

已[①]为他日后不得不离开北京回国埋下伏笔。

继多罗之后，由于发生了一系列有关“礼仪之争”的事件，康熙态度更为谨慎[②]，对于西方新来传教士入华进行了多方考察才准进京。1710年（清康熙四十九年）5月25日，康熙给两广总督赵弘灿圣谕：

“西洋新来之人，且留广州学汉话，若不会汉话，即到京里，亦难用他……”

五月二十八日又指示：

“西洋技巧三人中之善画者，可令他画数十幅画，亦不必等齐，有三、四幅随即差赍星飞进呈。再问他会画人像否，亦不必令他画人像来，当问他会与不会，差人进画时一并启奏。[③]”

据同年闰七月十四日两广总督赵弘灿奏报：

“前所奏技巧三人，山遥瞻、马国贤、德里格已安插广州府天主堂内，令伊等学习汉语。俟伊等会时，另行启奏。马国贤所画之画，今止送到山水一幅，人物一幅，遵旨先行进呈。俟伊复有画到，再行差送。及问伊曾否会画人像，据伊口称会画。事关启奏，不敢冒昧……臣等乃以本地配飨孔庙理学名臣陈献章遗像，令伊摹仿。今将马国贤所画陈献章遗像，一并进呈御览。[④]”

后又进呈了八幅画[⑤]。

1711年（清康熙五十年）2月5日，马国贤获准到达北京。在晋见康熙后，2月7日（清康熙四十九年十二月二十日）遵旨入宫去尽宫廷画家之职。在华期间，马国贤学习汉语，并且尽心尽力作画，被康熙皇帝所器重，在清宫中成为继热拉第诺[⑥]之后，比郎世宁更早来到中国的艺术家。

3. 关于避暑山庄铜版画

(1) 中国铜版画的出现

入宫后，马国贤工作十分辛勤，每天都进宫作画。为了投康熙所好，马国贤尝试画自己并不擅长的风景画并且受到康熙的赏识，“皇帝对我的作品很满意[⑦]”。康熙皇帝不仅热爱西方数学、天文、医学，而且喜欢西方音乐、绘画，这是铜版画在宫廷出现的一个重要原因。[⑧]康熙皇帝一直想找人为他雕刻铜版地图。于是，有一天，他询问马国贤和德里格等，除了音乐、数学及绘画以外，还懂得其他什么科学知识，马国贤说虽然没有用硝酸在铜上雕刻的艺术实践，但他知道这个原理，并懂得一些光学知识，康熙听后非常高兴。

“他命令我着手雕刻。虽然我从未实践过雕刻艺术，但我准备尝试一下。于是我在尽可能短的时间内，用一个刺针，在涂着一层灯烟的印版上勾绘出地形的轮廓，为用硝酸蚀版做准备。看见印版上呈现出的非常美丽的图形时，

① 刘晓明．清宫十三年——马国贤神甫回忆录（十一）．紫禁城，1990（6）：19．这类问题一直困扰着马国贤，在其后来的回忆“决定回欧洲”中写道：我再次感到进退两难，要么同意偶像崇拜，要么给传教工作带来更多的麻烦。我决定回那不勒斯。

② 中国第一历史档案馆编译．康熙朝满文朱批奏折全译．p435．康熙四十五年七月初十日武英殿总监造赫世亨等奏报西洋人情形折“……嗣后不但教化王所遣之人，即使来中国修道之人，俱止于边境，地方官员查问明白，方准入境耳……”

③ 康熙朝汉文朱批奏折汇编（3）．p8．两广总督赵弘灿等奏报查问西洋人多罗并进画像等情折．刘晓明译．清宫十三年——马国贤神甫回忆录（四）．紫禁城 1989（4）：24．

④ 康熙朝汉文朱批奏折汇编（3）．p9．两广总督赵弘灿等奏报查问西洋人多罗并进画像等情折．

⑤ 康熙朝汉文朱批奏折汇编（3）．p71．两广总督赵弘灿等奏报龙安国人船失事等情折．

⑥ 莫小也．十七～十八世纪传教士与西画东渐．p193．意大利画家，1700 ～ 1704年在清宫服务，曾参与设计过北京北堂。朱静．洋教士看中国朝廷．p49．

⑦ 刘晓明．清宫十三年——马国贤神甫回忆录（四）．紫禁城，1989（5）：25．

⑧ 李晟文．明清之间法国耶稣会士来华过程研究 // 东西交流论坛第二集．p80．“早在1687年，法王路易十四托传教士白晋带给康熙的礼物中就有一批华丽的铜版画，最令康熙惊讶的是路易十四的画像及反映其宫殿的画……”那么也就是说至少在1687年康熙就见过西方的铜版画，而且非常喜爱这些西方艺术品。

皇帝很高兴，并命令他的中国画师们绘制一个中国地形，以便我随后可用它镌制地图。铜版上的地图刚制好，马上就拿着献给皇帝陛下观看了。他见到复制品这么完美无瑕，竟与原图完全一样，而且在制图过程中原图一点也没损坏，皇上显得高兴而惊讶。①"

（2）避暑山庄铜版画制作

同年夏天，马国贤奉命随康熙去了热河，"我受命必须完成刻制铜版工作②"。此后马国贤根据自己仅有的一点铜版画知识，开始了艰苦的材料制作、印刷的尝试。在康熙皇帝的鼓励支持下，经过马国贤的努力，他在镌刻方面已取得了进步。之后，康熙又命令他绘制付印兴建中的热河行宫即避暑山庄③三十六景图，在此期间马国贤继续改进镌刻技术。也许是康熙皇帝希望铜版技术后继有人，还派了两名中国青年跟随马国贤学习，"一起学艺的还有另外一些人，他们来得较晚④"。

据康熙朝满文朱批奏折，1712 年（清康熙五十一年七月二十二日），武英殿总监造和素、李国屏谨奏：

"臣等恭谨查得，热河避暑山庄三十六景诗，计两卷，92 篇，交 50 名工匠作速套板镌刻，以刻样各三套刷完略算之，八月初可得……⑤"两日后，"七月二十四日，张常住咨称：奉旨：热河二十六景，每景各画详图二张，一张于绢板刊刻，另一张交报带去，于本板刊刻可也。画完之二张画交报带去，伏乞命朱贵、梅雨峰以木板刊刻。⑥"

1713 年（康熙五十二年闰五月二十四日），康熙帝谕将《记》一篇作速刊刻：

"热河三十六景前，朕已缮记一篇带去，将此作速刊刻，订于先完之书前，多带几部来……⑦"

1713 年（清康熙五十二年七月初八日），和素、李国屏又奏：

"六月初八日为印刷完竣御制避暑山庄诗具奏之折，本月初十日到"。康熙旨："刻完之书甚好，甚恭谨。尔等于西洋纸刷一、二部后，放下。以俟用铜刊刻之画完竣之时，再汇集装订……⑧"

由康熙帝亲自题咏的《热河避暑山庄三十六景诗》，也于 1713 年（清康熙五十二年九月）用满文印制 30 部并装订完成。⑨

当皇帝见到马国贤最新付印的几幅画卷时，称这些铜版画是"宝贝"，并要求把《热河避暑山庄三十六景》画卷与《热河避暑山庄三十六景诗》一起装订成卷，然后把他们当作礼品赐给满洲蒙古王公。⑩

由上面资料可知，到 1712 年（清康熙五十一年）7 月，《热河行宫三十六景》已以绢、木两种版本印行，加之后来的铜版画，《热河避

① 刘晓明．清宫十三年——马国贤神甫回忆录（四）．紫禁城，1989（5）：26．

② 刘晓明．清宫十三年——马国贤神甫回忆录（四）．紫禁城，1989（5）：26．

③ 避暑山庄建于 1703 年（康熙四十二年），是 18 世纪东方皇家宫苑的代表作，也是东方古典园林建筑的典范。1711 年（康熙五十年），康熙亲自在澹泊敬诚殿前的内午朝门上题了"避暑山庄"四个字，始有"避暑山庄"之称，并以四字选景标定康熙三十六景，为之绘图、赋诗、作记。

④ 这无疑为乾隆年间铜版画的兴盛在技术上作了准备。

⑤ 康熙朝满文朱批奏折全译．p808．康熙五十二年七月初八日武英殿总监造和素等奏《热河避暑山庄三十六景诗》八月初印完折。

⑥ 康熙朝满文朱批奏折全译．p813．康熙五十一年八月初七日武英殿总监造和素等奏为刊刻热河三十六景折．

⑦ 康熙朝满文朱批奏折全译．p864．康熙五十二年闰五月二十四日康熙帝谕将《记》一篇作速刊刻．

⑧ 康熙朝满文朱批奏折全译．p889．康熙五十二年七月初八日武英殿总监造和素等奏请《御制避暑山庄诗》应印几部折．

⑨ 康熙朝满文朱批奏折全译．p907．康熙五十二年九月初三日武英殿总监造和素等已装完《御制避暑山庄诗》三十部折．

⑩ 刘晓明．清宫十三年——马国贤神甫回忆录（四）．紫禁城，1989（5）：26．

暑山庄三十六景》共有三种版本,即绢、木、铜版。到 1713 年（清康熙五十二年），马国贤的避暑山庄三十六景铜版画已完成。从诸多有关方面记载，笔者认为较为合理的推测是：如果当时与《热河行宫三十六景诗》成套印刷的话，《热河行宫三十六景》满文版应该也是 30 部。①

1719 年（清康熙五十八年），颁发《皇舆全览图》及分省地图。②又制铜版《皇舆全览图》。“把《热河行宫三十六景》装订成册的方法，深得皇帝陛下喜爱，所以命令我用同样的方法，雕刻付印中华帝国大地图—《皇舆全览图》，并装订成册。这个大图我后来把它分成 44 块版印制。这幅《皇舆全览图》(有一幅挂在热河行宫的正屋“澹泊敬诚”殿的两侧——袁森坡先生注）在我们那不勒斯学院的大厅里就可以看到。③”

4. 避暑山庄铜版画西传

1723 年（清雍正元年），马国贤带着丝绸、瓷器、马匹和其他中国礼物④以及他的“4 名中国学生及他们的师傅离开了繁华的大都市北京，告别了令他无比怀念、生活和工作了 13 年的紫禁城⑤”。

1724（清雍正二年）年，马国贤返抵意大利。返回西方时，首先到达伦敦。他和他的学生等一行 6 人，曾在伦敦引起轰动，他们受到英国国王乔治一世的接见，在王宫中谈了约 3 个小时，西方人以极大的热情倾听了有关避暑山庄皇家园林的介绍。1724 年 9 月 12 日伦敦《每日邮报》为此特别作了报道：“有一些中国贵族抵达我们国家，立即被英王召见，遭受空前未有的礼遇。⑥”同时，马国贤受到了伯林顿勋爵⑦非常友好的接待，勋爵获得了马国贤的一批铜版画。当马国贤访问伯林顿勋爵的时候，伯林顿正和威廉 · 肯特（William Kent）合作在伦敦附近奇斯威克（Chis wick）设计他的花园住宅，马国贤很可能与威廉 · 肯特见过面。⑧后来，伯林顿勋爵和一些朋友们研究和讨论了这一组“热河景画⑨”。尽管英国人看不懂马国贤用意大利文为铜版画做的标注⑩，但这些图像资料还是给英国人以很大帮助。

目前,这组铜版画在世界上也仅存 4 套⑪（图

① 万明．意大利传教士马国贤与中西文化交流．东西交流论坛．p66. 万明先生认为当时是 30 部满文版铜版画，笔者认为此结论更为可靠。但洛埃尔（G.Loehr）．入华耶稣会士与中国园林风靡欧洲．［法］安田朴．明清间入华耶稣会士和中西文化交流．p301. 马国贤曾在 1712 ～ 1714 年（康熙五十一～五十三年）间奉中国皇帝的钦命而制作了 60 幅铜版画，恐有误。如果按 30 部满文铜版画推测的话，若汉文版也是 30 部的话，倒有可能是 60 部，那么，60 幅之说就极有可能是笔误，当然还有待进一步核实。

② 鞠德源．清宫廷画家郎世宁年谱—兼在华耶稣会士史事稽年．故宫博物院院刊，1988（2）：39. 是图共三十二幅，康熙六十年木刻本仍为三十二幅。马国贤携往欧洲，制成铜版，为四十一幅。民国十八年在沈阳故宫发现，由金梁整理发表。

③ 刘晓明．清宫十三年——马国贤神甫回忆录（四）．紫禁城，1989（5）：26.

④ 沈定平．传教士马国贤在清宫廷的绘画活动及其与康熙皇帝关系述论．p91. 据中国第一历史档案馆所藏《雍正元年各作成做活计清档》所记：“十月十一日，西洋人马国贤因父及伯父、叔父相继病故，奏为恳恩给假事。奉旨，准他去。钦此。本日怡亲王奉旨，着赏给马国贤暗龙白瓷碗一百件，五彩龙凤瓷碗四十件，五彩龙凤瓷盃六十件。上用缎四疋。钦此。于本月十四日瓷碗盃缎等件，照数俱交马国贤领去讫。”其兄弟庄亲王随即也赠送了大批礼物，并开具特许证明，让马国贤的几名中国学生作为随行人员，顺利地离开中国，当然毫无疑问马国贤也带走了避暑山庄铜版画。

⑤ 刘晓明．清宫十三年——马国贤神甫回忆录（十一）．紫禁城，1990（6）：19.

⑥ 转引自莫小也．十七～十八世纪传教士与西画东渐．p326. 柯孟德．比郎世宁更早来到中国的清廷艺术家——马国贤．

⑦［英］M · 苏立文．东西方美术的交流．p114 注释．Lord Burlington（1695-1753）指第三代伯林顿勋爵理查德 · 波义尔（Richard Boyle)。英国伯林顿建筑学派的创立者。

⑧［英］M · 苏立文．东西方美术的交流．p114.

⑨［法］谢和耐．明清间入华耶稣会士和中西文化交流．p301. 这组画现藏大英博物馆东方古籍。

⑩ Conner，p.，Oriental Architecture in the West，p42.

⑪ 据聂崇正及莫小也，巴黎国家图书馆、伦敦大英图书馆、教廷（梵蒂冈）图书馆与台北国立图书馆、北京故宫博物院、辽宁省博物馆各有藏。

10-2)。其中一组画现收藏于乔治·洛埃尔先生的搜集品中。据洛埃尔介绍说："它是绝无仅有的一份，它以其附注（也是马国贤的亲笔字）而显得与众不同。[①]"图中除了用中文字所写的标题之外，还有马国贤亲笔的斜体注明及译文。附注描述了那里的风景以及康熙前来议国事或与其皇后嫔妃们度过一段时间的楼阁。第六幅"万壑松风"题注为"许多河流以及吹拂松树的风"。还特意注明："在这些房间的三间中居住着为宫廷服务的西方人。" 1753年（清乾隆十八年），在伦敦，一位雕刻家出版了马国贤雕刻画中的18幅摹本。从画的标题中就可以理解仿造这些画的缘故以及从中选择这些画的原因。洛埃尔收藏的一套是手工着色的。[②]

马国贤留下了极其珍贵的历史画卷《避暑山庄三十六景图》。马国贤为中国园林艺术的西传起到了十分重要的作用。"马国贤是一个关键的人物，他把西方艺术介绍到中国来，但更多的是把中国审美观念传递到西方。他出于对中国园林的热爱，尤其是对热河避暑山庄的爱好，为避暑山庄制作了一组铜版画。[③]"1724年，他将这组铜版画带至伦敦，证实了伯林顿与肯特的思想，即在设计中运用中国园林的自然天趣与非对称性，这样的观点曾由威廉·坦布尔[④]提出过，但不够有说服力。总之，这些画对英国的园林艺术产生了极大的影响，推动了英国园林设计的革命，并带来了图像式观念的产生。[⑤]"它完全可以标志着英国园林风格发展中的基点。[⑥]"

18世纪初，虽然中国园林的不规则设计由于旅行家们的描述而众所周知，但缺乏可资借鉴的图像资料。可以说，是马国贤首先为西方

图10–2 马国贤：热河行宫三十六景（左图芝径云堤，右图 天宇咸畅，1713年）

①这里很可能说的就是"万壑松风"。

②[法]乔治·洛埃尔．入华耶稣会士与中国园林风靡欧洲//[法]谢和耐．明清间入华耶稣会士和中西文化交流．p301–302.

③[英] M·苏立文．明清时期中国人对西方艺术的反应//东西交流论坛．p326.

④[法] 谢和耐．明清间入华耶稣会士和中西文化交流．p301．威廉·坦布尔（William Temple，1628–1699），17世纪最狂热的"亲华"人士，1685年《论伊壁鸠鲁的园林》一书中，把英国园林与中国园林作了一番比较。

⑤O.Lovejoy，"The Chinese Origin of a Romanticism"，Essays in the History of Ideas，Baltimore,p99–135.

⑥B.Jray,Lord：Burlington and Father Ripa's Chinese Engravings，in British Museum Quarterly，XX,1/2，February，1960，p40–42.

了解中国园林提供了第一手的图像资料，从而为中国园林风靡西方准备了条件。而且，马国贤还将中国城市、人口、风俗等其他信息带到英国。他的来自中国的第一手资料及他本人对中国的看法和分析，对当时的英国上层社会产生了极大的影响。[①]

（三）中国园林图像资料的再次西传

1743 年（清乾隆八年），王致诚[②]在北京致巴黎友人达索（M. de Assaut）的《中国御苑特写》一文，详细报告圆明园美景，称之为“人间天堂”、“万园之园”。文中对中西美学思想的对比分析生动深刻，王致诚以一个艺术家的敏感体悟到了中国园林重要的美学原则：师法自然，重自然意趣而不尚人工雕琢。[③]这是历史上非常著名的书信，1749 年（清乾隆十四年）首刊于《耶稣会士书简集》，不久又被译成多种文字在西方许多重要书刊上转载[④]，王致诚还将圆明园 40 景图副本寄往巴黎，立刻在西方引起强烈的反响。

1774 年（清乾隆三十九年），法国的勒鲁热（Le Rouge）出版了《英中式园林》（Jadins Anglo-Chinolis）一书，书中收入了中国的园林和建筑的摹本，其中有三幅圆明园景图。[⑤]王致诚神父使中国园林风靡西方，由于瑞典赴巴黎使节谢飞的努力，又使之传入了斯堪的纳维亚。在法国，贝朗热、勒纳尔、勒鲁热及其他地方，也建造了一些“具有异国情调的游乐园”，从而打乱了法国园林的传统布局。撒克（Thacker）的《园林史》（The History of Gardens）引用了其中两幅，即《曲院风荷》和《夹镜鸣琴》二景（图 10-3、图 10-4）。这两幅景图和孙祜、沈源的木刻版本相对照，内容及构图几无差异，显然是孙沈版本的复制品。只是在《曲院风荷》门中，近景里的树已画出了明

图 10-3 圆明园 曲院风荷（左图撒克《园林史》中的铜版画，右图孙祜、沈源的木刻版本）

①Fortunato Prandi, Memoiors of Father Ripa during Thirteen Years at the Court of Peking in the Service of the Emperor of China, London, p34.

②作喆．清廷西洋画师王致诚．紫禁城，1989（3），p35．鞠德源．清宫廷画家郎世宁．故宫博物院院刊，1988（2）：49．王致诚是法国人，1702 年（康熙四十一年）7 月 31 日生于法国多耳城（Dole），西名让 · 德尼 · 阿蒂雷（Jean Denis · Attiret）。其父也是一位有名的画家。王致诚童年时期就深受父亲的熏陶和影响，酷爱绘画。在青少年时代就表现出了非凡的绘画天才曾在罗马学习了两年，学成后回国。途经里昂时，曾在此地小住，并在此画了几幅作品，博得了人们的一致称赞，从此脱颖而出。1735 年 7 月 31 日，他在阿维尼翁加入了耶稣会，成为助理修士。1738 年（乾隆三年）来京，供职于内廷，受到皇帝恩宠。1768 年卒于北京。

③Thacker C., The History of Gardens, p178.

④据鞠德源．清宫廷画家郎世宁．故宫博物院院刊，1988（2）：56．一说，许明龙．中西文化交流的先驱．p345．又据［法］乔治 · 洛埃尔．入华耶稣会士与中国园林风靡欧洲，［法］谢和耐．明清间入华耶稣会士和中西文化交流．p292．又许明龙．中西文化交流的先驱．p345-346．

⑤窦武．中国造园思想在欧洲的影响．建筑史论文集（3）．

图 10–4　圆明园　夹镜鸣琴（左图撒克《园林史》中的铜版画，右图孙祜、沈源的木刻版本）

暗体积，桥洞下的划分线也改成了阴影，显现出西画的特征。此外，还有其他反映宫苑的绘画不断被寄往西方，1770 年（清乾隆三十五年），在华传教士曾分别寄去了 41 幅皇宫（或北京的“凡尔赛宫”）图案和“40 幅北京的凡尔赛宫（圆明园）的画”。[①]唐岱、沈源所绘绢本《圆明园四十景图》也在第二次鸦片战争时流入法国，现存巴黎国家图书馆。[②]

三、英国自然风景园的兴起

中国园林西传，首先在英国出现热潮——英国人开创了受中国影响的“自然风景园”，改变了西方由规则式园林统治长达千年的历史，这是西方园林艺术领域内的一场极为深刻的变革。

18 世纪上半叶，英国资产阶级牢固地掌握了政权以后，在思想方面，培根经验主义哲学兴起；在绘画方面，风景画兴起；在文学方面，对自然的憧憬萌生了田园文学。思想界、文学与绘画对自然的倾向与热衷为 18 世纪英国风景画园林艺术的产生奠定了基础。[③]中国造园艺术，在西方造园艺术中真正开始起作用从 18 世纪初起。与这时期英国思想文化潮流合拍的“模仿自然”、自由布局的中国园林艺术引起注意，于是受“中国风”影响的以自然主义和浪漫主义为特征的自然风景园逐渐兴盛起来。

（一）产生原因

18 世纪，在西方掀起“中国热”狂潮之后，为什么新的反传统的园林形式偏偏在英国诞生，为什么英国能在中国造园思想的指导之下，率先走出自身的限制，产生新的园林艺术？这和任何新事物产生一样，有其偶然性与必然性。

1. 社会根源

英国圈地运动为资本主义产生提供了必要条件。1642 年（明崇祯十五年）西方资本主义革命首先在英国爆发。1688 年（清康熙二十七年）君主立宪。就社会条件说，英国当时的社会环境安定而有秩序，大家可以安心从事建设性的事业。[④]因为资本主义首先在英国产生并发展，资产阶级新贵需要一种合适的新的园林

①［法］裴化行 .1765–1785 年由传教士从中国寄往法国的物品目录 .p135–139.［法］安田朴 . 明清间入华耶稣会士和中西文化交流 .p307.

②引自吴葱博士论文。

③［英］M· 苏立文 . 东西方美术的交流 .p239.

④夏炎德 . 欧美经济史 .p241.

形式来为其服务，这就为其后来接受崇尚自然、自由布局的中国园林奠定了基础。

2. 经济根源

在工业革命以前，英国是封建的农业国，以农业、畜牧业为主。英国畜牧业长期稳定，形成英国人审美情趣上对连绵的牧场等郊野风景的热爱。同时，在此时的西方国家中，英国的手工业已相当发达，经济名列前茅。经济的发达为园林的变革提供了必要的基础。

3. 意识形态根源

第一，包含北方游牧民族的盎格鲁—撒克逊文明①是英国文化的重要组成部分，启蒙运动提出的“回归自然”正如催化剂一样，刺激了英国人在这方面的潜质，将这种文化以艺术的形式体现出来，并为大众所推崇。②

第二，16 世纪，培根经验主义哲学在英国兴起，其特点是把感性认识当作知识的基础。③关于庭园，他反对过于雕琢，主张粗犷，要设计能享有“永久春天”的自然环境，要设置像荒野中鼹鼠丘式的小土堆……这些都是力求让自然事物保持自然形状，力图模仿自由的大自然，并把自然中令人心旷神怡的东西，集中到一个整体里。在培根看来，通过匠人布置很多的雕塑之类，可能会显得富丽堂皇，但却“没有丝毫真正的庭园的真趣了④”。不知培根是否看过当时有关中国园林的书，但至少其上所描述的庭院情趣与中国园林有很多相似之处。

第三，唯理主义哲学和古典主义文化对英国的影响远比对法国的要小，古典主义园林艺术在英国的根基也远没有在法国的深，所以更容易打破传统。⑤

（二）形成过程

1. 哲学家与政治家的倡导

英国的唯物主义哲学家培根（Francis Bacon，1561–1626）在承认感性认识的同时，首先在美学上提出：人类是从属于自然的，自然界的细致微妙远远胜于感情与理智。在谈论到关于自然是第一性时，他指出：它（自然）应被视为全部科学的源泉，因为所有脱离了这个根本的艺术与科学，尽管其自身可能是非常敏锐而完善的，但是它们已经不可能继续发展了。培根的这些美学思想，后来渗透到建筑与造园的观念中，影响着整个西方造园艺术的演变。培根被称为英国风景园林的预言家。⑥

英国的政治家兼作家坦普尔爵士（Sir William Temple，1628–1699）是第一个饶有风趣地谈论中国园林的著名英国人。⑦坦普尔爵士对中国园林的认识对 18 世纪的艺术风尚产生了影响。他在《伊壁鸠鲁的园林》一书中谈到中国园林，除了正规的园林布置以外，还有不正规的园林布置。在这种布置里，许多不协调的东西放在一起，但是看起来也使人感到无比的舒畅。“这种园林布置，我在某些地方看到过。但更多的是听那些在中国人之间住了好久的人谈论的。中国人的想法同我们的大不一样，正如中国与西方大不一样。⑧”他还说，中国园林的美不在于整齐的布局和对称的安排，而恰恰在于不整齐的布局和不对称的安排……在从东印度公司

① 公元 5 世纪中叶，由于罗马帝国的瓦解，罗马人撤退以后，中欧的盎格鲁人（Angles），撒克逊人（Saxon）和裘特人（Jutes）等日耳曼族入侵不列颠建立了 7 个王国，史称“七国时代”，即盎格鲁—撒克逊文明时期。

② 王箐．英国风景园形成探究．中国园林，2001（3）：89．

③ 窦武．中国造园艺术在欧洲．建筑史论文集（3），p118．

④ 培根．论庭园．论文集．p161．转引自余丽常．培根及其哲学．p411．

⑤ 陈志华．外国造园艺术．

⑥［英］M· 苏立文．东西方美术的交流．p239．

⑦ 范存忠．中国文化在启蒙时期的英国．p18．坦普尔曾在荷兰担任英国大使多年，很有可能和到过中国的人有所接触。

⑧ 范存忠．中国文化在启蒙时期的英国．p16．

进口的袍子上，或者在屏风上，或者在瓷器上，看到这种式样：不讲整齐，不讲对称，而又极其美丽。[①]坦普尔爵士曾在荷兰住过多年，在当年他担任英国驻荷兰大使期间，很有可能和到过中国的人有所接触。而荷兰长期以来，与中国已有较为紧密的联系，如1596年及1598年荷兰风景画中首次出现中国人的绘像[②]，17世纪后半叶，法国雕刻家模仿的中国画亦受荷兰的影响。1724年（清雍正二年）马国贤以及后来的王致诚带回西方的信息，更加证实了坦普尔爵士的观点。

2. 文人与画家的参与

18世纪，英国出现了描述自然式风景的诗文。[③]著名的英国诗人弥尔顿（John Milton，1608–1774）对于东方事物有着浓厚兴趣，他以自己的诗歌来描绘其理想中的园林、自然以及人们在其间的感受，弥尔顿在名著《失乐园》（Paradise Lost）的第四卷中，尽情地描绘了充满自然情调的伊甸园的景象：天地融为一体，宽阔的河流，清新的空气，美丽的花草，寂静的湖泊，婉转的禽鸣等，一派自然美景展现在人们面前。日后，弥尔顿被称为英国风景园的先驱。

英国诗人蒲柏（Alexander Pope，1688–1744）也是中国园林的倡导者，他提出“凡园皆画，以画理治园”的主张，与中国的诗画园林不谋而合。他认为：“把自然这位女神看成个端庄的姑娘，既不可过分打扮，又不是不要梳妆，切莫使每个美景到处可以观赏，此中奥妙就是在于若隐若藏，要出人意料，要有变化，要退没垣墙，布景如此自可称至高无上。”

实践上，诗人蒲柏也走在了前列。约1718年末，蒲柏租了特威克南别墅，里面有一小块延伸到泰晤士河边的园地，他就开始栽植花木。据他的朋友郝瑞思·沃尔波尔（Horace Walpole）说：“那是一块五英亩的小园地，有三条小路把它与外界隔绝。蒲柏东挖西补，前拼后凑，最后理出了三块可爱的小草坪，一块接一块，整个园子的周围都种满了密集的树木。[④]”1723年（清雍正元年），蒲柏将特维肯汉姆（Twickenham）的花园改建为自由式。由拉厄特设计，其中布置了中国园林中特有的叠石假山和山洞。[⑤]同年，德国德累斯顿建起来了中国风格的贝格宫（Bergpalais）。[⑥]

1712年（清康熙五十一年），文学家艾迪生在其主编的杂志《旁观者》（Speactator）中发表了随笔《庭院的快乐》[⑦]，描述并赞赏中国园林。艾迪生认为坦普尔所描述的不对称中国园林是一种自然美的体现，是一种接近自然的创作。艾迪生对中国园林的观念被罗马教皇亚历山大极力推崇，不久这种乡土式中国园林观点很快在上流社会风行。[⑧]

此外，伏尔泰、卢梭、狄德罗、康德、席勒等人，都在推动当时西方造园艺术由代表绝对君权的几何对称构图的法国古典式园林向反映人文思想的自然风景园的演变过程中起过重要作用。

除了文学，这一期间美术也处于古典主义向浪漫主义过渡时期。浪漫主义者谴责崇尚理性的古典主义，追求情感、心灵的解放和个性的自由。未经人工扰动的大自然是这种精神最

①范存忠．中国文化在启蒙时期的英国．p16．
②[德] 利奇温．十八世纪中国与欧洲文化的接触．p16．[英] M．苏立文．东西方美术的交流．p93．
③[日] 针之谷种吉．西方造园变迁史．p249．
④范存忠．中国文化在启蒙时期的英国．p81．
⑤窦武．中国造园艺术在欧洲．p121．
⑥Lancaster C．The Japanese influence in American，New York：Abbeville Press，1983，p10．
⑦[日] 针之谷种吉．西方造园变迁史．p239．又 Jellicoe G．，Jellicoe S．，The Oxford Companion to Gardens，p2．
⑧Conner，P．，Oriental Architecture in the West，p30．

好的寄托处和抒发者。拉斯金曾评论当时的风景画家说："中世纪的人们常常关闭在城堡之中，精心绘制那些藏在壕沟后面的砖房和花坛，与此相反，近代画家喜欢空旷的原野和沼泽，厌恶树篱壕沟，他们描绘的是自由自在生长的树木，随心所欲流淌的河流。[①]"1716年（清康熙五十五年），画家怀托（Watteau）在巴黎的缪德宫（La Muette）壁画中画有中国风物。"怀托喜欢用单色山水作为画的背景，这正是中国山水画最显著的特点之一。[②]"无独有偶，达 · 芬奇名画《蒙娜丽莎》的背景也是一幅中国式的山水（图10–5）。

图10–5 达 · 芬奇名画《蒙娜丽莎》

3. 建筑师的理论与实践

在建筑界，出现了布里奇曼（Bridgeman）、肯特和钱伯斯等建筑师，积极倡导并实践自然风景园。

首先，出现了大量园林理论著作，如英国钱伯斯的《中国房屋、家具、服饰、机械和家庭用具设计图册》(Design of Chinese building、furniture、dresses、machines and lltensils)，其中有四分之一篇幅介绍中国的花园；《东方园林概论》(Dissertation on Oriental Gardening)，大谈艺术与自然的对比；乔治 . 梅森的《庭园设计论》(Essay on Design Gardening)；惠特利的《近代造园论》(Observation on Moderm Gardening)；雷普顿的《造园绘画入门》(Sketches and Hintsm Landscape Gardening) 及《造园的理论与实践》(The Theory and Practice of Landscape Gardening) 等。

几乎与此同时，开始了大规模的营造活动。

1739年（清乾隆四年），英国造园家肯特在斯道维花园（Stowe）设计了中国式叠石。原设计为布里奇曼，自由式。[③]

1746年（清乾隆十一年），沃特（V.Water）为奥古斯都伯爵（W.Augustus）在英国温莎（Windsor）挖人工湖，建中国式住宅和游艇。[④]

1748年（清乾隆十三年），布朗[⑤]改建英国斯道维花园，建中国石拱桥。该桥存留至今。[⑥]同年，J · 高皮设计中国式孔庙。[⑦]

1761年（清乾隆二十六年），钱伯斯整修伦敦附近著名的"丘园"(Kew)，采用了一些

①陈志华 . 外国造园艺术 .

②[德] 利奇温著 . 十八世纪中国与欧洲文化的接触 .p41.

③窦武 . 中国造园艺术在欧洲的影响 . 建筑史论文集（3）.

④[法] 安田朴 . 明清间入华耶稣会士和中西文化交流 .p303.

⑤布朗（Lancelot Brown，1716–1786），英国建筑师，他是威廉 . 肯特的追随者。

⑥窦武 . 中国造园艺术在欧洲的影响 . 建筑史论文集（3）.

⑦窦武 . 中国造园艺术在欧洲的影响史料拾遗 . 建筑师（39）.

图 10–6 （左）钱伯斯丘园中国塔（1761 ~ 1762），（右）钱伯斯丘园中国亭（1763）

中国式的造园题材和手法：辟湖叠石的同时，模仿广州塔在丘园建了一座高达 48.8m 的中国砖塔，又造了一座亭子（图 10–6），这两座建筑物比以前西方任何一幢中国式建筑都更接近真正的中国式样。这比舒瓦瑟尔（Choiseul）大公命人在尚特鲁波（Chanteloup）建立的那一座早 12 年。[①]童寯先生评价说："亲眼看过中国园林的钱伯斯，他既有功于推动风景园发展，又在伦敦丘园中，不但负责经营中国风格的建筑物和岩石园，更重要的是奠定英国 18 世纪植物学科研基础，使丘园成为世界著名花木品种基地，这是英国风景园最有价值的贡献。[②]"

（三）表现形式

与任何借鉴外来艺术的做法相似，英国的自然风景园最开始表现在对中国园林的单纯模仿上，尤其是对中国园林建筑的模仿。其原因是中国园林同中国的思想文化、美术、士人的精神状态和生活方式联系紧密，又没有可以一一照搬的规矩法则，如果不精通中国文化，就不可能理解中国造园的精髓，而中国园林建筑比中国园林的假山、土丘、溪流、树丛好模仿一些，也更容易为西方人所理解。

大约在 1770 年（清乾隆三十五年），中国的园林及建筑事实上成为了英国某些公园的主题。英国牛津市（Oxford）的沃斯顿（Wroxton）

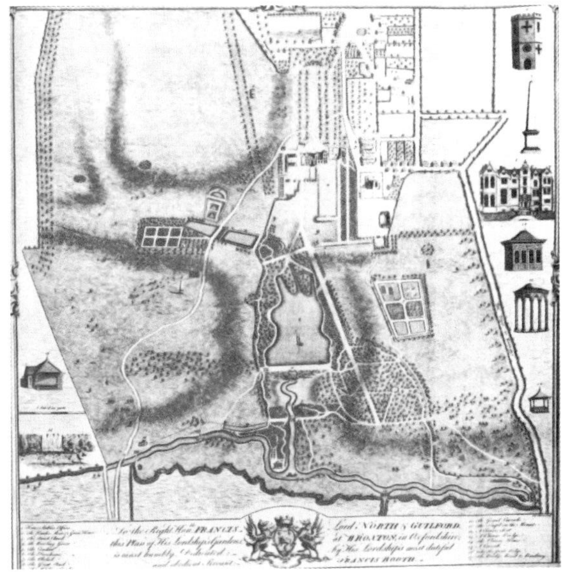

图 10–7　牛津市的沃斯顿公园

公园（图 10–7）就是用中国式园林构图方式来设计的。

1798 ~ 1799 年，罗伯特（Robert Salmon）在贝德福德市（Bedford）的沃布（Woburn）建造了农场花园，花园中的牛奶场采用了中国形式（图 10–8），它是用白色大理石和彩色玻璃装饰的，在中心有一个喷泉。墙的四周环绕着许多中国和日本的各色碟碗，里面装满了新鲜牛奶和奶酪，操作台上的物品柜完全是中国式家具。窗户是落地玻璃，上面绘有中国画，在幽暗的灯光下显得非常神秘。1826 年 12 月，德国 Pückler–Muskau 王子来此参观时盛赞了

① [法] 布罗斯．发现中国．p49.

② 童寯．中国园林对东西方的影响．建筑师（16）：14.

图 10-8 （上）贝德福德市的中国牛奶场

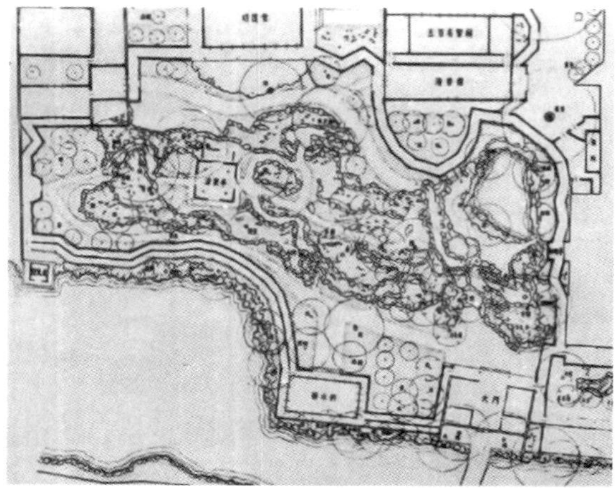

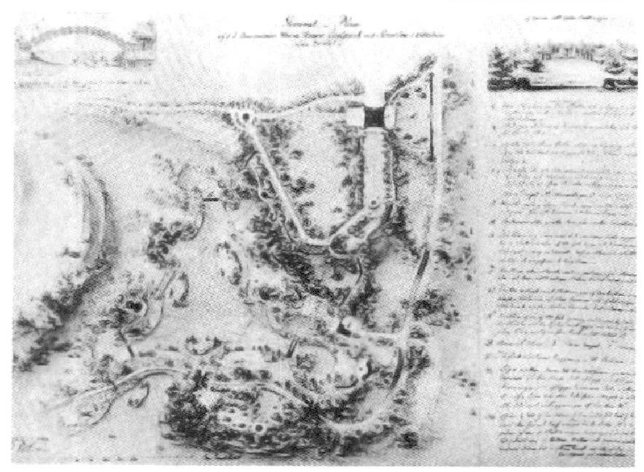

图 10-9 （中）建于17世纪的苏州园林规划图，（下）派帕园林设计图

这一中国花园式的建筑，认为它是卓越而美丽的。①

瑞典建筑师派帕（F·M·Piper，1746—1824）1799年（清嘉庆四年）所作的斯陶赫德庭园漂亮的设计草图（图10—9），几乎会被误认为是圆明园设计图的摹写。②派帕没来过中国，他很可能看过钱伯斯以及其他人的中国园林资料，其设计的建筑主要是古典主义的，但在总体布局上很像当时马国贤、王致诚对北京园林的描述：迂回曲折的小河，人造的岛屿，小山丘，弯曲的小路以及小桥、岩洞、假山等。

在中国众多园林建筑中，英国人最喜爱用的园林元素便是中国亭。18世纪，英国所建造的中国亭大部分是在水边或水中的，它们常常用于垂钓或划船。③据考纳（Conner）研究，1738年（清乾隆三年），在英国白金汉郡（Buckingham）附近的斯道维（Stowe）花园中建造了目前发现的英国最早的中国亭（图10—10）。④1750年（清乾隆十五年），随着中国式园林迅速传播开来，英国很多地区出现了中国亭。理查德（Richard Bentley）在特维肯汉姆（Twickenham）的草莓堡（Strawberry hill）设计了三角形的中国凉亭，在门口局部采用了哥特式。"这个完全通透的重檐翘角亭子完全不同于西方的封闭式建筑（图10—11）。⑤"最喜欢建中国亭的是坎伯兰（Cumberland）公爵（乔治二世的次子）。早在1753年（清乾隆十八年）的时候，坎伯兰公爵为了恭迎乔治三世和夏洛特（Charlotte）女王，在改造后的废船甲板上建造了他的最早的中国亭（图10—12），其室内装饰豪华，并装饰有中国的灯笼、围栏和龙旗。

英国自然风景园的主要特征：在形式上，

①Pückler—Muskau，A Tour in England，Ireland and France，in the years 1826，1827，1828 & 1829…，1940，p37—38.

②［英］M· 苏立文．东西方美术的交流．p118.

③Conner，P.，Oriental Architecture in the West，p70.

④Conner，P.，Oriental Architecture in the West，p45.

⑤Conner，P.，Oriental Architecture in the West，p57.

“S”形道路，未经修剪、自然式组合的多种树木，对非自然园林建筑的否定等；在思想上，摒弃了长期占据西方园林主导地位的规则样式，从新角度入手探寻适合当时人们生活及心理需求的园林形式。

图 10–10 （上）英国最早的中国亭

四、法国英中式园林的发展

18 世纪中叶，法国亦开始酝酿资产阶级革命，启蒙思想家掀起了更为广泛的“中国热”，中国造园艺术通过英国的“自然风景园”在法国流行起来，法国人称之为“英中式园林”。法国人在英国人的基础上对中国造园艺术进一步深化，传教士蒋友仁、韩国英以及一些新派造园家对此都做过相当深入的理论与实践研究。Holback 曾为研究园林亲自旅行英国，回国之后，尽力宣扬英国当时流行的自然风景园，影响颇大①。

图 10–11 （中）草莓堡的中国凉亭

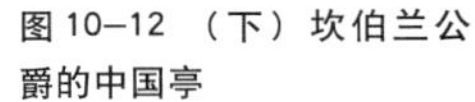

图 10–12 （下）坎伯兰公爵的中国亭

1770 ～ 1787 年间，《英中式花园》陆续刊印法国宫廷收藏的中国园林宫室铜版图和瑞典使者切弗尔（Cheffer）收藏的铜版图一百多帧，使英中式花园这一名词流行②。《世界报》的撰稿人理查德 · 坎布里奇③把倡导自然风景园林的威廉 · 坦普尔爵士视为“近代园林艺术的先驱”，他还说坦普尔“有预言家的精神，指明了一种更为高超的园林风格，即自由而不受束缚的风格”。他全力支持这种风尚。他说，“在西方，首创这种雅趣的是英国人。”在勒鲁热的 3 卷本配有插图的《时髦的英国—中国式园林》（1774 ～ 1788 年版）中，共有 97 幅图版，其中特别说明这是“中国皇帝别墅中的主要住

①Ocuvres Complè tes，ed. Moland.

②沈福伟 . 中西文化交流史 .p464.

③Richard O.Cambridge，1717–1802.

宅，出自国王珍品收藏陈列馆，仿制自北京的绢画画卷”。①

在18世纪的70年代，法国的风景园林开始出现在爱姆尼乌（Ermenonville）、拉瑞斯（Le Raincy）、皮提姆恩（Petit Trianon）和姆考（Monceau）等地。巴黎的一些花园被设计成“自然式”，里面有湖面、小溪，还有中国的桥、岩洞和假山，即在凡尔赛宫曾流行的所谓的“乡村之景”。②

图10-13 （上）法国突堤王子的花园

图10-14 （下）斯腾公园

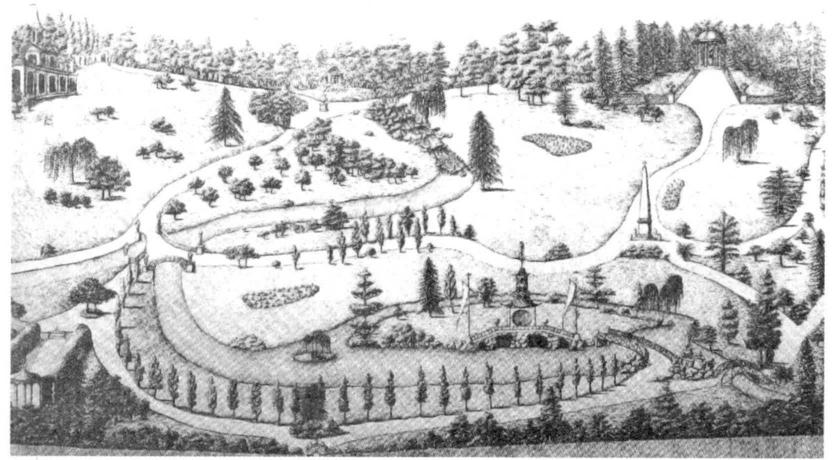

1770年，道德斯（Duc de Choiseul）公爵在政治上不得志，于失职期间，在自己的菜地中，以仿造中国园林为消遣。并在1775～1778年间，特聘建筑师拉坎尼斯（Le Canius）建造一座7层的塔，塔高39m，塔尖有金色的圆珠。③

1774年，勒鲁热（Le Rouge）出版了笔记，书中融合了各种风景，有折中主义形式，法意形式、中国风格等④。在此之前，勒鲁热出版的另一部早期作品，是法国突堤王子一个府邸（a jardin a l'anglaise）（图10-13），该府邸是突堤王子从伦敦返回后设计的，其宫殿是意大利式的，而花园则是折中主义的，其中有中国亭、小溪、中国桥、小岛、塔⑤，是法国的英中式园林出现的又一个例证。

1780～1787年建于外斯特费丽郡（West-phila）纽斯特市（Mü nster）附近的斯腾（Steinfort）（图10-14）公园是法国最精美的英中式园林，其部分建筑是根据尼霍夫使团访华时从中国带回的资料设计的⑥，园林中有中国的三角亭等。

1782年，海军理财长波弗特海（Beaudard）特聘布兰格（Belanger）在纽丽（Neuilly）建造园林住宅，里面有中国的大瓷瓶，中国式的小亭，中冰窖、凉亭及中国桥。布兰格本人也非常热爱中国式园林，所以后来他还曾在自己的家园斯坦尼（Santeny）的溪水旁为自己的妻子建了一所中国式的“出浴亭”。⑦

1775～1784年，玛丽王后在小特里阿农宫建造英中式园林，里面有栽种异国植物的大温室、亭阁、大楼阁、塔、牛棚、羊舍、中国

①[法] 乔治 · 洛埃尔．入华耶稣会士与中国园林风靡欧洲．[法] 安田朴．明清间入华耶稣会士和中西文化交流．p307.
②Conner, P., Oriental Architecture in the West.
③Kraft, Receuil d' Architecture Civile, 1812. Planches, p105-113.
④Conner, P., Oriental Architecture in the West, p92.
⑤Conner, P., Oriental Architecture in the West, p92.
⑥G. Le Rouge, Dé tails des Nouveaux Jardins à la mode, cahier XVIII (1782), p30.
⑦Kraft, Receuil d' Architecture Civile, 1812. Planches, p105-113.

的鸟笼、大叠岩等。[①]王后可能阅读了王致诚所作的有关圆明园的描述[②]，遂命其园艺师安托万 · 里夏尔设计此园林。

不久之后，这种新式园林流传到德国、俄国以至整个西方。

表 10–1 所列为西方庭园中的中国建筑物。

直到 18 世纪末年，偶尔还有人建造一些中国式的桥梁、钓鱼台，甚至宝塔。英国自然风景园成为西方造园的主流，并一直影响着现代的城市公园的建设。鸦片战争之后，“中国热”完全消失，但西方的造园艺术再也没有回到纯净的古典主义风格中去，所以可以说，中国造园艺术在西方的影响一直持续到现在。到今天，西方还遗留有英中式园林（图 10–15）。

图 10–15　意大利卡赛塔英中式园林

西方庭园中的中国建筑物[③]　　表 10–1

园　名	位　置	建　筑　物	备　注
阿尔门维尔烈	巴黎附近	中国凉亭两座，中国桥	荡然无存
阿狄奇	贡比涅附近	中国桥，鸽子棚	法兰西大革命时庭园与建筑均遭破坏
巴加特尔	巴黎	中国的桥、园亭及秋千	中国建筑现已不存
贝尔维尔	巴黎	中国式台球室	现已不存
贝兹	巴黎附近	亭，中国桥	亭与桥均毁于法国革命
奔内尔	巴黎附近	中国园亭	园亭桥已毁
卡农	诺曼底	中国亭	现存
香特罗普	阿波阿兹附近	塔	现存
尚蒂伊	巴黎北面	亭	毁于革命时期
康默希	洛林	亭	现不存
蒙维尔	巴黎附近	中国房屋、庭门	庭园与建筑物现都存在
福兰孔维尔 · 拉 · 加伦尼	蒙莫兰治山谷	亭	现已不存
赫尔米塔吉	贡德附近	亭	现已不存
梅勒维尔	巴黎南部	中国桥	建于革命前
伊希	巴黎附近	中国鸟舍	现已不存
琉尼维尔	洛林	亭，土耳其建筑鲁多勒福尔，中国建筑	两者均被拆毁
蒙梭	巴黎	旋转木马，中国桥	中国建筑均不存
蒙佩利亚尔	蒙佩利亚尔附近	塔，中国庙宇，中国旋转桥，鸟舍	中国建筑均已不存
拉 · 佛利 · 圣詹姆斯	巴黎的努伊	下建有冷冻仓的中国凉亭，中国水上凉亭，中国桥，中国渡船，中国花瓶	庭园已成为波阿德 · 布罗尼的一部分，建筑物已拆毁
蒙特莫伦希	巴黎的布鲁维尔 · 蒙马鲁特尔	中国园亭	园亭于 19 世纪初被拆毁
鲁多特 · 奇诺斯	巴黎	旋转马，秋千	均已不存
朗布伊埃	巴黎西南	凉亭，栅栏	园亭已毁
罗梅维尔	巴黎东部	中国凉亭	现已毁
桑特尼	巴黎东南	中国浴场的凉亭	现已毁
佩提特 · 特雷农	凡尔赛宫内	旋转木马	此设施现已毁

①Adolf Reichwein，China and Europa，Geistige and Künstlerische Ziehungen in 18 Jahrhundert，Berlin，1923.
②[法] 乔治 · 洛埃尔．入华耶稣会士与中国园林风靡欧洲．[法] 安田朴．明清间入华耶稣会士和中西文化交流．p304.
③[日] 针之谷种吉．西方造园变迁史．p263–264.

五、中国园林植物的西传

早在古罗马时代，西方人就引入了两种原产于中国的果树，即桃树（图 10－16）和杏树。[①]在文艺复兴以后，中国的观赏植物开始大量引入西方。其间，传教士与商人发挥了重要作用。16 世纪中期，西方一些大学开始把植物学作为独立于医学的分支来研究，于是西方各著名城市开始对植物园发生兴趣。[②]

葡萄牙耶稣会士曾德昭曾在中国生活居住了 22 年，其《大中国志》中描述了中国特有的水果，如荔枝、龙眼和柿子等。[③]1656 年（清顺治十三年），波兰传教士卜弥格[④]，根据自己在中国的实地考察和经验，撰写的《中国植物志》（Flora Sinensis）[⑤]在维也纳出版，其中记述中国名花约 20 种，有些还有附图。之后，甚至在半个多世纪中，被多次引用。[⑥]卜弥格是第一个把柿子树（图 10－17）、芭蕉树、菠萝蜜等介绍到西方的植物学家，“首开研究中国植物的风气[⑦]”。邓玉函来华后，每到一处就搜集动植物标本，并将其标本制作成图。据此他撰写了 Plinius indiscus，记述他自 1618 年至 1630 年这段时间，在中国所进行的生物考察。此书他未完成，手稿有两巨册，分十八卷，除生物学外还涉及矿物学和药物学。《帝京景物略》的作者之一于奕正曾谈到他对邓氏这一著作的印象，说，“玉函尝中国草根，测知叶形花色，茎实香味，将遍尝而露取之，以验成书，未成也！[⑧]”在此，于奕正指出了邓玉函是以科学实验作为著书立说的根本的。

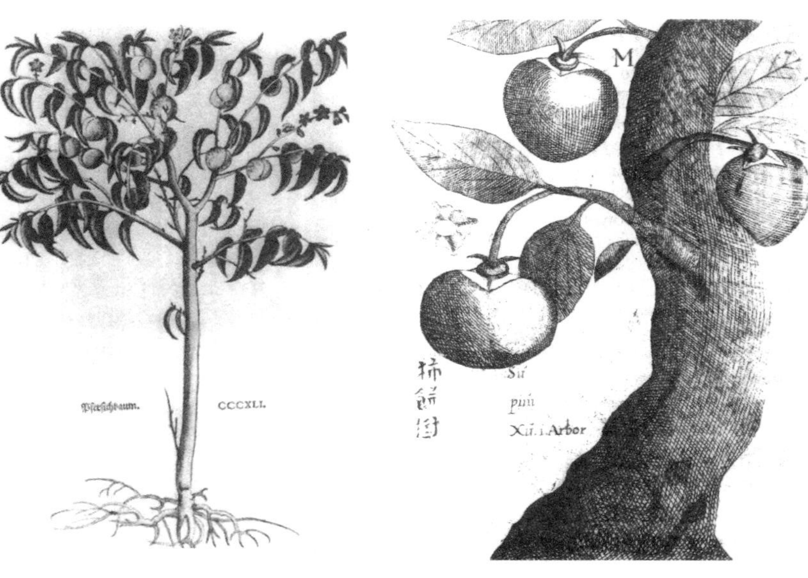

图 10－16 （左）桃树 出自伦哈尔 · 富克斯的《树木史》，巴尔 1542 年版，直到 19 世纪，人们都认为桃子原产于波斯，因为亚历山大的军队在那里发现了它。事实上，桃子是从中国传到那里的（巴黎国家图书馆）

图 10－17 （右）《中国植物志》中的插图：柿子树

1688 年（清康熙二十七年），荷兰人曾将菊花引种到西方国家。[⑨]

法国耶稣会士对中国植物极其注意，著作很多，最重要的都出自汤执中之手，汤执中还是法国皇家科学院驻华通讯员。[⑩]汤执中经常在北京郊外进行植物考察，采集种子。除了植物

① [法] 布罗斯．发现中国．p5.
② [英] 亚 · 沃尔夫．十六世纪、十七世纪科学、技术和哲学史．p455.
③ [葡] 曾德昭．大中国志．手稿以葡萄牙语于 1638 年在果阿完成，1642 年译为西班牙语出版，之后不久有意大利、法文、英文译本出版。
④ M. Boym.1612－1659，字致远。1645 年（顺治二年）来华，在华 22 年，在广东长期传教，后服务于南明王朝。
⑤ [波] 爱德华 · 卡伊丹斯基．中国的使臣——卜弥格．今天，这部著作只留下了八本，分别保存在克拉科夫雅盖沃图书馆，伦敦不列颠图书馆、梵蒂冈图书馆（两本）、佛罗伦萨国立图书馆（Biblioteca Nationale di Firenze）、巴黎国立图书馆（Bibliotheque Nationale）和麻省哈佛图书馆。
⑥ [波] 爱德华 · 卡伊丹斯基．中国的使臣——卜弥格．p204.
⑦ 沈福伟．中西文化交流史．p421. [波] 爱德华 · 卡伊丹斯基．中国的使臣——卜弥格．p205.“在欧洲，不论 17 世纪还是 18 世纪，都没有一个植物学家能够像卜弥格那样，根据自己在中国的实地考察和经验，撰写和发表过什么东西。”
⑧（明）刘侗，于奕正．帝京景物略，p207.
⑨ 周武忠．寻求伊甸园——中西古典园林艺术比较．p117.
⑩ 方豪．中西交通史．p795.

考察外，他还研究过中国植物志，他从 1741 年（清乾隆六年）到达中国起，就与他过去的老师、当时著名的植物学家耶西乌（B.de Jussieu，1669–1777）保持着联系。耶西乌当时在特里阿农宫的花园中工作，观察多年生植物，不断向其学生们索求草木。1748 年（清乾隆十三年），汤执中从北京寄往巴黎皇家花园各种植物 260 种。[①]汤执中曾任御园主任，特别是负责西洋楼的园林，于是就把在北京及其附近地区找到的树木、花草引进了法国。[②]在《中国杂纂》第 11 卷中（巴黎 1786 年版，第 183 ～ 286 页），刊载有一篇《对可以使法国获得的植物、花草和树棵的考察》。该书第 216 ～ 219 页中列举和描述了圆明园中生长的花草苗本。巴黎耶西乌科学图书馆保存有汤执中 72 种植物图。他对兰属植物和靛青染色术极有研究。现在普遍盛开于西欧的 Reine–Marguerite，是汤执中 1728 年（清雍正六年）由中国寄到巴黎皇家花园的，起先只开白花，后开红色、紫罗兰色花，到 1750 年（清乾隆十五年）已变成五彩缤纷的复瓣花。

科拉（1735–1781）曾表列过一批可以引入法国的中国植物和树木。约瑟夫把中国荔枝引进了法国。最早移植到西方的橘树，首先在里斯本圣洛伦（St.Laurent）公爵邸宅栽植。[③]

1751 年（清乾隆十六年），瑞典的皮特（Peter Osbeck）船长曾在中国考察植物。德国人查尔斯（Charles Gustavus Eekebeag）曾写《中国园艺法》一书，此书后被译成英文，书中附录了两篇中国草木表。[④]

在 1760 年（清乾隆二十五年）来华的法国传教士韩国英曾研究过中国植物。他在 1780 年（清乾隆四十五年）寄回法国的植物标本，还保存于巴黎自然历史博物馆，其中 149 种在内地采集，144 种在澳门采集。《耶稣会士中国书简集》第 11 册有他关于中国植物的研究。1776 ～ 1814 年出版的《中国论丛》第 3 卷还刊登了韩国英关于中国植物的研究，包括玉兰、茉莉花、夜来香及秋海棠等常见的观赏性植物。《中国论丛》出版后产生了很大的反响，西方学者从中汲取不同的知识。韩国英写有《论中国的暖室》和《论中国的游乐园》等著作。[⑤]在中国，早在西汉时期，宫中就有“人力增高室内温度，助植物之发育[⑥]”的类似今天温室的建筑物。韩国英有关“暖室”的著作很可能影响了后来玛丽王后创建于 1775 ～ 1784 年的栽种异国植物的大温室。[⑦]

据伯德莱先生的研究，法国主要选择了以前不为人所知的中国花卉，如牡丹、菊花、杏花、桃花、荷花、玉兰花、聚伞花序、山茶花、山仙花、玫瑰花、绒花、百合花、茉莉花、木槿花、木兰花、杜鹃花、栀子花和秋海棠花等。在 17 世纪和 18 世纪时，中国使西方了解到了石竹、小鸢尾、翠菊、椿树、麻栋、杜鹃花、荷花、牡丹、茉莉、菊花、枣树、牡莉、槐树、侧柏、枸杞、靛青、茶叶、大豆、绣球花、蓼科植物、北京白菜和大黄等。[⑧]日本人小野忠重也认为，西方从中国输入大量植物，有些后来广为栽培，成为西方盛行的植物。17 世纪、18 世纪至 19 世纪初叶，从中国传入西方的花草中，有这些

①沈福伟．中西文化交流史 .p446.

②[法] 乔治 · 洛埃尔．入华耶稣会士与中国园林风靡欧洲．[法] 安田朴．明清间入华耶稣会士和中西文化交流 .p307.

③沈福伟．中西文化交流史 .p446.

④A Voyage to China and the East India，London，1771.

⑤[法] 乔治 · 洛埃尔．入华耶稣会士与中国园林风靡欧洲．[法] 安田朴．明清间入华耶稣会士和中西文化交流 .p307.

⑥刘敦桢文集 .p159.

⑦[法] 乔治 · 洛埃尔．入华耶稣会士与中国园林风靡欧洲．[法] 安田朴．明清间入华耶稣会士和中西文化交流 .p304.

⑧[法] 伯德莱．清宫洋画家 .p208.

名称：庚申蔷薇、踯躅、温室樱草、菊、牡丹、紫苑。葡萄牙人将中国的蜜橘带至西方及巴西，在热带、亚热带、美国的大部分地区种植。①

总之，中国园艺植物非常丰富，对世界观赏园艺贡献很大。在18世纪以后，中国又有很多植物西传。英国在整个19世纪期间，一直向中国派遣植物学家。②

中西文化交流史上，17～18世纪中国造园艺术在西方的影响，情况之热烈，时间之久，范围之广，程度之深，都是少有的。但有关这段历史，国内外学者意见不一，甚至有部分人拒绝承认中国园林艺术曾经对西方的影响，但相当一部分学者还是能够实事求是的。英国学者M· 苏立文曾说："尽管中国人的园林艺术观念也许曾经被误解和误用，但仍然实实在在地渗入到18世纪西方文化品位的核心当中。③"今天，西方人对中国园林有了更深一步的理解，考纳曾说："中国园林看上去并不是由自然景观偶然地堆砌而成的，相反，而是通过象征和联想来安排园林元素,使其表现为自然景观的。④"李约瑟曾评价中国园林说："中国园林本身就具有很好的启发意义，尽管很久以来它的最初目的是为体现美学的，其主题主要是审美，但后来由于某些因素，我们的注意力却集中到了动植物的收集和堆砌上了。⑤"

到了19世纪，"西方文化中心论"的兴起逐渐淡化了中国文化在西方引起的这种热潮，这种平等双向的中西文化交流戛然而止。但其影响却不会因此而消失。正如一位西方学者所说："但其后在西方文化中已不可避免地留下了中国文化的烙印或者说中国文化参与了西方文化传统本身的形成。"

---

①东西方美术的交流第二辑 .p404.

②[法] 布罗斯 . 发现中国 .p95.

③[英] M· 苏立文著 . 东西方美术的交流 .p119.

④Conner，P.，Oriental Architecture in the West，p27.

⑤引自 Needham，J.，Science And Civilization in China，Vo.4（part Ⅲ），Cambridge，p74.

附　录

附录 1　明末清初来华意大利传教士

利玛窦（Matteo Ricci,1552—1610），字西泰，意大利人。1552 年（明嘉靖三十一年）10 月 6 日生于马切拉塔城（Macerata）。其父乔万尼 · 利启以行医为业，曾在教皇国担任行政长官；其母乔万娜 · 安乔莱利，是一名虔诚的天主教徒。利玛窦曾在耶稣会创办的罗马学院学习欧氏几何前 6 卷、实用算术、地理学、行星论、透视画法以及制作地球仪、天文观测仪器和钟表的技术。1582 年（明万历十年）受耶稣会的派遣来华，先在澳门立足，次年移居当时广东省省会肇庆，1589 年（明万历十七年）又迁居韶州，之后辗转于南雄、南昌、南京和苏州等地活动，最后于 1601 年（明万历二十九年）元月抵达北京。此后，他便再没有离开北京，直到 1610 年（明万历三十八年）去世。利玛窦自 30 岁入华，至 58 岁逝世，前后历时 28 年。在华期间，他习汉文，着汉服，说汉语，广交中国士大夫，开展“科学传教”，融合中西文化，在中外交流史上作出了杰出的贡献。他不仅是明末清初在华传教奠基人，而且是西方汉学奠基人，也是明代把西洋美术最早传入中国的人。还曾与罗明坚建肇庆仙花寺——明末内地第一座西洋式教堂。著有：《利玛窦中国札记》、《天主实义》二卷 、《畸人十篇》二卷、《辩学遗牍》一卷、《交友论》一卷、《西国记法》一卷、《测量法义》、《万国舆图》、《西字奇迹》、《乾坤体义三卷》、《勾股义》、《二十五言》一卷、《圜容较义》一卷（与李之藻合著）、《浑盖通宪图说》二卷。与徐光启合译《几何原本》六卷、《测量》等书。与李之藻合译《同文算指》十一卷、《浑盖通宪》、《乾坤体义》等书。

罗明坚（Michel Ruggieri 1543—1607），字复初，是最早来华的意大利三传教士之一，也是明末最先进入中国国境的传教士。1579 年（明万历七年）抵澳门，1588 年（明万历十六年）返欧，1607 年（明万历三十五年）卒。罗明坚著有《天主圣教实录》，是第一部宣扬基督教教义的中文书籍。

范礼安（Alexandre Valignani.1538—1606），字立山，最早来华的意大利三传教士之一。1578 年（明万历六年）来华，1588 年（明万历十六年）因教务问题返欧。

巴范济（Francois Pasio，1551—1612），字庸乐，最早来华的意大利三传教士之一。1582 年（明万历十年）来华。

熊三拔（Sabbathin de Ursis，1575—1620），字有纲，1575 年（明万历三年），生于意大利那波利港。1606 年（明万历三十四年）来华，传教于北京。此人精通天文数算，曾受诏与庞迪我、罗雅谷等传教士参与崇祯时的修历、翻译行星说。他还制成简平仪，其工艺和精度受到利玛窦赞许。在修历时，因受到保守的中国同事的忌妒，便改行潜心研究水利机械，后回广东。1610 年（明万历三十八年）受利玛窦委派，负责建造宣武门南堂——基督教在北京建立的第一座大教堂。1620 年（明万历四十八年）卒于澳门。所著各书如下：《泰西水法》六卷、《简平仪》、《表度说》。

艾儒略（Jules Aleni,1582—1649），字思及，意大利人。1582 年（明万历十年）生于意大利布雷西亚（Brixia）。1610 年（明万历三十八年）到澳门，1613 年（明万历四十一年）到北京，先后在陕西、山西、杭州、福建等地传教，著作甚丰，被誉为“西来孔子”。1649 年（清顺治六年）卒。墓在福州北门外。

所著各书如下：《天主降生言行纪略》八卷、《降生引义》、《涤罪正规》、《万物真原》、《三山论学》、《西学凡》、《性灵篇》、《性学粗述》、《职方外纪》五卷、《西方答问》二卷、《几何要法》四卷、《景教碑颂注解》、《圣体要理》、《圣体祷文》、《出像经解》、《十五端图像》、《口铎日抄》八卷、《道原精萃》八卷、《圣梦歌》、《利玛窦行实》、《熙朝崇正集》四卷 、《杨淇园行略》、《张弥格遗迹》、《悔罪要旨》、《五十余言》一卷、《四字经》、《弥撒祭义》二卷、《坤舆图说》。其中，《职方外纪》是中国第一部用中文写成的世界地理著作，《性学粗述》介绍了西方早期的人体生理方面的知识。还曾传入西画。

毕方济（Francois Sambiasi，1582—1649）字今梁。1582年（明万历十年），生于意大利那不勒斯。1613年（明万历四十一年）来华。精通文学数理，在华曾奉命进行天文观测，参与修订历法，也是最早将望远镜及其用途介绍到中国的人（还有阳玛诺教士）。1637年（明崇祯十年），仿利玛窦墓形制，建造南京雨花台教士墓教堂，形式为西式。明末时，卒于广州府，墓在省城北门外。所著各书如下：《灵言蠡勺》二卷、《睡答》一卷、《画答》一卷、《坤舆全图》。

龙华民（Nicolas Longobardi，1559—1654），字精华，1559年（明万历十年）生于意大利西西里岛。1597年（明万历二十五年）来华，利玛窦死后来北京接替利氏任中国耶稣会会督。曾亲自指导设计利玛窦墓——中国的第一座基督教士墓地，形制是中西合璧式的。在京期间曾被明廷聘用，参与修历。在传教方法上，龙氏持正统态度，反对利玛窦入乡随俗的做法，不同意中国教徒敬孔、祭祖，认为这是迷信。之后引发了后来长达两个世纪之久的“礼仪之争”。龙华民还是在中国刊行经书圣传的发起人，撰述有关基督教方面的著作二十余种。1654年（清顺治十一年），卒于北京。墓在京师阜成门外滕公栅栏。所著书如下：《圣教日课》、《念珠默想规程》、《灵魂道体说》一卷、《急救事宜》、《地震解》一卷、《死说》一卷、《圣善撒法行实》、《圣人祷文》、《新法历书》（与汤若望、罗雅谷、邓玉函合著）、《人身图说》（与罗雅谷、邓玉函合撰）等。

罗雅谷（Jacques Rho，1593—1638），字味韶。1590年（明万历十八年），生于意大利米兰城（Milan）。1624年（明天启四年）来华。传教于山西绛州。1631年（明崇祯四年），钦取来京修历，与徐光启、汤若望等合撰《西洋历法新书》共三十六卷。1638年（明崇祯十一年）卒，墓在阜成门外滕公栅栏。所著各书如下：《斋克》二卷、《哀矜行诠》二卷、《圣记百言》一卷、《天主经解》、《圣母经解》一卷、《天主圣教启蒙》、《求说》一卷、《周岁警言》一卷、《测量全义》十卷、《此例规解》一卷、《五纬表》十卷、《五纬历指》九卷、《月离历指》四卷、《月离表》四卷、《日躔历指》一卷、《日躔表》二卷、《黄赤正球》一卷、《筹算》一卷、《历引》一卷、《日躔考昼夜刻分》、《人身图说》（与龙华民、邓玉函合撰）。

王丰肃（Alfonso Vagnoni，1566—1640），字则圣，又名高一志，字一元，1566年（明嘉靖四十五年）生于意大利特洛伐雷洛城（Tru-farell）贵族家庭。青少年时受过良好的教育，来华前就因才能学识出众被教会看重，委以重任。1605年（明万历三十三年）来华后先至澳门，后在南京传教。1610年（明万历三十八年），在南京建一西式华丽教堂和教士住屋7间楼，圆顶无梁，如宫殿一般，人称“无梁殿”，第二年5月建成。1616年（明万历四十四年）教案时被拆毁。在南京，因其传教有方，从者甚众，为南京巡抚沈榷所不容，参罪他“以邪惑众”，遂被捕入狱，后又被驱赶至澳门。教难平息后，他被派往山西绛州传教，1640年（明崇祯十三年）4月19日病逝，葬绛州南门外。

西方气象学最先由王丰肃传入中国。王氏以

著述宏富、文章畅达见称，在华完成著作十余部。所著各书如下:《西学修身》十卷、《西学齐家》五卷、《西学治平》、《四末论》四卷、《圣母行实》三卷、《圣人行实》七卷、《则圣》十篇、《十慰》、《斐录汇答》二卷、《励学古言》一卷、《童幼教育》二卷、《譬学》二卷、《空际格致》二卷、《寰宇始末》二卷、《教要解略》二卷、《推验正道论》一卷、《达道纪言》一卷、《神鬼正纪》四卷。其著名的科学著作为《空际格致》。此书内容涉及天文、地理、地震、气象诸多方面，以气象学所占比重最大。

利类思（Louis Buglio，1606–1682）字再可，意大利西西里人。1622年（明天启二年）加入耶稣会，1637年（明崇祯十年）来华，先后在江南、四川、北京等地传教，在北京时曾奉命襄助明廷修历。后和安文思（G. de MaSalhaes）一起服务于张献忠，当上“天学国师”，获得了“直接次于阁老之次的位置”。1655年（清顺治二年），顺治皇帝赐给利类思和安文思一所宅院作为府第。同年，两人便在此修建了北京东堂，风格为西式。其墓碑说他“以数理、语言、文字及已刊诸书，著称于世”。他在京期间，适葡萄牙使臣本笃向朝廷进贡一头非洲狮子作为礼物，以请清政府允其在华贸易。在此之前，中国人在大陆从未见过狮子，有许多人向他请教有关狮子的知识，由此他写成《狮子说》。著有:《超性学要》三十卷、《天主性体》六卷、《三位一体》三卷、《万物原始》一卷、《天神》五卷、《六日工》一卷、《灵魂》六卷、《首人受造》四卷、《主教要旨》、《不得已辩》、《昭事经典》、《司铎典要》、《七圣事礼曲》、《司铎课典》、《圣教简要》、《正教约征》、《狮子说》、《进呈鹰论》、《天学真诠》、《天学传概》、《西历年月》。

卫匡国（Martin Martini，1614–1661），字济泰。1614年（明万历四十二年）10月8日诞生于意大利北部的特兰托。其父安德烈 · 马尔蒂尼长期以航海为生，1612年才成为特兰托的市民；其母塞西利亚是一位虔诚的天主教徒。卫匡国1631年（明崇祯四年）加入耶稣会，后曾专习过哲学与数学。1643年（明崇祯十六年）夏抵达澳门，即被派往浙江兰溪传教。后又进京师，复往福建、广东等处，乃至浙江。曾向明朝政府介绍了西洋火炮的使用方法，受到朝廷的信任，被授予相当于总督地位的“火炮使臣”的称号，后因教务返欧，向教廷报告有关中国教务，并就中国礼仪问题发表了他的意见，为在华耶稣会士们的传教方式作了有力的申辩。1657年（清顺治十五年）返华。1659年（清顺治十六年），在杭州建一西式教堂（天水桥教堂），是当时全国最大最华丽的教堂。通过自己的研究和著述活动，将中国的各个方面介绍给欧洲，著有《鞑靼战纪》、《中国新图》、《中国耶稣会教士纪略》、《卫匡国行实》、《中国上古史》、《灵性理证》、《述友篇》。《中国历史十卷》是西方学者撰写的第一部系统向欧洲介绍中国历史的著作。1643年（明崇祯十六年）来华。1661年（清顺治十八年）6月2日卒，时年仅48岁，墓在方井南。

殷铎泽（Prosper Intorcetta，1625–1696），字觉斯，意大利西西里岛人。1625年（明天启五年）生，1657年（清顺治十四年）与卫匡国来华，先传教于江西，次年在建昌建堂，旋即被拆毁。1670年（清康熙九年）因教务问题返欧，1674年（清康熙十三年）重回中国，到杭州传教。曾与传教士郭纳爵把《大学》、《论语》、《中庸》译成拉丁文。

闵明我（Philippus Maria Grimaldi，1639–1712），字德先，意大利人，多明我会会士，1669年（清康熙八年）来华，谙练历法，1694～1711年（清康熙三十三～五十年）任治理历法与机械工事。1703～1712年（清康熙四十二年～康熙五十一年）重修北京南堂，“徐日升与闵明我予以改造，成为欧洲区”。

杜奥定（Augustin Tudeschini 1598–1643），字公开，意大利人。1631 年（明崇祯四年）来华。传教于上海、陕西，后往福建。墓在福州府海滨。著有《渡海苦绩纪》。

毕天祥（Ludovicus–Antonius Appiani，1663–1733），1663 年（清康熙二年）生于意大利北部陶利亚尼（Donliani），1687 年（清康熙二十六年）入会，1699 年（清康熙三十八年）来华，在四川成都附近传教。多罗来华即由毕天祥担任翻译。1733 年（清雍正十一年）病逝。

德理格（Pedrini，T.，1676–1746） 1676 年（清康熙十五年）生于意大利安科纳（Ancone）边境地区的费尔莫（Fermo），此地长期属于教皇国。曾在罗马的皮阿诺姆（Pianum）学院学习，是管风琴演奏家。1693 年（清康熙三十二年）进入传教区的修会中。1711 年（清康熙五十年）初到达北京，服务于中国宫廷，成为御用风琴演奏家，于 1746 年（清乾隆十一年）12 月 10 日死于北京，葬于方济各会士们的墓地。

马国贤（Ripa，M.，1682–1746），字若瑟，意大利人，1682 年（清康熙二十一年）5 月 29 日生于萨莱诺地区的爱波里（Eboli）小镇。马国贤的父亲是医生，在当地可谓是富有的资产阶级。但他 4 岁时母亲就去世了。因此，他的青少年时期是和他的父亲、5 个兄弟与 1 个姐姐一起度过的。15 岁时，他被送到那不勒斯学习，18 岁时立下终生传播福音的誓愿。1705 年（清康熙四十四年）3 月，马国贤在自己家乡升为神父。不久，他进入教皇克莱门十一世建立的罗马传信部接受训练，在那里接受对中国语言、文化、习俗的短期培训，成为那里第一批学习中文的两名学生之一。1710 年（清康熙四十九年）来华，进京担任宫廷画师。他能雕、琢、绘、塑，集画家、版画家及地图绘制专家于一身，很快得到康熙的赏识。马国贤曾在中国宫廷 13 年，是中西文化交流中一位重要的人物，是中西园林交流的先驱人物，也是西方铜版画传入中国的先驱。他根据中国画家原画稿制作了铜版画《避暑山庄图咏三十六景铜版画》，与其他传教士共同完成《皇舆全览图》。《皇舆全览图》是中国地理史上第一部有经纬线的全国地图，著有回忆录《清宫十三年》。

作为中西文化交流的使者，马国贤在中西文化的双向交流中起到了重要作用，概括说来，主要表现在以下几点：

第一，他是将西方铜版画艺术传入中国的第一人。

第二，通过他的铜版画，他还是将中国园林艺术传入欧洲的先驱者。

第三，他创办的那不勒斯中国学院，是欧洲唯一的一所培养中国学生的学院。

第四，他撰写的回忆录，是 18 世纪中西关系和中西文化交流史的重要记录。

郎世宁（Jaseph Castiglione，1688–1766），意大利人，1688 年（清康熙二十七年）生于米兰，1707 年（清康熙四十六年）加入耶稣会。1715 年（清康熙五十四年）9 月到广州，同年 12 月进北京，入内务府“养心殿造办处”，任宫廷画师。经历了康熙、雍正、乾隆三个皇帝，颇得帝王的宠爱。他带来了讲究光线明暗、透视的西洋绘画技法和铜版画，并且向在宫廷任职的我国画家们传授这一新的技法。康熙皇帝曾命他学习中国画技法。他在宫廷画第一幅画的时间是 1723 年（清雍正元年），曾为雍正皇帝画像多幅，但是他成就最辉煌的时期是在乾隆年间。1737 年（清乾隆二年），郎世宁奉乾隆皇帝之命，和我国画家沈源等共同创作了巨幅的《圆明园全图》。郎世宁还在圆明园竣工后创作了二十幅铜版画，并且印制了若干套。这一套二十幅的圆明园铜版画的印本珍藏于北京故宫、沈阳故宫和承德避暑山庄，并散见于法国、德国和日本。曾设计圆明园平面图，参与了圆明园西洋楼的设计。其主要作品有《聚瑞图》、《万书园赐宴图》、《马术图》、《阿玉锡持矛荡寇图》、《太师爷少师图》、《香妃像》、《八骏图》、《白骏图》、《十骏图》、《乾隆平定准部回部战图》组画等。郎世宁还曾为东堂画过多幅圣像、彩画，十分华丽。郎世宁在1766年（清乾隆三十一年）逝世，享年七十八岁，葬于阜成门外。

安德义(Joannes Damascenus Salusti,?—1781)，意大利罗马人，是奥斯定会传教士。1762年（清乾隆二十七年）进入清宫廷内供职，与郎世宁、王致诚、艾启蒙合称四洋画家。参加《乾隆平定西域战图》铜版组画草图的绘制。约1773年（清乾隆三十八年）离开宫廷。

潘廷璋(Joseph Panzi，约1733—约1812)，耶稣会士，意大利人，在欧洲时即在艺术界负有盛名。1771年（清乾隆三十六年）来华，1773年（清乾隆三十八年）进京担任宫廷画师，是一位擅长油画的画家，曾为东堂画《圣母像》。大约卒于1812年（清嘉庆十七年）左右，确年不详。

热拉第尼(herardini，G.)，是诞生于摩德纳（Mod Ene）的意大利画家，曾在巴黎为讷韦尔（Navers）公爵工作过。1684年（清康熙二十三年）受托前往法国耐弗尔斯装饰圣彼埃尔大教堂，后又担任巴黎的耶稣会图书馆装饰任务，并受到高度评价。1698年（清康熙三十七年）同白晋神父乘海神号（安菲特里忒）船抵华。装饰了北京北堂的墙壁和穹顶。由于不适应在华的生活，于1707年（清康熙四十六年）返回欧洲。

附录 2 图 录

图 2–1 葡萄牙人首次在中国广州登陆，安德拉德向官吏们献念珠 《安德拉德中国游记》的荷兰文插图版本中的版画，由巴洛斯作，1705年（巴黎国家图书馆）。引自［法］布罗斯．发现中国．耿昇译．济南：山东画报出版社，2002：41.

图 2–2 荷兰西印度公司劫夺满载白银的西班牙船只 维歇制作的版画。引自［法］费尔南·布罗代尔．15至18世纪的物质文明、经济和资本主义（第三卷）．顾良译．施康强校．北京：生活·读书·新知三联书店，1993：223.

图 2–3 西方画家笔下的南京瓷塔 引自朱培初．明清陶瓷和世界文化的交流．北京：中国轻工业出版社，1984：214.

图 2–4 在马六甲洋面，一艘葡萄牙大船遭到英国和荷兰的六只小帆船的袭击 引自［法］费尔南·布罗代尔．15至18世纪的物质文明、经济和资本主义(第三卷)．顾良译．施康强校．北京：生活·读书·新知三联书店，1993：634.

图 2–5 马戛尔尼使团觐见乾隆图（当时滞留在北京的W·亚历山大想象中英使在热河觐见皇帝的场面） 马戛尔尼跪膝呈送国书，小斯当东也效仿,接受皇帝赠品）。引自［法］佩雷菲特．停滞的帝国：两个世界的撞击．王国卿，毛凤支．北京：生活·读书·新知三联书店，1993.

图 2–6 耶稣会创始人：依纳爵·罗耀拉 引自［德］彼得·克劳斯·哈特曼．谷裕译．耶稣会简史．北京：宗教文化出版社，2003：5.

图 2–7 布歇：垂钓的中国人 引自严建强．十八世纪中国文化在西欧的传播及其反应．杭州：中国美术学院出版社，2002：130.

图 2–8 格雷歇姆学院——英国皇家学会成员经常活动的地点 引自［英］亚·沃尔夫．十六世纪、十七世纪科学、技术和哲学史．周昌忠，苗以顺，毛荣运译．北京：商务印书馆，1985：72.

图 2–9 路易十四视察法国皇家科学院 引自［英］亚·沃尔夫．十六世纪、十七世纪科学、技术和哲学史．周昌忠，苗以顺，毛荣运译．北京：商务印书馆，1985：77.

图 2–10 身着中国服装的耶稣会士柏应理正在向路易十四介绍来到法国的第一个中国人 引自［法］布罗斯．发现中国．耿昇译．济南：山东画报出版社，2002：64.

图 2–11 清康熙朝康熙致罗马的关系文书 引自朱诚如．清史图典：康熙朝．北京：紫禁城出版社，2002：145.

图 2–12 康熙年间清政府发给来华西洋传教士的《票》 引自清宫廷画家郎世宁年谱－兼在华耶稣会士史事稽年．故宫博物院院刊．1988（2)：34.

图 2–13 康熙朝路易十四致康熙帝信件 引自朱诚如．清史图典：康熙朝．北京：紫禁城出版社，2002：145.

图 3–1 顺治帝（右）与汤若望（左） 引自朱诚如．清史图典：顺治朝．北京：紫禁城出版社，2002：237.

图 3–2 晚年康熙皇帝的画像 引自故宫博物院．清代宫廷绘画．北京：文物出版社，2001：52.

图 3–3 西方人想象中的康熙皇帝画像 引自朱诚如．清史图典：康熙朝．北京：紫禁城出版社，2002.141.

图 3–4 汤若望画像 引自张柏春．明清仪器之欧化．沈阳：辽宁教育出版社，2000：1.

图 3–5 西方画家笔下的雍正皇帝 引自朱培出．明清陶瓷和世界文化的交流．北京：中国轻工业出版社，1984：236.

图 3–6 白晋、张诚用满文编译的《几何原本》 引自朱诚如．清史图典：乾隆朝．北京：紫禁城出版社，2002：475.

图 3–7 徐光启画像 引自张柏春．明清仪

器之欧化．沈阳：辽宁教育出版社，2000：1.

图 3–8 崇祯历书 引自朱诚如．清史图典：顺治朝．北京：紫禁城出版社，2002：231.

图 3–9 西洋夫妇瓷像，康熙年制，（高 23.5cm，法国巴黎吉美博物馆藏） 引自朱诚如．清史图典：康熙朝．北京：紫禁城出版社，2002：366.

图 3–10 青花西洋人物奏乐纹瓷盘，康熙年制，（直径 33.9cm，法国洛林瓷器协会博物馆藏） 引自朱诚如．清史图典：康熙朝．北京：紫禁城出版社，2002：367.

图 4–1 普罗文蒂亚城立面复原图 引自李乾朗．台湾建筑史．台北：雄狮图书股份有限公司，1979：72.

图 4–2 明末为防止荷兰人侵袭，在澳门建筑的堡垒 引自林仁川．明末清初中西文化冲突．上海：华东师范大学出版社，1999.

图 4–3 热兰遮城东侧的荷兰街市——住宅与商店 引自李乾朗．台湾建筑史．台北：雄狮图书股份有限公司，1979：78.

图 4–4 利玛窦与钟楼．神父身后是皇帝命人建造的、收藏利玛窦神父奉献的自鸣钟的钟楼 引自［法］布罗斯．发现中国、耿昇译．济南：山东画报出版社，2002：72.

图 4–5《程氏墨苑》插图，（左图为信而步海，疑而即沉，中图为二徒闻实，即舍空虚，右图为淫色晦气，自速灭天） 中国国家图书馆藏．

图 4–6 耶稣会士 1623 年制制涂漆木制地球仪 引自［法］布罗斯．发现中国．耿昇译．济南：山东画报出版社，2002：76.

图 4–7 法兰克堡景观，铜版画 引自［英］M · 苏立文．东西方美术的交流．陈瑞林译．南京：江苏美术出版社，1998：547.

图 4–8《坤舆图说》中的罗马公乐场 引自（清）南怀仁．坤舆图说卷下．四库全书 · 史部 · 地理类．

图 4–9 被万历嘲笑的西方住宅 引自［英］里斯贝罗．西方建筑：从远古到现代．陈健译．南京：江苏人民出版社，2000：75.

图 4–10 17 世纪末观象台 Halsberghe, N., Sources and Interpretation Of Chapters to Four in Ferdinand Verbiest' s XIN ZHI LING TAI YI XIANG ZHI, Review of Culture, No.20 (2nd Series), English edition, 1994.

图 4–11 18 世纪中国年画中的西方歌剧院 引自［英］李约瑟．中国科学技术史第五卷．化学及相关技术．北京：科学出版社，上海：上海古籍出版社，1990：259.

图 4–12 年希尧《视学》中的弁言 引自［清］年希尧．视学．

图 4–13《视学》中的西洋柱式及透视画法 引自［清］年希尧．视学．

图 5–1 圣保罗学院教堂发掘平面图 引自［日］西山宗雄．澳门圣保罗学院教堂正立面的构成．中国近代建筑保护与研究．北京：清华大学出版社，2001：213.

图 5–2 肇庆仙花寺立面 引自［意］菲利善 · 米尼尼 · 利玛窦明末中西科学技术文化交融的使者．马尔凯大区出版社（内部发行），2010.

图 5–3 上海旧城老天主堂（敬一堂）。[（左）外观：中国传统庙宇式，（右）内部：中国传统木构架] 引自路秉杰．上海的教堂．新建筑，1986（3）.

图 5–4 在西藏建造第一座教堂的安夺德神父 引自武昆明．早期传教士进藏活动史．北京：中国藏学出版社，1992.

图 5–5 古格王宫遗址，当年古格王国第一座天主教堂就在此王宫附近 引自武昆明．早期传教士进藏活动史．北京：中国藏学出版社，1992.

图 5–6 1775 ～ 1900 年间的北京北堂 引自［日］矢泽利彦．北京四天主堂物语．［日］

平河出版社，1987.

图 5–7 北京北堂平面图　引自［法］荣振华．在华耶稣会士列传及书目补编．耿昇译．北京：中华书局，1995.

图 5–8 1775 ～ 1900 年间的北京南堂　引自［日］矢泽利彦．北京四天主堂物语．［日］平河出版社，1987.

图 5–9 17 世纪末，在雅克萨（阿勒巴金）的沙俄东正教教堂　引自张力，刘鉴堂．中国教案史．成都：四川省社会科学院出版社，1987.

图 5–10 俄罗斯北馆（在北京城东北角，今俄罗斯驻华大使馆所在地，现已不复存在。该图系中国画家所绘，现藏于原俄国亚洲博物馆）　引自［俄］尼伊维谢洛夫斯基．俄国驻北京传道团史料第一册．杨诗浩译．北京：商务印书馆，1978：1.

图 5–11 西方最早的澳门全图（1607 年澳门阿妈港，泰奥多尔 · 德 · 勃里（1527–1598）的版画。该城 1557 年起被葡萄牙人占领，成为与中国通商的出发点）　引自［法］费尔南 · 布罗代尔著．15 至 18 世纪的物质文明、经济和资本主义（第三卷）．顾良译．施康强校．北京：生活 · 读书 · 新知三联书店，1993.

图 5–12 18 世纪初荷兰人所作澳门古地图　引自梁嘉彬．广东十三行考．广州：广东人民出版社，1999.

图 5–13 广州十三行位置图　引自梁嘉彬．广东十三行考．广州：广东人民出版社，1999.

图 5–14 夷馆　引自梁廷枏，粤海关志（卷五）.

图 5–15 19 世纪初叶在玻璃上作《广州十三夷馆》的油画　引自［法］布罗斯著．发现中国．耿昇译．济南：山东画报出版社，2002：73.

图 5–16 广州十三夷馆平面图　引自 Hunter，W.C.，Bits of Old China，Kegan Paul & Co.，London，1885.

图 5–17 十三夷馆立面复原图——1800 年前后　引自［日］田代辉久．广州十三夷馆研究．马秀芝．中国近代建筑总览 · 广州篇．北京：中国建筑工业出版社，1992：21.

图 6–1 样式雷长春园平面图　引自中国国家图书馆藏

图 6–2 中国皇帝御宴图（是受王致诚神父的图案所启发的一组中国画，路易十五赠送乾隆皇帝的挂毯就是受这组图启发完成的。弗朗索瓦 · 布歇于 1742 年完成的绢画（见桑松博物馆））　引自［法］布罗斯．发现中国．耿昇译．济南：山东画报出版社，2002：55.

图 6–3 长春园西洋楼总平面图　引自中国圆明园学会筹备委员会．圆明园 3．北京：中国建筑工业出版社，1985：98.

图 6–4 长春园西洋楼全景示意图　引自中国圆明园学会筹备委员会．圆明园 3．北京：中国建筑工业出版社，1985：21–24.

图 6–5（a）养雀笼中式西立面、（b）养雀笼巴洛克式东立面　引自中国圆明园学会筹备委员会．圆明园 3．北京：中国建筑工业出版社，1985：104–105，101.

图 6–6 蓄水楼东立面　引自中国圆明园学会筹备委员会．圆明园 3．北京：中国建筑工业出版社，1985：101.

图 6–7 方外观正面，楼顶双檐庑殿顶，瓦无色琉璃瓦　引自中国圆明园学会筹备委员会．圆明园 3．北京：中国建筑工业出版社，1985：106.

图 6–8 海晏堂　引自中国圆明园学会筹备委员会．圆明园 3．北京：中国建筑工业出版社，1985：108–111.

图 6–9 大水法南面　引自中国圆明园学会筹备委员会．圆明园 3．北京：中国建筑工业出版社，1985：113.

图 6–10 竹亭北面，亭瓦窗柱俱用湘妃竹制成，不施寸木　引自中国圆明园学会筹备委员会．圆明园 3. 北京：中国建筑工业出版社，1985：107.

图 6–11 路易十四赠送康熙的凡尔赛宫铜版画　引自 A. Durand & R. Thiriez: Engraving the Emperor of China's European Palaces.

图 6–12 观水法正面　引自中国圆明园学会筹备委员会．圆明园 3. 北京：中国建筑工业出版社，1985：114.

图 6–13 "狗头门" 残迹　引自中国圆明园学会筹备委员会．圆明园 3. 北京：中国建筑工业出版社，1985：9.

图 6–14 比别纳设计的舞台布景　引自 Clay Lancaster the European Palances Yuan Ming Yuan

图 6–15 线法山　引自中国圆明园学会筹备委员会．圆明园 3. 北京: 中国建筑工业出版社，1985：115–118.

图 6–16 远瀛观正面　引自中国圆明园学会筹备委员会．圆明园 3. 北京：中国建筑工业出版社，1985：107.

图 6–17 平定台湾战图　引自中国国家图书馆藏．

图 6–18 谐奇趣　引自中国圆明园学会筹备委员会．圆明园 3. 北京: 中国建筑工业出版社，1985：107.

图 6–19 乾隆帝八旬万寿图卷　引自朱诚如．清史图典：乾隆朝．北京：紫禁城出版社，2002：241.

图 6–20 清明上河图卷　引自朱诚如．清史图典：乾隆朝．北京：紫禁城出版社，2002：241.

图 6–21 扬州何园中的西洋楼

图 6–22 江南园林建筑的彩色玻璃

图 6–23 扬州何园中的铸铁栏杆

图 6–24 样式雷图档——谨拟仿照海晏堂平面试样　引自中国国家图书馆藏．

图 6–25（a）样式雷图档——中海海晏堂西洋式楼梯　引自中国国家图书馆藏．

图 6–25（b）样式雷图档——中海海晏堂西洋式围屏　引自中国国家图书馆藏．

图 6–26 静寄山庄后宫 "层岩飞翠" 西路西洋门位置图　朱蕾提供

图 6–27 "层岩飞翠" 中西洋门　朱蕾提供

图 7–1《钦定四库全书》　引自郭成康，成崇德．乾隆皇帝全传．北京：学苑出版社，1994.

图 7–2 水铳——防火、救火工具　引自古今图书集成 · 经济汇编 · 考工典．卷二四九．奇器部．第 800 册．北京：中华书局影印 .p43.

图 7–3 解石图　引自古今图书集成 · 经济汇编 · 考工典．卷二四九．奇器部．第 800 册．北京：中华书局影印 .p41–42.

图 7–4 解木图　引自古今图书集成 · 经济汇编 · 考工典．卷二四九．奇器部．第 800 册．北京：中华书局影印．

图 7–5 起重第四、五、六图　引自古今图书集成 · 经济汇编 · 考工典．卷二四九．奇器部．第 800 册．北京：中华书局影印．

图 7–6 起重第七、十、十一图　引自古今图书集成 · 经济汇编 · 考工典．卷二四九．奇器部．第 800 册．北京：中华书局影印．

图 7–7 引重图　引自古今图书集成 · 经济汇编 · 考工典．卷二四九．奇器部．第 800 册．北京：中华书局影印．

图 7–8 南怀仁画像　引自张柏春．明清仪器之欧化．沈阳：辽宁教育出版社，2000.

图 7–9 力的平衡与用蜗轮蜗杆牵动重物　引自古今图书集成 · 经济汇编 · 考工典．卷二四九．奇器部．第 800 册．北京: 中华书局影印．

图 7–10 天平、杠杆与第谷赤道浑仪　引自古今图书集成 · 经济汇编 · 考工典．卷

二四九．奇器部．第800册．北京：中华书局影印．

图7–11 杠杆平衡原理 引自古今图书集成·经济汇编·考工典．卷二四九．奇器部．第800册．北京：中华书局影印．

图7–12 定滑轮组提升重物 引自古今图书集成·经济汇编·考工典．卷二四九．奇器部．第800册．北京：中华书局影印．

图7–13 成倍省力的动滑轮组 引自古今图书集成·经济汇编·考工典．卷二四九．奇器部．第800册．北京：中华书局影印．

图7–14 滑轮与绞车省力示意 引自古今图书集成·经济汇编·考工典．卷二四九．奇器部．第800册．北京：中华书局影印．

图7–15 用滑车以便运动 引自古今图书集成·经济汇编·考工典．卷二四九．奇器部．第800册．北京：中华书局影印．

图7–16 运输天体仪和浑天仪的情景 引自Tentoon stelling，China Hemel EN AARED，Brussel，1989．

图7–17 书架图 引自古今图书集成·经济汇编·考工典．卷二四九．奇器部．第800册．北京：中华书局影印．p43．

图7–18 "样式雷"西式建筑作品 引自中国国家图书馆藏．

图7–19 乾隆八旬万寿图卷 引自中国国家图书馆藏．

图7–20 乾隆八旬万寿图卷 引自中国国家图书馆藏．

图7–21 "样式雷"西洋门立样 引自中国国家图书馆藏．

图7–22 15世纪油画《木美人》 两个"木美人"分别绘在两块木门板上，门板厚约2.5cm，"木美人"与真人一般大小，高160cm，双肩斜削，穿低领汉式襟衣，衣襟边隐约可见抽纱类装饰花纹，由于曾受到火灾的烟火熏烤，已经看不出服饰的颜色。两个"木美人"都梳着明式高耸的发髻，画像面部保存较完好，只有少许新裂纹，两女均是鹅蛋脸，鼻梁高挺，眼窝凹陷，立体感很强，有明显的西洋人特征。此图现藏于广东省新会市博物馆。本图为超星图书馆下载．

图7–23（明）张宏，越地十景之一，1639年 引自kao Mayching．1991，European Influences in Chinese art，Sixteenth to Eighteenth Centuries．

图7–24 世界城镇图集的插图 引自kao Mayching．1991，Europesn Influences in Chinese art，Sixteenth to Eighteenth Centuries．

图7–25 中国界画(宋)张择端，清明上河图(部分) 引自文艺报．1953．第20号．

图7–26 乾隆赐宴图 引自郭成康，成崇德主编．乾隆皇帝全传．北京：学苑出版社，1994．

图7–27 焦秉贞《御制耕织图》之一（共44幅） 转引自［英］M·苏立文．东西方美术的交流．陈瑞林译．南京：江苏美术出版社，1998：551．

图7–28 仰视圆屋顶画法 引自年希尧《视学》(英国牛津博特列因图书馆收藏)．转引自［英］M·苏立文．东西方美术的交流．陈瑞林译．南京：江苏美术出版社，1998：550．

图7–29 桐荫仕女图 引自故宫博物院．清代宫廷绘画．北京：文物出版社，1992：86–87．

图7–30 京师生春诗意图 引自故宫博物院．清代宫廷绘画．北京：文物出版社，1992：183．

图7–31 西洋绘画中焦点透视（左）与中国界画中平行透视（右）的区别示意

图7–32 郎世宁《聚瑞图》 引自网络．

图7–33 倦勤斋北墙壁画 引自聂崇正．记故宫倦勤斋天顶画、全景画．故宫博物院院刊，1995（3）．

图7–34 故宫玉粹轩落地罩 引自故宫博

物院，1995．

图 7–35 样式雷——惠陵鸟瞰图　引自中国国家图书馆藏．

图 7–36 万年桥图　引自莫小也．十七—十八世纪传教士与西画东渐．杭州：中国美术学院出版社，2002：267．

图 7–37 故宫藏玻璃画　引自朱庆征．故宫藏建筑装修用玻璃画．故宫博物院院刊,2001（4）．

图 8–1《中华大帝国史》，1589 年的中国地图　转引自周宁．中西最初的遭遇与冲突．北京：学苑出版社，2000：313．

图 8–2 荷兰使团画家尼霍夫铜版画：朝见顺治皇帝，1669　转引自周宁．中西最初的遭遇与冲突．北京：学苑出版社，2000：195．

图 8–3 荷兰使团画家尼霍夫铜版画：南京瓷塔，1669　引自 Conner，P.，Oriental Architecture in the West，17．

图 8–4 荷兰使团画家尼霍夫铜版画：中国石，1669　引自 Conner，P.，Oriental Architecture in the West，18．

图 8–5 荷兰使团画家尼霍夫铜版画：南京街道，1669　引自 Conner，P.，Oriental Architecture in the West，19．

图 8–6 西方人心目中的中国官员荒诞形象，18 世纪意大利版画（巴黎装饰艺术图书馆）
引自［法］布罗斯．耿昇译．发现中国．济南：山东画报出版社，2002：83．

图 8–7 钱伯斯：《中国房屋、家具、服饰、机械和家庭用具设计图册》中"中国商人住宅"
引自 Conner，P.，Oriental Architecture in the West，p77．

图 8–8 钱伯斯：《中国房屋、家具、服饰、机械和家庭用具设计图册》中"中国柱"　引自 Conner,P.,Oriental Architecture in the West,78．

图 8–9 德国长乐宫中国茶亭　引自陈志华．西方造园史．郑州：河南科学技术出版社，2001．

图 9–1 公元 1 ～ 2 世纪中国与古罗马之间的丝绸之路　引自［英］G · F · 赫德逊．欧洲与中国．何兆武校．王遵仲，李申，张毅译．北京：中华书局，1995：49．

图 9–2 18 世纪法国里昂生产的具有中国装饰图案特色的丝绸　引自［法］布尔努瓦．丝绸之路．耿昇译．乌鲁木齐：新疆人民出版社，1982．

图 9–3 相传马可 · 波罗带回意大利的德化瓷器香炉（现藏威尼斯博物馆）　引自朱培初．明清陶瓷和世界文化的交流．北京：中国轻工业出版社，1984：209．

图 9–4 适合西方人的中国瓷器——钢盔状带柄水罐，制于 1541 年（明嘉靖二十年），上面的折枝花卉和蔓草图案用绿、红釉和描金装饰，现藏葡萄牙博物馆）　引自朱培初．明清陶瓷和世界文化的交流．北京：中国轻工业出版社，1984：211．

图 9–5 乾隆朝外销洋彩帆船盘　引自郭成康，成崇德．乾隆皇帝全传．北京：学苑出版社，1994．

图 9–6 西方五色壁纸　让 · 巴比隆（Jean Papillon，1661–1723）设计，显示当时所受中国的影响。黄、黑、红色套印，蓝、绿色则是用画笔添上去的　引自［英］李约瑟．中国科学技术史第五卷．化学及相关技术．北京：科学出版社，上海：上海古籍出版社，1990：105．

图 9–7 用中国墙纸装饰的具有洛可可风格的室内　引自严建强．十八世纪中国文化在西欧的传播及其反应．杭州：中国美术学院出版社，2002．

图 9–8 中国最早的漆器——河姆渡出土朱漆碗（实物藏在浙江省博物馆）　引自沈福文．中国漆艺美术史．北京：人民美术出版社，1992．

图 9–9（清）广东潮州雕漆填彩（漆器的一种）桌子　引自沈福文．中国漆艺美术史．北京：

人民美术出版社，1992. 附录 77.

图 9–10 荷兰德尔费特生产的建筑陶砖 引自朱培出．明清陶瓷和世界文化的交流．北京：中国轻工业出版社，1984：215.

图 9–11 柏林附近的夏洛特堡中的瓷器宫（鲁克·儒伯尔的照片） 引自［法］布罗斯著．发现中国．耿昇译．济南：山东画报出版社，2002：57.

图 9–12 特里阿农宫中的狄安娜（月神）房间（罗伯尔达米曾试图根据当时的文献重建它，本画绘于 1912 年，藏于凡尔赛宫国家博物馆） 引自［法］布罗斯．发现中国．耿昇译．济南：山东画报出版社，2002：56.

图 9–13 中国式挂毯 引自邬烈炎，袁熙旸．外国艺术设计史．沈阳：辽宁美术出版社，2001：139.

图 10–1 马国贤神父的画像 引自［法］伯德莱．清宫洋画家．耿昇译．济南：山东书报出版社，2002：52.

图 10–2 马国贤：热河行宫三十六景（左图芝径云堤，右图天宇咸畅，1713 年） 引自 Conner，P.，Oriental Architecture in the West.

图 10–3 圆明园曲院风荷（左图撒克《园林史》中的铜版画，右图孙祜、沈源的木刻版本）

图 10–4 圆明园夹镜鸣琴（左图撒克《园林史》中的铜版画，右图孙祜、沈源的木刻版本）

图 10–5 达·芬奇名画《蒙娜丽莎》 网上下载资料．

图 10–6（左）钱伯斯丘园中国塔（1761～1762） 引自陈志华．外国造园艺术．郑州：河南科学技术出版社，2001：284.

图 10–6（右） 钱伯斯丘园中国亭（1763） 引自 Conner，P.，Oriental Architecture in the West：81.

图 10–7 牛津市的沃斯顿公园 引自 Conner，P.，Oriental Architecture in the West，53.

图 10–8 贝德福德市的中国牛奶场 引自 Conner，P.，Oriental Architecture in the West，107.

图 10–9 建于 17 世纪的苏州园林规划图，派帕，园林设计图 引自［英］M·苏立文．东西方美术的交流．陈瑞林译．南京：江苏美术出版社，1998：573.

图 10–10 英国最早的中国亭 引自 Conner，P.，Oriental Architecture in the West，46.

图 10–11 草莓堡的中国凉亭 引自 Conner，P.，Oriental Architecture in the West，57.

图 10–12 坎伯兰公爵的中国亭 引自 Conner，P.，Oriental Architecture in the West，71.

图 10–13 法国突堤王子的花园 引自 Conner，P.，Oriental Architecture in the West.

图 10–14 斯腾公园 引自 Conner，P.，Oriental Architecture in the West.

图 10–15 意大利卡赛塔英中式园林 闫恺提供

图 10–16 桃树。出自伦哈尔·富克斯的《树木史》，巴尔 1542 年版，直到 19 世纪，人们都认为桃子原产于波斯，因为亚历山大的军队在那里发现了它。事实上，桃子是从中国传到那里的（巴黎国家图书馆） 引自［法］布罗斯．发现中国．耿昇译．济南：山东画报出版社，2002：6.

图 10–17《中国植物志》中的插图：柿子树 转引自［波］爱德华·卡伊丹斯基．中国的使臣——卜弥格．张振挥译．河南：大象出版社，2001：210.

附录3 参考文献

[1] Adolf Reichwein, China and Europe, Intellectual and Artistic Contacts in the Eighteenth Century. J. C. Powell 译. London, 1925.

[2] Aloysius Pfister.Notices Biographiques et Bibliographiques sur les Jesuites de I' an Cienne Mission de Chine 1552–1773.

[3] Antoine D. & Regine T., Engraving the Emperor of China' s European Palaces, Biblion: the Bulletin of the New York Public Library, New York, 1993.

[4] Sir Banister F.,A History of Architecture, London: Butterworths, 1987.

[5] Baroque & Rococo, Architecture & Decoration, ed. Anthony Blunt Granada 1983.

[6] Christopher T.,The History of Gardens, Berkeley: University of California Press, 1979.

[7] Clay L., The European Palaces of Yuan Ming Yuan, Gazette es Beaux–Arts, Paris, 1948.

[8] Catalogue of the PeiT'ang Library, Lazarist Mission Press, Peking, 1949.

[9] Carrell Brown M., History of the Peking Summer Palace under the Ch' ing Dynasty, the University of Illionis, 1934.

[10] Danielle E., Chinese lnfluence in France, Sixteenth to Eighteenth Centuries.

[11] Daniel Rabreau et Marie–Raphael Paupe, Un Style Origmal Ou les Goutes Remus (《是独树一帜，还是‘七拼八凑’》). 载 Le YuanMingYuan, Jeux d'eau et Palais Europ é ens du XⅧ siecleà la Cour de Chine (《圆明园》).

[12] Florence Bowman and Esther Roper, Traders in East and West, 1924.

[13] Fortunato Prandi, Memoiors of Father Ripa during Thirteen Years at the Court of Peking in the Service of the Emperor of China, London, 1855.

[14] George L. Harris, The Mission of Matteo Ricci, 'Monumenta Serica' Vo1.25. (1966) .

[15] Harris, The Mission of Matteo Ricci, The Accomodation Paradigm, 155–162. The Summary of the Chapter is in Gianni Criveller, Preaching Christ in Late Ming China.

[16] Hunter, W.C., Bits of Old China, Kegan Paul & Co., London, 1885.

[17] Fortunato Prand, Memoiors of Father Pipa during Thirteen Years' Residence at the Court of Peking in the Service the Emperor of China, 1–3, london, 1855.

[18] Heyndrickx J, Philippe Couplet S. J. (1623–1693) . the Man Who Brought China to Europe (Nettetah Steyler Verlag, 1990) .

[19] Witek J., Couplet P., a Belgian Connection to the Beginning of the Seventeenth–Century French Jesuit Mission in China, in J.Heyndrickx, Philippe Couplet S. (1623–1693) .The Man Who Brought China to Europe (Nettetah: Steyler Verlag.1990) .

[20] Jellicoe G., Jellicoe S. , The Oxford Companion to Gardens, London: Oxford University Press, 1986.

[21] Jerome Ch' en, China and the West, Society and Culture 1815–1937, Hutchinson

of London, 1979.

[22] John Macgregor, Commercial Statistics, Vo1.4, London, 1850: 300–301.

[23] Joseph Needham, Science and Civilisation in China, vol. 4, Part Ⅱ, Mechanical Engineering, Cambridge University Press, 1965: 211–225.

[24] Jray B., Lord, Burlington and Father Ripa's Chinese Engravings , British Museum Quarterly, XX,1/2, February, 1960.

[25] Kao Mayching, European influences in Chinese art, Sixteenth to Eighteenth Centuriesl In: Lee T H C, eds. China and Europe: Image and Influences in Sixteenth to Eighteenth Centuries. Hong Kong: Chinese University Press, 1991.

[26] Kitao TK., Prejudice in Perspective, a Study of Vignola' s Perspective Treatice, The Art Bulletin, 1963, 44 (3): 173–194.

[27] Kraft, Receuil d' Architecture Civile, Planches, 1812.

[28] Lancaster C. The Japanese influence in American, New York: Abbeville Press, 1983.

[29] Le Yuan Ming Yuan, Jeux d' eau et Palais Europ é en du X VIII siecle ɑ̀ la Cour de Chine, Paris, 1987.

[30] Les Palais Imperiaux de la Chine, Gisbery Combar, 1909.

[31] Latourette K.S., A History of Christions Mission in China, New York, 1932.

[32] 李明: Lettre dur Pere Louis Le Comte de la compagnie de Jesus, a Monseigneur le duc. Du Maine, sur les Ceremonies de la Chine, Paris, 1700.

[33] Madeleine Jarry, Chinoiserie Chinese lnfluence on European Decorative art 17th and 18th Centuries,The Vendome Press Sotheby Publication, New York, 1981: 35–36.

[34] Mich è le Pirazzoli–t' Sertevens (毕雪梅), A Pluridisciplinary Research on Cas–tigloine and the Emperor ch' ienlung' s European palace, in National Palace Museum Bulletin, Vol.26, 台北, 1989.

[35] Mich è le Pirazzoli–t' Sertevens (毕雪梅), The Emperor Qianlong' s European Palace, Orientations, Vol.19, Num 11, Hong Kong, 1988.

[36] Monique Cohen: A Point of History: The Chinese Books Presented to the National Library in Paris by Joachim Bouvet, S.J., in 1697, Chinese Culture,vol. XXXI, No. 4, 1990.

[37] Morse H.B. The Chronicles of the East India Company Trading to China, 1635–1834. Clarendon Press: Oxford, 1926, 1929. 80. , Vol.1, 301–305.

[38] Marice Adam, Yuen Ming Yuen, L' oeuvre Architecturalle des Ancient Jesuites au X VIII Siecle, Peking, 1934.

[39] Needham, J., Science And Civilization In China, Vol.4 (part Ⅲ) , Cambridge University Press, London, 1971.

[40] Lovejoy O., "The Chinese Origin of A Romanticism" , Essays in the History of Ideas, Baltimore,1948: 99–135.

[41] Patrick C., Oriental Architecture In The West, Thames And Hudson, London.

[42] Raymond Dawson, The Chinese Chameleon: an Analysis of European Conception of Chinese Civilization, Oxford University Press, 1967: 35–64.

[43] Scolari M. Elements of a History of Axonometry. Architectural Design, 1985 (5/6) : 72–79.

[44] Sullivan M. The Chinese Response to Western Art. Art International. 1980 (3/4) : 8–31.

[45] The Catalogue of the Pei' Tang Library. Lazarist Mission Press, 1949.

[46] The Oxford Companion to Gardens, Geoffrey and Susan Jellicoe. New York: 1986.

[47] Geoffrey and Susan Jellicoe.The Landscape of Man, London: 1975.

[48] Hope. Danby. The Garden of Perfect Brightness. Willam & Norgate Ltd, 1950.

[49] The Delights of Harmony: The European Palaces of the Yuan Ming Yuan & The Jusuits at 18th Century Court of Beijing. College of Holy Cross, 1994.

[50] Hyde T., Syntagma Dissertationum, Oxonii, 1767, V.2.T.N.Foss, The European Sojourn of Philippe Couplet and Michael Shen Fuzong, 1683–1692.

[51] Thacker C., The History of Gardens. Berkeley. London: Univ. of California Press, 1979.

[52] Tycho Brahe, Astronomia Instauratae Mechanica, Norimbergae, Apud L.Hvlsivm、1602.

[53] Pauthier G., Une Visite à Youen Ming Youen, Palais de l' Empereur Khien-Loung, 1862.

[54] Vincent D., Les Palais Europeens de l' empereur Qianlong et leurs Sources Italiennes, Histoire de l' art, n. 25/26, mai 1994.

[55] Wells W H. Some Remarks on Perspective in Early Chinese Painting. Ostasiatische Zeitschrift, 1933: 214–220.

[56] Well W H. Perspective in early Chinese Painting. London: Goldston.

[57] Yi Shitong, J. Heyndrickx. The Verbiest Celestial Globe, Ku Leuven China-Europe Institute, 1989.

[58] Y.M.Braga. The Westen Pioneers and Their Discorery of Macao, 1949.

[59] Yang Poda, "An Account of Qing Dynasty Glass making", in Scientific Research in Early Chinese Glass. The Coning Museum of Glass, Coming N.Y.: 1991.

[60] [美] 阿恩海姆．艺术与视知觉．滕守尧等译．北京：中国社会科学出版社，1984.

[61] [英] 阿．克．穆尔．一五五零年前的中国基督教史．郝镇华译．北京：中华书局，1984.

[62] [法] 阿兰 · 佩雷菲特．停滞的帝国：两个世界的撞击．王国卿，毛凤支译．北京：生活 · 读书 · 新知三联书店，1993.

[63] [英] 胡特生．丝绸贸易．莫任南译．西北史地，1987，1：108.

[64] [意] 艾儒略．西方问答．华裔学志，1946：23.

[65] [英] 爱尼斯．安德逊．英国人眼中的大清王朝．费振东译．北京：群言出版社，2002.

[66] [法] 安田朴．中国文化西传欧洲史．耿昇译．北京：商务印书馆，2000.

[67] [法] 安田朴，谢和耐等．明清间入华耶稣会士和中西文化交流．耿昇译．成都：巴蜀书社，1993.

[68] 安文铸，关珠，张文珍．莱布尼茨和中国．福州：福建人民出版社，1993.

[69] [德] 爱德华 · 博克斯．欧洲风化史：文艺复兴时代．侯焕闳译．沈阳：辽宁教育出版社，2001.

[70] [波] 爱德华 · 卡伊丹斯基．中国的使臣—

卜弥格．张振挥译．郑州：大象出版社，2001.

[71] [意] 艾儒略．职方外纪校释．谢方校释．北京：中华书局，1996.

[72] 澳门评定为纪念物之名单．世界建筑，1999，12.

[73] 布衣．澳门掌故．香港：广角镜出版社，1979.

[74] [法] 费尔南 · 布罗代尔 .15 至 18 世纪的物质文明、经济和资本主义．顾良．施康强．北京：生活 · 读书 · 新知三联书店，1993.

[75] [法] 布罗斯，发现中国．耿昇译．济南：山东画报出版社，2002.

[76][德]彼得．克劳斯．哈特曼．耶稣会简史．谷裕译．北京：宗教文化出版社，2003.

[77] [法] 伯德莱．清宫洋画家．耿昇译．济南：山东画报出版社，2002.

[78]白玉霞,裴芹 .《古今图书集成》成书略考．内蒙古民族师范学报，2000（4）.

[79]C．R．博克塞．明末清初华人出洋考(1500—1750)．中外关系史译丛．第 1 辑．朱杰勤译．北京：海洋出版社，1984.

[80] 蔡鸿生．澳门史与中西交通研究．广州：广东高等教育出版社，1998.

[81] 曹英．《古今图书集成》文献学价值评析．中医药学刊，2001(1).

[82] 曹增友．传教士与中国科学．北京：宗教文化出版社，1999.

[83] 曹中屏．东亚与太平洋国际关系——东西方文化的撞击．天津：天津大学出版社，1992.

[84] 曹琦，彭耀．世界三大宗教在中国．北京：中国社会科学出版社，1991.

[85] 常润华．圆明园兴衰始末．北京：北京燕山出版社，1998.

[86] (明) 陈大科,戴耀修,郭棐等．广东通志．北京： 中国书店出版社，2002.

[87] (清) 陈梦雷．古今图书集成，北京：中华书局　成都：巴蜀书社，1986.

[88] 陈垣．陈垣学术论文集．北京：中华书局，1982.

[89] 陈同滨．南堂缘起考．第三次中国近代建筑史研究讨论会论文集．北京：中国建筑工业出版社，1991.

[90] 陈椽．茶叶贸易学．合肥：中国科学技术大学出版社，1991.

[91] 陈月清，刘明翰．北京基督教发展述略．北京：首都师范大学出版社，1998.

[92] 陈洛加．外国美术史纲要．重庆：西南师范大学出版社，1997.

[93] 陈志华．外国造园艺术．郑州：河南科学技术出版社，2001.

[94] 陈志华．中国造园艺术在欧洲的影响．济南:山东画报出版社，2006.

[95] 陈治刚．英美概况．上海：上海外语教育出版社，1994.

[96] 陈受颐，十八世纪欧洲之中国园林，岭南学报，1931（1）.

[97] 陈尚胜．澳门模式与鸦片战争前的中西关系．中国史研究，1998(1).

[98]大清会典事例,1875 年．台湾 1970 年重印本．

[99] 董丛林．龙与上帝：基督教与中国传统文化．北京：生活 · 读书 · 新知三联书店，1992.

[100] 窦武．法国造园艺术．建筑史论文集（7）．北京：清华大学出版社，1985.

[101]窦武．意大利造园艺术．建筑史论文集(8)．北京：清华大学出版社，1985.

[102] 窦武．勒瑙特亥和古典主义园林艺术．建筑史论文集（9）．北京：清华大学出版社，1985.

[103] 窦武．中国造园艺术在欧洲的影响．建筑史论文集（3）．北京：清华大学出版社（内部发行），1979.

[104] 窦武．中国造园艺术在欧洲的影响史料拾遗．建筑师，1990（39）.

[105]窦武．清初扬州园林中的欧洲影响．建筑师，1987（28）．

[106]［法］杜赫德．耶稣会士中国书简集（中国回忆录）．郑德弟，朱静等译．郑州：大象出版社，2001．

[107]佟木．近年来康雍乾三帝研究述评．中国史研究动态，1989（8）．

[108]佟洵．基督教与北京教堂文化．北京：中央民族大学出版社，1999．

[109]戴建新．清代皇家园林中的西洋建筑（硕士学位论文），天津：天津大学，1997．

[110]［法］保罗·戴密微．秦时月译．法国汉学研究史概述．中国文化研究，1993（2）．

[111]戴逸，吴建雍，18世纪的中国与世界·对外关系卷，沈阳：辽海出版社，1999．

[112]戴裔煊．关于葡人居澳门的年代问题．澳门史与中西交通研究（戴裔煊教授九十诞辰纪念文集）．广州：广东高等教育出版社，1998．

[113]杜文凯．清代西人见闻录．北京：中国人民大学出版社，1985．

[114]［德］恩斯特·斯特莫．通玄教师汤若望．张小虎译．北京：中国人民大学出版社，1989．

[115]范存忠．中国文化在启蒙时期的英国．上海：上海外语教育出版社，1991．

[116]方豪．嘉庆前西洋建筑流传中国史略．大陆杂志，1953，7（6）．

[117]方豪．中国天主教史人物传．北京：中华书局，1988．

[118]方豪．中西交通史．长沙：岳麓书社，1987．

[119]［法］樊国梁．燕京开教略．北京：救世堂．清光绪三十一年（1905）．

[120]（唐）房玄龄等．晋书．食货志．北京：中华书局，1974．

[121]范梦．东方美术史话．北京：中国青年出版社，1996．

[122]冯承柏．西方文化精义．武汉：华中科技大学出版社，1998．

[123]樊洪业．西学东渐第一师——利玛窦．自然辩证法通讯，1987（5）．

[124]［法］费赖之．在华耶稣会士列传及书目．冯承钧译．北京：中华书局，1995．

[125]冯宝琳．《皇舆全图》的乾隆年印本及其装帧、故宫博物院院刊，1990（2）．

[126]冯宝琳．康熙《皇舆全览图》的测绘考略．故宫博物院院刊，1984（1）．

[127]［意］弗拉维奥·孔蒂．巴洛克艺术鉴赏．李宗慧译．北京：北京大学出版社，1992．

[128]（清）永瑢等．四库全书总目．北京：中华书局，1987．

[129]［英］简·迪维斯．欧洲瓷器史．熊寥译．杭州：浙江美术学院出版社，1991．

[130]［英］G·F·赫德逊．欧洲与中国．王遵仲，李申，张毅译．北京：中华书局，1995．

[131]耿昇．法国近年来对入华耶稣会士问题的研究．中国史研究动态，1987（3）．

[132]故宫博物院．清代宫廷绘画．北京：文物出版社，1992．

[133]故宫博物院倦勤斋保护工作组．倦勤斋保护工作阶段报告——通景画部分．故宫博物院院刊，2004（1）．

[134]（宋）郭若虚．图画见闻志．北京：人民美术出版社，1963（1983，10重印）．

[135]郭疆．近年来清代宫廷文化研究述评．中国史研究动态，1992（10）．

[136]郭永芳．康熙与自然科学．自认辩证法通讯，1983（5）．

[137]郭永芳．王徵与所译《远西奇器图说》．科技史论文集，（12）．上海：上海科学技术出版社，1984．

[138]郭成康，成崇德．乾隆皇帝全传．北京：学苑出版社，1994．

[139] 黄伯禄．正教奉褒．上海：慈母堂，清光绪二十年（1894）．
[140] 黄时鉴．东西交流论坛．上海：上海文艺出版社，1998．
[141] 黄时鉴．东西交流论坛（第二集）．上海：上海文艺出版社，2001．
[142] 韩琦．17、18世纪欧洲和中国的科学关系——以英国皇家学会和在华耶稣会士的交流为例．自然辩证法通讯，1997（3）．
[143] 韩琦．康熙朝法国耶稣会士在华的科学活动．故宫博物院院刊，1998（2）．
[144] 韩琦．中国科学技术的西传及其影响．石家庄：河北人民出版社，1999．
[145] 郝贵远．中国传统文化与西方文化的较量——杨光先与汤若望之争．世界历史，1998，(5)．
[146] 何大进．明末清初来粤的传教士与西学东渐．广州大学学报，2002（6）．
[147] 何捷．石秀松苍别一区——清代御苑园中园设计分析（硕士学位论文）．天津：天津大学建筑学院．
[148] 何重义，曾昭奋．一代名园圆明园．北京：中国建筑工业出版社，1990．
[149] [德] 黑格尔．美学．北京：商务印书馆，1995．
[150] 侯幼彬．文化碰撞与“中西建筑交融”．华中建筑，1988（3）．
[151]（清）胡敬．朝院画录卷上．画史丛书第五册．上海：上海人民美术出版社，1962．
[152] 胡先媛．从《明清间耶稣会士译著提要》看中西学术交流．四川图书馆学报，1996（6）．
[153] 霍有光．从《四库全书总目提要》看乾隆时期官方对西方科学技术的态度．自然辩证法通讯，1997（5）．
[154] 柯孟德．比郎世宁更早来到中国的清廷艺术家——马国贤．台北艺术家杂志，1988（3）．
[155] 计翔翔．十七世纪中期汉学著作研究．上海：上海古籍出版社，2002．
[156] 蒋祖缘，方志钦．简明广东史．广州：广东人民出版社，1993．
[157] 江文汉．明清间在华的天主教耶稣会士．北京：知识出版社，1987．
[158] 鞠德源，田建一，丁琼．清宫廷画家郎世宁．故宫博物院院刊，1988（2）．
[159] 鞠德源．清代耶稣会士与西洋奇器．故宫博物院院刊，1989（1）．
[160] 鞠德源．清宫廷画家郎世宁年谱——兼在华耶稣会士史事稽年．故宫博物院院刊，1988(2)．
[161] 柯毅霖．本土化：晚明来华耶稣会士的传教方法．浙江大学学报，1999（1）．
[162] [法] L．布尔努瓦．丝绸之路．耿昇译．乌鲁木齐：新疆人民出版社，1982．
[163] [英] 劳伦斯 · 高文．大英视觉艺术百科全书．王嘉骥等译．南宁：台湾大英百科股份有限公司、广西出版总社、广西美术出版社，1994．
[164] 刘钝．清初历算大师梅文鼎．自然辩证法通讯，1986（1）．
[165] 刘玉文．康熙皇帝与避暑山庄——读清圣祖《御制避暑山庄记》札记，清史研究，1998（2）．
[166] 路秉杰．上海的教堂．新建筑，1986（3）．
[167] 陆成兰．清代西什库天主堂．紫禁城，1996（2）．
[168] 卢明．中国古代百科全书述论．辽宁教育学院学报，2002（1）．
[169] 罗光．中西文化交流——纪念利玛窦来华400周年国际学术讨论会论文集．汉学研究，第1集，台北，1987．
[170] 罗文光．肇庆文史资料第二辑．肇庆市政协文史资料研究会编．1980．
[171] 吕坚．康熙与罗马教皇的一场斗争．文物天地，1983（5）．
[172] [英] 比尔 · 里斯贝罗．西方建筑：从远古到现代．陈健译．南京：江苏人民出版社，2000．

[173] [德] 利奇温．十八世纪中国与欧洲文化的接触．朱杰勤译．北京：商务印书馆，1962.

[174] [意] 利玛窦，[比] 金尼阁．利玛窦中国札记．何高济译．桂林：广西师范大学出版社，2001.

[175] 李思纯．18 世纪西欧之华化与中国之欧化．史学季刊，1940（1）.

[176]（清）李斗．扬州画舫录．北京：中华书局，2001.

[177] 李晟文．明清之间法国耶稣会士来华过程研究．东西交流论坛第二集．上海：上海文艺出版社，2001.

[178] [英] 李约瑟．中国科学技术史．翻译小组译．北京：科学出版社，1975.

[179] [英] 李约瑟．中国科学技术史（第五卷）．化学及相关技术．北京：科学出版社，上海：上海古籍出版社，1990.

[180]（唐）李肇．唐国史补．台北：台湾商务印书馆，1983.

[181] 李小光．清代中西文化互动及其终结．北京理工大学学报（设科版），2002（5）.

[182] 李天纲．中国礼仪之争．上海：上海古籍出版社，1998.

[183] 李兰琴．汤若望简论．历史研究，1989，1.

[184] 李兰琴．汤若望传．北京：东方出版社，1995.

[185] 李乾朗．台湾建筑史．台北：雄狮图书股份有限公司，1979.

[186] 李迪．中国数学史简编．沈阳：辽宁人民出版社，1984.

[187] 李泽厚．中国古代思想史论．李泽厚十年集，3（上）．合肥：安徽文艺出版社，1994.

[188] 梁启超．中国近三百年学术史．北京：中国书店，1985.

[189] 梁宗巨．数学历史典故．沈阳：辽宁教育出版社，1995.

[190] 林金水．利玛窦与中国．北京：中国社会科学出版社，1996.

[191] 林克光等．近代京华古迹．北京：中国人民大学出版社，1985.

[192] 林仁川，徐晓望．明末清初中西文化冲突．上海：华东师范大学出版社，1999.

[193] 林仁川．明末清初私人海上贸易．上海：华东师范大学出版社，1987.

[194] 林谦光．台湾纪略．台北：众文图书公司，1979.

[195] 林宣．中国古代建筑工匠的地位和作用．建筑师（4），1980.

[196] 梁方仲．关于广州十三行．中国人民政治协商会议广东省广州市委员会文史资料研究委员会编．广州文史资料选辑。第一辑．1960.

[197] 梁嘉彬．广东十三行考．广州：广东人民出版社，1999.

[198] [美] 刘易斯 · 芒福德．城市发展史——起源、演变和前景．倪文彦，宋峻岭译．北京：中国建筑工业出版社，1989.

[199]（明）刘侗，于弈正．帝京景物略：卷五．北京：北京古籍出版社，1982.

[200] 楼宇烈，张西平．中外哲学交流史．长沙：湖南教育出版社，1999.

[201] 楼宇烈，张西平．中外宗教交流史．长沙：湖南教育出版社，1999.

[202] 楼宇烈，张西平．中外图书交流史．长沙：湖南教育出版社，1999.

[203] 楼宇烈，张西平．中外美术交流史．长沙：湖南教育出版社，1999.

[204]（明）刘侗，于奕正．帝京景物略．北京：北京古籍出版社，1983.

[205] 刘潞．康熙皇帝与西方传教士．故宫博物院院刊，1981（3）：25–32.

[206] 刘潞．康熙的文化政策．故宫博物院院刊，1981（3）：25–32.

[207] 刘潞，刘月芳．清代宫廷出现西方文化的原因探讨．故宫博物院院刊，1990（4）．
[208] 刘仙洲．王徵与我国第一部机械工程学．机械工程学报，1958（3）．
[209] 刘先觉．鸦片战争前中国的西式建筑概述．华中建筑，1999，1．
[210] 清宫十三年——马国贤神甫回忆录．刘晓明译．紫禁城，1989（1）～1989（6）．
[211] 刘大年．论康熙．历史研究编辑部编．明清人物论集（下）．成都：四川人民出版社，1982．
[212] 刘汝醴．《视学》：中国最早的透视学著作．南艺学报，1979（1）．
[213] 刘敦桢建筑史论著选集．北京：中国建筑工业出版社，1997．
[214] 刘敦桢文集（一）．北京：中国建筑工业出版社，1980．
[215] 路秉杰．上海的教堂．新建筑，1986（3）．
[216] 卢嘉锡．中国科学技术史．北京：科学出版社，1998．
[217] [法] 米歇尔 · 德韦兹．18 世纪中国文明对法国、英国和俄国的影响．法国研究，1985（2）．
[218] 莫小也．十七—十八世纪传教士与西画东渐．杭州：中国美术学院出版社，2002．
[219] [英] 马德琳 · 梅因斯通等．剑桥艺术史(2)．钱乘旦译．北京：中国青年出版社，1994．
[220] [意] 马可 · 波罗口述，鲁思梯谦笔录．马可 · 波罗游记．曼纽尔 · 科姆罗夫英译，陈开俊等译．福州：福建人民出版社，1981．
[221] [美] 马士，宓亨利著．远东国际关系史．姚曾廙译．北京：商务印书馆，1973．
[222] [西班牙] 门多萨．中华大帝国史．何高济译．北京：中华书局，1998．
[223] [美] 孟德卫．莱布尼兹和儒学．张学智译．南京：江苏人民出版社，1998．
[224] 毛宪民．明清皇宫的西洋乐器．文史知识，1993（10）．
[225] 毛巧丽．孰领风骚——对世界园林历史演变的分析与展望．中国园林，1999（5）．
[226] 孟昭信．康熙大帝全传．长春：吉林文史出版社，1989．
[227]（清）梅文鼎．堑堵测量．兼济堂纂刻梅勿庵先生历算全书（卷二）．
[228] [俄] 尼伊维谢洛夫斯基．俄国驻北京传道团史料第一册．北京：商务印书馆，1978．
[229] 聂崇正．中西艺术交流中的郎世宁．故宫博物院院刊，1988（2）．
[230] 聂崇正．“线法画”小考．故宫博物院院刊，1980（3）．
[231] 聂崇正．从存世文物看清代宫廷中的中西美术交流．文物，1997（5）．
[232] 聂崇正．记故宫倦勤斋天顶画、全景画．故宫博物院院刊，1995（3）．
[233]《耶稣会士书简》中“中国一位教士陈述蒋友仁逝世函”．欧阳采薇译．国立北平图书馆馆刊，第七卷，三、四合集．
[234] 彭一刚．中国古典园林分析．北京：中国建筑工业出版社．1986．
[235] [法] 裴化行．利玛窦评传．管震湖译．北京：商务印书馆，1993．
[236] [法] 裴化行．欧洲著作之汉文译本．冯承钧译．西域南海史地考证译丛　（六编）．北京：商务印书馆，1999．
[237] [法] 裴化行．天主教十六世纪在华传教士．上海：上海商务印书馆，1936．
[238] [法] 裴化行．1765−1785 年由传教士从中国寄往法国的物品目录．震旦大学学报，1948（3）．
[239] 潘吉星．达尔文涉猎中国古代科学著作考．自然科学史研究，1991（1）．
[240] 潘吉星．中国科学技术史 · 造纸与印刷卷．北京：科学出版社，1998．
[241] 潘耀昌．西洋透视和中国界画——两种透视法的比较．新美术，1986（4）．

[242] [英] 弗兰西斯 · 培根．论园艺，培根人生随笔．何新译．北京：人民日报出版社，1996.
[243] [法] 荣振华．在华耶稣会士列传及书目补编（Repertoire des Jesuites de Chine 1552-1800，巴黎，罗马，1973 年版．又译为《在华耶稣会士名录》）．耿昇译．中华书局，1995.
[244] 秦国经 .18 世纪西洋人在测绘清朝舆图中的活动与贡献．清史研究，1997（1）.
[245] 秦长安．现存中国最早之油画．美术史论，1985（4）.
[246] 清高宗（乾隆）御制诗文全集．北京：中国人民大学出版社，1995 翻印．
[247] 清史编委会．清代人物传稿．北京：中华书局，1984.
[248] 沈定平．传教士马国贤在清宫廷的绘画活动及其与康熙皇帝关系述论．清史研究,1998 (1).
[249] 沈定平．明清之际中西文化交流史．北京：商务印书馆，2001.
[250] 沈福伟．中西文化交流．上海：上海人民出版社，1987.
[251] 沈康身．界画、《视学》和透视学．科技史论文集第 8 辑．上海：上海出版社，1986.
[252]（清）沈复．浮生六记．北京：人民文学出版社，1980.
[253] [英] 弗兰西斯 · 培根．培根论说文集．水天同译．北京：商务印书馆，1996.
[254] 孙明．"中国狂热"与十八世纪俄罗斯园林艺术．北京建筑工程学院学报，1996 (1).
[255] 孙尚杨．基督教与明末儒学．北京：东方出版社，1994.
[256] [英] M · 苏立文．东西方美术的交流．陈瑞林译．南京：江苏美术出版社，1998.
[257] [英] M · 苏立文．明清时期中国人对西方艺术的反应．东西交流论坛．上海：上海文艺出版社，1998.
[258] [英] 斯当东．英史谒见乾隆纪实．上海：上海书店出版社，1997.
[259] [美] 斯塔夫里阿诺斯．全球通史．吴象婴，梁赤民译．上海：上海社会科学院出版社，2003.
[260] 史景迁．文化类同与文化利用．北京：北京大学出版社，1990.
[261] 滕固．圆明园欧式宫殿残迹．上海美术专门学校丛书第三种．北京：商务印书馆，1933.
[262] 释景净．大秦景教流行中国碑．北京：商务印书馆，1931.
[263] 舒牧，申伟，贺乃贤．圆明园资料集．北京：书目文献出版社，1984.
[264] [日] 天野元之助．中国古农书考．彭世奖、林广信译．北京：中国农业出版社，1992.
[265]谭敏．法国重农学派学说的中国渊源．上海：上海人民出版社，1992.
[266] [英] 汤因比．一个历史学家的宗教观．深濑基宽译．北京：社会思想研究会出版部，1959.
[267] 童寯．造园史纲．北京：中国建筑工业出版社，1999.
[268] 童寯．北京长春园西洋建筑．建筑师，1980（2）.
[269] 童寯．中国园林对东西方的影响．建筑师，1980（16）.
[270] 王箐．英国风景园形成探究．中国园林，2001（3）.
[271] 王其亨．风水理论研究．天津：天津大学出版社，1992.
[272] 王其亨，吴葱，戴建新 .16 ~ 18 世纪中西建筑文化交流要事年表．建筑师，2003（102）.
[273] 王其亨．清代陵寝建筑工程样式雷图档的整理研究．清代皇宫陵寝．北京：紫禁城出版社，1995.
[274] 王其亨，项惠泉．样式雷世家新证．故宫博物院院刊，1987（2）.
[275] 万明．一部研究西方中国学缘起和早期发展的专著——神奇的土地：〈耶稣会士迎合中国习俗

策略和中国学的起源〉,中国史研究动态,1989（8）.
[276] 万明．意大利传教士马国贤与中西文化交流．东西交流论坛，第二集．上海：上海文艺出版社，2001.
[277] 王琥，冯健亲．中国漆艺的历史与现实价值初探．艺苑（南京艺术学院学报），美术版，1990（4）.
[278] 王世仁，张复合．北京近代建筑概说．中国近代建筑总览 · 北京篇．北京：中国建筑工业出版社，1993.
[279] 王永华．西学在《四库全书》中的反映．图书馆工作与研究，2002（1）.
[280] 王道成．圆明园的艺术特色．清史研究，1999（2）.
[281] 王思治．清代人物传稿．上编．第一卷．北京：中华书局，1984.
[282] 王伯敏等.132 名中国画画家．济南：山东美术出版社，1984.
[283] 汪坦，藤森照信．近代中国建筑总览 · 北京篇．北京：中国建筑工业出版社，1992.
[284] 汪坦，藤森照信．近代中国建筑总览 · 广州篇．北京：中国建筑工业出版社，1992.
[285] 王蔚．不同自然观下的建筑场所艺术——中西传统建筑文化比较（博士学位论文）．天津：天津大学建筑学院，2004.
[286] 王琥．中国漆艺的历史与现实价值．南京艺术学院学报（美术与设计版）.1990，4.
[287] 魏秀堂，王寅城等．澳门风物．珠海：珠海出版社，1998.
[288] 王镛．中外美术交流史．长沙：湖南教育出版社，1998.
[289] 王渝生．“通玄教师”汤若望．自然辩证法通讯，1993（2）.
[290]王树村．中国古代民间通俗读物插图．装饰，1996（6）.
[291] ［古罗马］维特鲁威．建筑十书．高履泰译．北京：中国建筑工业出版社，1986.
[292] ［法］维吉尔 · 毕诺．中国对法国哲学形成思想的影响．耿昇译．北京：商务印书馆，2000.
[293] ［日］西山宗雄．澳门圣保罗学院教堂正立面的构成——关于葡萄牙人在亚洲的建筑活动及其建筑样式变化过程的研究．中国近代建筑研究与保护．北京：清华大学出版社，2001（7）.
[294] ［德］夏瑞春．德国思想家论中国．陈爱政等译．南京：江苏人民出版社，1995.
[295] 夏炎德．欧美经济史．上海:上海三联书店，1991.
[296] 萧致治，杨卫东．（1517−1848）鸦片战争前中西关系纪事．武汉：湖北人民出版社，1986.
[297] 萧若瑟．天主教传行中国考．载民国丛书第一编 11．上海：上海书店，1989 年影印．
[298]（明）萧洵．元故宫遗录（善本）．彭氏知圣道斋（抄本）．清（1644 ~ 1911）.
[299]向达．中西交通史．清华大学(民国间)出版．
[300] 向达．唐代长安与西域文明．石家庄：河北教育出版社，2001.
[301] 向达．明清之际中国所受西洋之影响．新美术，1987（4）.
[302] 许明龙．试评 18 世纪末以前来华的欧洲耶稣会士．世界历史，1993（4）.
[303] 许明龙．中西文化交流的先驱．北京：东方出版社，1993.
[304] 许明龙．并非神化——简论 17、18 世纪中国在法国的形象及其影响．世界历史，1992（3）.
[305] 许松照．年希尧和他的《视学》．天津大学土建制图教研室.1984.
[306] 透视发展史简述．许松照译．建筑画，1987（3）.
[307] 许之衡．饮流斋说瓷．合肥：黄山书社，1992.
[308] 许凤仪等．扬州史话．南京：江苏古籍出版社，1985.

[309] 许文德．四库全书收录西书之探析．台湾：国立中央图书馆馆刊，1990，23（1）．

[310] 忻剑飞．世界的中国观．上海：学林出版社，1992．

[311] 徐书城．宋代绘画史．北京：人民美术出版社，2000．

[312] 徐宗泽．明清间耶稣会士译著提要．北京：中华书局，1989．

[313] 徐宗泽．中国天主教传教史概论．上海：上海书店，1990．

[314] 徐海松．清初士人与西学．北京：东方出版社，2000．

[315] 熊寥．欧洲瓷器史．杭州：浙江美术学院出版社，1991．

[316] 熊三拔．泰西水法．北京：北京印行，1612(万历四十年)．

[317] 熊月之．西学东渐与晚清社会．上海：上海人民出版社，1994．

[318] 谢方．中西初识．郑州：大象出版社，1999．

[319] [法] 谢和耐．中国文化与基督教的冲撞．于硕译．沈阳：辽宁人民出版社，1989．

[320] [法] 谢和耐．中国和基督教．耿昇译．上海：上海古籍出版社，1991．

[321] [日] 山本新，秀村欣二．未来属于中国——汤因比论中国传统文化．杨栋梁、赵德宇译．西安：陕西人民出版社，1989．

[322] [日] 石田干之助．郎世宁传略考．贺昌群译．国立北平图书馆观刊（七卷第三、四合刊），1933．

[323] 伍昆明．早期传教士进藏活动史．北京：中国藏学出版社，1992．

[324] 吴孟雪．明清时期欧洲眼中的中国．北京：中华书局，2000．

[325] 吴葱，史箴，何捷．诗拟丰标，图摹体态：清代皇家园林图咏研究．建筑师，1998，85．

[326] 吴葱．在投影之外——建筑图学的扩展性研究（博士学位论文）．天津：天津大学建筑学院，1998．

[327] 吴燕木，胡文虎．中国古代画家辞典．杭州：浙江人民出版社，1999．

[328] 邬烈炎，袁熙旸．外国艺术设计史．沈阳：辽宁美术出版社，2001．

[329] [英] 亚 · 沃尔夫．十六至十七世纪科学技术和哲学史．周昌忠译．北京：商务印书馆，1985．

[330] 忻剑飞．世界的中国观．上海：学林出版社，1992．

[331] 养心殿造办处史料辑览(第1辑)：雍正朝．北京：紫禁城出版社，2003．

[332] [美] 约瑟夫 · 塞比斯．耶稣会士徐日升关于中俄尼布楚条约谈判的日记．王立人译．北京：商务印书馆，1973．

[333] 杨玉良．《古今图书集成》考证拾零．故宫博物院院刊，1985（1）．

[334] 杨乃济．雍正帝喜好之物．紫禁城（24）．

[335] 杨乃济．圆明园大事年表．圆明园(4)．北京：中国建筑工业出版社，1986．

[336] 杨伯达．郎世宁和他的历史画、油画作品．故宫博物院院刊，1979（3）．

[337] 杨伯达．郎世宁在清内廷的创作活动及其艺术成就．故宫博物院院刊，1988（2）．

[338] 杨伯达．清宫廷画家郎世宁年谱－兼在华耶稣会士史事稽年．故宫博物院院刊，1988（2）．

[339] 杨伯达．清代玻璃概述．故宫博物院院刊，1983（4）．

[340] 杨伯达．冷枚及其避暑山庄．故宫博物院院刊，1979（1）．

[341] 杨伯达．清代玻璃及其化学成分研究．故宫博物院院院刊，1990（2）．

[342] 杨伯达，十八世纪中西文化交流对清代美术的影响．故宫博物院院院刊，1998（40）．

[343] 杨伯达．西周至南北朝自制玻璃概述．故宫博物院院刊，2003(9)．

[344] 杨伯达．清代院画．北京：紫禁城出版社，1993．

[345] 杨伯达．关于我国古玻璃史研究的几个问题，文物，1979（5）．

[346] 杨伯达．中国古代金银器玻璃器珐琅器概述．中国美术全集（3），工艺美术编（10）．

[347] 杨珍．清初权力之争中的特殊角色．清史研究，1999（3）．

[348] 严建强．十八世纪中国文化在西欧的传播及其反应．北京：中国美术学院出版社，2002．

[349] 于倩渊．中西美术的交融与冲撞（硕士论文）．天津：天津大学建筑学院，2001．

[350] [俄] 耶夫戈尼 · 佐罗托夫，吕富珣．中国的俄罗斯东正教堂建筑．中国近代建筑研究与保护．2001（7）．

[351]（清）印光任，张汝霖．澳门纪略．广州：广东高等教育出版社，1988．

[352]（清）永瑢等．四库全书总目提要．北京：中华书局，1987．

[353] [澳] 约翰 · 默逊．中国的文化与科学．杭州：浙江人民出版社，1988．

[354] 袁翰青．晚明杰出的一位科学工作组织者、宣传者和实践者——徐光启．历史研究编辑部编．明清人物论集．成都：四川人民出版社，1982．

[355] 余三乐．早期西方传教士与北京．北京：北京出版社，2001．

[356] 于希贤．中国古代四大发明及其西传．文史知识，1994（5）．

[357] 晏可佳．中国天主教简史．北京：宗教文化出版社，2001．

[358] [捷] 卡雷尔 · 严嘉乐．中国来信．丛林，李梅译．郑州：大象出版社，2002．

[359] 阎宗临．传教士与法国早期汉学．郑州：大象出版社，2003．

[360] 阎宗临．阎宗临史学文集．太原：山西古籍出版社，1998．

[361] 姚毓璆．菊花．北京：中国建筑工业出版社，1984．

[362] 余丽常．培根及其哲学．北京：人民出版社，1987．

[363] 曾德昭．何高济译．大中国志．上海：上海古籍出版社，1998．

[364] 左图，王尉．海晏堂四题． 2002 年中国近代建筑史国际研讨会论文集，2002．

[365]（清）邹一桂．洋菊谱．吴江沈氏世楷堂．清道光间：吴江沈廷镛，民国八年（1919 年）重修．

[366] 赵尔巽等．清史稿．北京：中华书局，1976．

[367] [法] 张诚．张诚日记．北京：商务印书馆，1973．

[368]（唐）张彦远．历代名画记．北京：京华出版社，2000．

[369]（清）张庚．国朝画征录．扫叶山房，清光绪十三年（1887 年）．

[370] 张柏春．王徵与邓玉函《远西奇器图说录最》新探．自然辩证法通讯，1996（1）．

[371] 张柏春．明清时期欧洲机械钟表技术的传入及有关问题．自然辩证法通讯，1995（2）．

[372] 张荣．清康熙御制玻璃．明清论丛，第二辑．2001．

[373] 张柏春．明清测天仪器之欧化．沈阳：辽宁教育出版社，2000．

[374] 张连生．扬州盐商为什么从嘉庆走向衰落．扬州史志资料第一辑．

[375] 张力，刘鉴堂．中国教案史．成都：四川省社会科学院出版社，1987．

[376] 张恩荫．圆明大观话盛衰．北京：紫禁城出版社，1998．

[377] 张维华．明史欧洲四国传注释．上海：上

海古籍出版社，1982.
[378] 张燮．东西洋考卷五．北京：中华书局，1985.
[379] 张星烺，朱杰勤．中西交通史料汇编．北京：中华书局，1977.
[380] 张星烺．欧化东渐史．北京：商务印书馆，2001.
[381] 张国刚．德国的汉学研究．北京：中华书局，1994.
[382] 张家骥．中国造园史．哈尔滨：黑龙江人民出版社，1986.
[383] 张应龙．鸦片战争前中荷茶叶贸易初探．暨南学报（哲社版），1998（3）.
[384] 张复合．北京基督教堂建筑．建筑师，1995（65）.
[385] 张复合．中国基督教堂建筑初探．华中建筑，1988（3）.
[386] 张复合．圆明园“西洋楼”与中国近代建筑史．新建筑，1986（2）.
[387] 张奠宇．铜版画简史．新美术，1987（1）.
[388] 张淑娴．倦勤斋建筑考略．故宫博物院院刊，2003（3）.
[389] 张先清．1990 ~ 1996 年间明清天主教在华传播史研究概述．中国史研究动态 1998（6）.
[390] 张平．二百年前法国的中国文化热．外国史知识，1983（8）.
[391] 作喆．清廷西洋画师王致诚．紫禁城，1989（3）.
[392]（唐）朱景玄．唐朝名画录．成都：四川美术出版社，1985.
[393] 朱光亚．且说国外若干中国园林研究成果．建筑师（52）.
[394] 朱谦之．中国思想对于欧洲文化之影响．上海：上海书店，1940.
[395] 朱谦之．中国哲学对于欧洲的影响．石家庄：河北人民出版社，1999.
[396] 朱培初．明清陶瓷和世界文化的交流．北京：中国轻工业出版社，1984.
[397] 朱江．扬州园林评赏录．上海：上海文化出版社，1984.
[398] 朱静．洋教士看中国朝廷，上海：上海人民出版社，1995.
[399] 朱静．罗马天主教会与中国礼仪之争．复旦大学（社科版），1997（3）.
[400] 朱庆征．故宫藏建筑装修用玻璃画．故宫博物院院刊，2001（4）.
[401] 朱蕾．境惟幽绝尘，心以静堪寄——清代皇家行宫园林静寄山庄研究（硕士论文）．天津大学建筑学院，2004.
[402] 周维权．圆明园的兴建及其造园艺术浅谈．中国圆明园学会筹备委员会．圆明园 1．北京：中国建筑工业出版社，1981.
[403] 周武忠．寻求伊甸园——中西古典园林艺术比较．南京：东南大学出版社，2002.
[404] 周一良．中外文化交流史．郑州：河南人民出版社，1987.
[405] 周宁．中西最初的遭遇与冲突．北京：学苑出版社，2000.
[406] 中国硅酸盐学会．中国陶瓷史．北京：文物出版社，1987.
[407] 中国第一历史档案馆．康熙朝满文朱批奏折全译．北京：中国档案出版社，1985.
[408] 中国第一历史档案馆．乾隆朝上谕档（第十册）．北京：中国档案出版社，1991.
[409] 中国第一历史档案馆．清代档案史料——圆明园．上海：上海古籍出版社，1991.

后 记

在面对中西两种建筑文化时，这样的局面造成了困难：西方有相当多的国家都曾与中国文化在不同的时间、不同程度地进行过交流，且处于本书设定时期的西方国家，在相当长的时期里处于政治时局空前动乱、政权频繁交替的状况，有众多的人物和事件参与其间，线索极其复杂。在有限的时间与篇幅里，为了突出主线，本书把重点放在与英、法等西方国家的交流上。

随着对史料的搜集和研究的深入，出现了一个现实的困难，就是需要收集的文献资料多到难以估计。笔者深感这个题目涉及的范围太广了，而靠个人在有限的时间里所能涉猎的范围显然是十分有限的。限于本人现有的学识和掌握的资料，在限定的时间里，在40余万字的篇幅内，难以将所有问题考究详尽，对于不少问题的探析，未及深究而仅仅止于表面，留下了诸多遗憾。

"学无止境，不断进取"。对于后续研究，有几个设想：

基于西方这个概念的广大，在研究中西建筑文化交流的相关内容时，本书只涉及法、英、德等当时与中国关系较为密切且在当时整个西方文化中较为有影响力的国家，未能涉及和涵盖所有西方国家的情况，这些工作可在后续研究中加以完善和补充。在更广泛的背景下，法国、英国和中国在科学、文化领域的关系及其相互影响问题有待进一步研究。

建筑技术交流中，就西方对中国的影响而言，本书只限于对官方的一些记载、样式雷家族及官式建筑中的较少资料进行分析，大量的丛书、文集、笔记、日记、年谱、方志等资料有待进一步研究，各地民间的情况有待进一步廓清。

对于中国园林对西方的影响这一内容，本书未能全面了解西方相关资料记载和研究成果进行参证。同时，对于这一问题中的很多方面也未做出深入的分析，此项工作也寄望于日后完善。

对于中西方园林植物的交流这一内容，本书只分别在第六、第十章做了粗浅的介绍，大量工作需在后续研究中进一步进行和扩展。

中西建筑文化交流涉及的文献资料极其广泛，由于时间、精力、水平及资料所限，本书未能一一涉及西方各国、各地区的情况，只是在现有资料和条件下所做的基本的挖掘和整理工作，继续对原有的历史线索进行进一步考察延伸，将有助于推动研究的深入发展。

李晓丹

2011.1

致　谢

时间过得很快，一晃从事建筑文化交流领域的研究工作已有十余年了。在周围众多人的支持与关怀下，专著终于付梓出版，心中多少有些宽慰。回顾这些年来的研究生涯，百感交集，多少曾经的欢乐与痛苦、激动与茫然交替出现，很多人、很多事浮现在眼前。

首先，要感谢导师王其亨先生。王先生的治学严谨是出了名的，虽然因此我吃了不少“苦头”，但受益匪浅。王先生是一位十分“耐处”的人，刚开始感觉严厉，时间久了，越来越觉得他人很好，对学生很关爱，也很随和。他才思敏捷活跃、治学严谨、为人正直、爱憎分明，无论从做学问上，还是从做人上，都是我终生学习的榜样，他的言传身教使我受益终身。在此谨向恩师表示诚挚的谢意！

感谢中国社会科学院历史研究所耿昇先生及北京故宫博物院图书馆馆长朱赛红女士给予的支持！

感谢我的研究生程璐为本书排版、校对以及赵大千、李晓毅为本书设计封皮、整理图片所付出的辛勤劳动！

感谢中国建筑工业出版社领导和编辑为本书出版给予的关心和支持！

感谢国家自然科学基金为本书出版提供的资助！